KB232799

竹島紀事

죽도기사 1-1

竹島紀事

죽도기사 1-1

권오엽 · 오오니시 토시테루 편역주

한국학술정보㈜

竹嶋記事　一

竹島記事

一

목차

일러두기

1, 본 『죽도기사』는 국립공문서서관내각문고 소장의 화서 30889, 함호 178-659를 저본으로 하고, 동시에 화서 47092호, 함호 178-655를 참조본으로 했다.

1, 본서의 번각문은 저본과 참조본을 오오니시 토시테루와 권오엽이 공동으로 문자를 확인하여 만들었다. 참고한 것은 죽도문제연구회의 『죽도문제에 관한 조사연구』 및 이케우치 사토시의 『죽도일건의 역사적 연구 죽도(울릉도)를 둘러싼 근세 일본과 조선』이다.

1, 본서의 현대일본어역과 주는 오오니시 토시테루가 작업했다.

1, 본서의「죽도」가 「울릉도」를 의미할 경우는 「울릉도」를 병기하지 않는 것을 원칙으로 함. 또 본문 중의 「일한」이나 「한일」, 「일조」, 「조일」 등의 표현은 일본과 조선(한국)의 관계를 설명하기 위한 표현일 뿐, 우선권을 인정하는 것은 아님.

1, 고문서와 번각문과 현대일본어를 병기하는 이역이나 보다 좋은 해석이 나올 수 있는 경우를 상정한 구성임.

1, 일본어표기는 원음에 가까운 표기를 위하여 일반적으로 생략하는 장음 「이·우·오」를 살려 「東京」은 「토우쿄우」로 「大阪」은 「오오사카」로, 「京都」, 「쿄우토」로 표기하기로 한다.

1, 「か·き·く·け·こ」는 「카·키·쿠·케·코」로, 「た·ち·つ·て·と」는 「타·치·쓰·테·토」로, 「しゃ·しゅ·しょ」는 「샤·슈·쇼」로, 「ちゃ·ちゅ·ちょ」는 「챠·츄·쵸」로 표기한다.

凡例

1, 本『竹嶋記事』は 国立公文書書館内閣文庫所蔵の和書30889,函号178-659を底本にし、同じく和書47902号、函号178-655を参照本とした。

1, 本書の飜刻文は、底本と参照本とを大西俊輝と権五曄が共同し文字を確認検討して行った。参考としたのは竹島問題研究会『竹島問題に関する調査研究』及び池内敏『竹島一件の歴史学的研究 -竹島(欝陵島)をめぐる近世の日本と朝鮮-』である。

1, 本書の現代日本語訳と註は大西俊輝が作業した。

1, 「竹島」が「欝陵島」をも意味する場合は「欝陵島」は併記しないことを原則とした。また本文中の「日韓」や「韓日」、「日朝」、「朝日」などの表現は両国の表記で、前後に優先権を置くことではない。

1, 古文書と翻刻文と現代日本語を併記することは異訳やより良い解釈が出てくる可能性を想定した構成である。

1, 日本語の韓国語表記は原音に近い表記を期待して一般的に省略する長音「い・う・お」を生かして「東京」は「토우쿄우」に、「大阪」は「오오사카」に,「京都」は「쿄우토」に表記することにした。

1, 「か・き・く・け・こ」は「카・키・쿠・케・코」に,「た・ち・つ・て・と」は「타・치・쓰・테・토」に,「しゃ・しゅ・しょ」は「샤・슈・쇼」に,「ちゃ・ちゅ・ちょ」は「챠・츄・쵸」に表記する。

서언

발간의 회한 ■ 권오엽

【법치와 신뢰】

17세기의 쓰시마는 막부의 명을 빙자하여 울릉도를 탈취하려 한 일이 있다. 조선의 반대논리와 막부의 객관적 판단으로 실패했지만, 그런 결과가 나오게 된 데에는 안용복이 제공한 정보도 중요한 역할을 했다. 영유권 논쟁이 한창일 때, 조선은 역사적 기록에 근거해서 반론을 전개했는데 그것이 주효했다. 논쟁이 끝나자 쓰시마는 실패를 교훈삼아 기록을 중시하게 되는데, 그 일환으로 편찬된 것 중의 하나가 『죽도기사』이다.

우리는 확보하고 있는 자료를 연구하는 것보다 새로운 자료의 출현을 기대하는 경향이 많다. 『삼국사기』의 우산국의 의미나 『숙종실록』이 전하는 내용이 사실에 근거한다는 것을 입증했다면, 독도에 대한 역사적 정통성 문제는 이미 해결되었을 것이다. 우산국이 울릉도와 독도 등의 섬들로 구성된 국가였다는 것을 입증하고, 납치되었던 안용복의 진술이 사실이라는 것을 확인했으면, 6세기 이래의 독도에 대한 우리의 정통성에 아무도 의문을 제기할 수 없을 것이다. 그런데도 우리는 그것을 하지 않는다. 기록자 이상의 의미를 찾아내려 하지 않고 편찬자 이상의 노력을 하려 하지 않는다.

논문 등에는 일본자료의 인용이 많은데 위험한 일이다. 원자료를 확인하지 않고 일본이 편의적으로 인용한 것을 비판없이 재인용하기 때문이다. 자주 인용되는 것이 『은주시청합기』, 『죽도고』, 『원록각서』,

『죽도기사』 등인데, 원전을 확인했는지 묻고 싶다. 특히 민족주의자가 편찬한 『죽도고』의 인용에는 신중을 기해야 했다.

이런 면에서 지금까지의 논쟁은 비효율적이었다고 말할 수 있다. 논쟁에 앞서 서로가 공통된 정보에 근거해서 인식을 정비했어야 했다. 조선과 일본이 상대의 자료를 객관적으로 인지하는 과정을 거친 다음에 논쟁을 전개했다면 더 좋았을 것이다. 상대의 자료에 접근한다는 면에서 일본은 우리보다 유리한 조건이다. 한자능력만 갖추면 우리의 모든 자료를 소화할 수 있다.

그에 비해 우리가 일본자료에 접근하는 일은 아주 어렵다. 자료를 접한다 해도 해독하는 일이 어려워, 일본이 인용하는 것을 재인용할 수밖에 없었다. 그것들은 일본어와 한문능력만이 아니라, 특수 능력까지 필요로 한다. 또 우리와 비교할 수없을 정도로 양이 많다. 그것들이 무엇을 이야기하는지를 알아야 일본과의 동등한 대담도 가능할 것이다.

그런데도 완전히 소개된 것은 하나도 없다. 신용하, 송병기 선생님 등이 자료집을 편찬하는 노고를 아끼지 않았지만, 그것은 단편적인 작업에 머문 것으로, 부분의 소개에 그치고 있다. 그것을 발전시키는 후속작업이 있어야 했다. 그런 작업이 없는 상태에서 일본자료에 근거하는 듯한 연구가 이루어졌다는 것은, 경이로운 일이다. 그래서 일본자료도 읽어달라는 일본의 주문이 나오는 모양이다. 오만 같기도 하지만, 당연한 요구이다. 정상적인 토론을 위한 기본조건이다. 자료의 허실을 떠나, 그것이 말하는 정보를 공유하는 것이 논쟁의 기본조건으로, 그것이 충족되어야 도출된 결론도 납득할 수 있다.

문제는 그것들을 어떻게 이해하느냐이다. 그것을 해독하는데는 많은 능력을 필요로 하는데, 전문가는 흔하지 않고, 있다 해도 경제성이 있는 일이 아니기 때문에 봉사를 기대할 뿐이다. 일본이 해독해 줄 의무를 가지는 것도 아니라, 어차피 우리가 해결해야 하는데 그게 어려운 일이다. 능력자들은 자신의 능력을 소중히 여기기 때문에 일정한 요구가 충족되지 않으면 그것의 노출을 꺼려 한다. 봉사하는 일도 있지만, 그것은 어디까지나 일반적인 능력에 머무는 시위일 뿐이다. 고난도의 능력은 봉사에 포함되지 않는다.

나는 자료를 구하고도, 해독하지 못하여 능력자라는 자들을 찾아다 녔으나, 질문의 방법이나 자세가 나빴는지, 해독해주는 자를 만나지 못했다. 어쩔 수 없이 혼자 연습하며, 오오니시 선생님에게 도움을 요청했더니, 흔쾌히 응해주었다. 그 후로 시작된, 이메일을 매개로 하는 면학과 연습이 지금까지 지속되고 있다. 그것을 정리하여『隱州視聽合紀』,『控帳』,『竹島文談』,『岡嶋正義의 古文書』,『竹島渡海由来記抜書控』등을 발간하기도 했다.

그런 경험에 의하면, 가장 방대하고 중요한 것이『죽도기사』인 것 같다. 그것을 2006년에 구입했으나, 해독하지 못하여 한탄만 하다가, 2007년 8월에 나이토우 선생님을 방문하여, 죽도문제연구회에서 펴 낸 번각본을 양도받았다. 즉시 활자화하여 대학원생들과 읽기 시작했 으나 어려웠다. 어떻게 해서, 해독을 해도 전체의 연결이 끊어진다. 어쩔 수 없어, 오오니시 선생님에게 부탁하고 연습하는 3년이 지났 다. 그리고 드디어 2011년 1월에 오오사카에서, 오오니시 선생님한테 5권의 해독본을 받았다. 겨우 여러 사람에게 소개할 수 있게 되어 보 람을 느끼고, 책무를 완수했다는 착각까지 하고 있다. 한일 양국의 공 통인식을 형성하는 데 일조가 될 것이다.

일본의 역사적 정통성을 들으면 두려워진다. 세계평화를 주장하면서 어떻게 침략에 근거하는 정통성을 말할 수 있는 것인지. 1905년의 침탈을 정통성의 근거로 삼는다는 것은, 과거의 침략을 칭송하며, 미래의 침략을 다짐하는 일이라 할 수 있다. 그래서 나이토우 선생님이 「오류투성이의 외무성 팜프릿에 휘둘려 일본국민이 창피를 당하는 일만은 피하고 싶은 마음」이라며, 외무성이 주장하는 죽도에 대한 정통성을 부정한 용기가 위대해 보인다.

일본은 동해를 일본해라며 우리에게 그 사용을 강요한다. 동해는, 중국을 천하의 중심으로 위치시키는 사고로 보면, 천하의 동쪽에 위치하는 바다가 되어 일본도 이해 못할 호칭은 아니다. 일본해라는 말도 중국의 천하관에서 보면 해가 뜨는 곳, 즉 동쪽에 있는 바다라는 것이 되어, 동해와 같은 의미로 받아들일 수도 있다. 그러나 그것이 한일 양국 사이에 존재하는 바다라는 것을 생각하면, 우리는 물론 일본도 일본해라는 명칭에 무리가 있다는 것을 알기 마련이다. 일찍이 오오니시 선생님이 지적한 일도 있다. 일본인이 우리나라에 와서, 부산이나 강릉, 함흥 등지를 여행하며, 그곳의 바다를 「일본해」라고 부를 수 있겠는가. 없을 것이다.

그런데 근래 우리정부는 동해와 일본해의 병기를 지지한다는 발표를 했다. 그렇지 않아도 절대자가 죽도의 영유권을 주장하는 일본에 「지금은 안 된다」라고 말했다는 소문이 돌고, 죽도의 영유권을 명기한 교과서 문제로 나라가 소란스러워지자 「천지가 개벽해도 독도는 우리땅」이라는 말 이외에는 어떤 조치도 취하지 않아, 정부의 독도정책에 회의를 느끼는 사람이 많은 현실에서, 그런 발표를 했으니, 어떻게 절대자의 말들을 신뢰할 수 있겠는가.

신뢰란 국제 간에만 필요한 것이 아니다. 국내적으로도 필요하다. 선거로 뽑힌 자가 국민의 의사보다 자신의 신념이나 경험만을 중시한다면 누가 그를 신뢰하겠는가. 공정한 법치로 서민이 잘사는 세상을 만들겠다면서도 「고소영」이라는 신조어로 표현되는 인사를 중용하고, 자신의 동문들을 우대하면서 학맥을 타파하라고 명한다면 누가 그 말을 신뢰하고, 근친자를 임명하며 낙하산 인사의 금지를 언약한다면 누가 비웃지 않겠는가. 정적의 비리는 단죄하면서 「万事兄通」이라는 말이 떠도는 정치를 한다면 누가 그 행위의 정당성을 신뢰하겠는가.

법치를 선언한 후에 검사들은 권력의 중심을 점령한 것 같다. 얼마 되지 않은 그 옛날의 그들은, 대통령의 제안으로 이루어진 대화에서, 젊다는 검사들은 조금도 주늑드는 일 없이 소신을 표명하여 「막 가자는 거지요」라는 대통령의 푸념까지 끌어내지 않았던가. 또 당시의 검사 중에는 시민들의 격려와 박수까지 받으며 임무를 수행한 일도 있지 않았던가. 그랬던 그들이 법치의 선봉에 서서 맹활약을 하는 것 같은데, 왠지 신뢰가 가지 않는다. 1970년대의 나는 반공교육에 열심이었기 때문에, 정부의 말이라면 무조건 믿고 열성적으로 실행했다. 그래서 야당지도자가 빨갱이라는 선동에도 동참했었는데, 후에 밝혀진 것은 그 반대였다. 70년대에 젊음을 산 자 중에는 주위를 살피며 말하는 버릇을 가진 자가 많다. 정권을 찬양하는 내용이 아닌 말을 하다 잡혀가는 사람이 있었기에 붙은 버릇이다. 그런데 요즘 그 버릇이 나온다. 나쁜 버릇이라고 의식하면서도 주위를 살피게 된다. 그럴 때마다 자국 정부의 공식주장을 부정하는 나이토우 선생님의 학자로서의 소신과 용기가 부러워진다.

그것은 국가가 말하는 법치의 공정성을 신뢰하지 않기 때문이다.

권력의 비를 설명하고 싶으나 두려워, 5월 23일자『한겨레』신문에 실린 김동춘 씨의「저조의 원칙」을 소개하기로 한다.

> 법이 대상에 따라 달리 적용되면, 그것은 정치행위이고 폭력이다. 판검사가 이해당사자의 돈을 받거나 영향력에 휘둘리면 최고로 흉악한 범죄자가 된다. (중략) 검사가 기업과 유착한 사건은 증거가 나와도 공익적 사안이 아니라거나 대가성이 없다는 등 온갖 논리를 동원하여 면죄부를 주고, 정부·대기업·사법부가 절대 해서는 안 되는 일을 고발한 사람에 대해서는 거의 보복하듯이 처벌하는 모습을 우리는 이 정부가 들어선 이후 수없이 많이 목격하였다. (중략) 이처럼 사법부와 검찰이 사회의 기본을 지키는 일, 즉 저조원칙을 저버리면 힘이 곧 정의가 되고, 국가의 신뢰와 정당성은 뿌리째 흔들리게 된다.

공감이 가서, 감동하며 읽었다. 또 김동춘 씨는 현재의 정부를 간디의 말을 빌려, 현재의 정부를 원칙없는 정치, 노동없는 부, 자기 희생없는 종교, 인격없는 교육이 두드러지는 나라라며,「돈과 권력에 휘둘리는 법」을 하나 더 추가했다. 그런 것 같다. 이런 나라에 살면서 어떻게 일본의 비논리를 비난하고 신뢰성을 운운할 수 있겠는가.

【보수와 개혁】

쓰시마의 제3대 번주 소우 요시자네(宗義真: 1639~1702, 享年64세)는 1657년에 습봉(襲封)하자 부의 유언대로 오오우라 미쓰토모(大浦光友)를 재정의 총책임자로 임명했다. 그러자 오오우라는 1659년에 번사의 봉공미(奉公米)를 새로운 기준으로 정하고, 그것을 축으로 해서 집안의 출비를 고정화하며 행정을 개혁했다. 번의 명령계통을 명확히 하고 상의하달의 철저를 기했다. 민정에도 힘을 쏟아, 마침 발생한 부내(지금의 厳原)의 대화재에는 구제미 1만 석을 막부에서 받아

이재민을 구호했다. 동시에 마을의 재건을 위해 구역을 새로 정리하여 마을을 새롭게 건설했다.

원래 오오우라는 생년과 출생지가 불상으로 쓰시마의 사고(佐護) 태생이라는 말이 있다. 오오사카(大阪) 구라야시키(蔵屋敷)의 소역으로 지내다 상재를 익히며 두각을 나타냈다. 타시로령(田代領: 佐賀県 鳥栖市 주변)의 쌀을 독점적으로 인수받아 오사카 시장에 판매하는 역할을 맡아 쓰시마번의 재정에 공헌했다. 1649년에는 상매주의 판매와 인삼 판매에도 관계했다. 나가사키에 가서 중국선을 상대로 인삼이나 비단 등의 무역품 판매에도 관여하여 「상매의 달인」으로 평가되었다.

번정의 총지배인에 취임한 당초, 오오우라는 불과 7코쿠(石)를 받는 자에 불과했다. 재능을 인정받아 발탁되었으나 대대의 중신이나 기존질서의 상위자들의 저항이 있기 마련이다. 그것을 각오하고 번주의 절대적인 지원을 요청했다. 즉 오오우라의 지시를 위반하는 자는 번주가 처단한다는 것으로, 수석재상으로, 일종의 절대권을 부여받았다. 그러나 발탁에 의한 권력장악이었기 때문에 충성하는 부하가 없었다. 번내에 튼튼한 인적 기반을 갖지 못한 그는, 그 지원을 친척들한테 구할 수밖에 없었다. 그래서 그의 독점적인 지배는 일족 중심이었다. 경찰권 사법권 그리고 재정권까지 일족이 독점하여, 노신, 역대 가신들의 강한 반감을 사게 된다.

1662년에 결국 지방지행제의 폐지를 실행했다. 영내의 모든 전답을 영주권에 흡수하고 농민에게 「균등제」를 실시하고, 공사부역을 은납제(銀納制)로 하여 농민의 자립화를 기도함과 동시에, 재향급인의 농노주적 경영형태를 해체했다. 즉 근세향토제를 출발시켰다. 그러나 이 대개혁에 대해 중신이나 상사, 그리고 향사들이 일제히 불만을 토했다. 그리고 그들 구세력이 결집하여, 총력을 다하여, 번주에게 선처를 요구했다. 구세력의 반격이 시작된 것이다. 번내에서는 오오우라에 대한 악평이 들끓어, 실패한 사례, 출납의 오류 등을 차례로 폭로했다. 매일 같은 참언에 어느 사이에 번주도 귀를 기울여, 오오우라에 대한 두터운 신뢰도 점차 실추해갔다.

번주의 후원이 없으면 오오우라의 지배는 이루어질 수 없다. 결국 병을 이유로 쿄우토에 은거했으나 실권을 잃은 오오우라에 대한 노신들의 복수는 처참했다. 그의 은거를 용서하지 않았다. 1664년에 그의 독재적 권한행사에 엄한 혐의를 걸었다. 범죄자로 단죄하여 폐문을 명했다. 그리고 사설연금시설에 가두었다. 1665년에 자식 및 손자와 같이 사죄를 명했다. 유예도 없이 항변도 허지하지 않고, 즉각 처형했다. 오오우라는 번정개혁을 위한 희생양이었다.

나는 임기를 마치고 낙향하여, 손자를 자전거에 태우고 시골길을 달리던 전직대통령을 보고 자랑스럽게 생각한 일이 있었다. 그곳을 찾아가는 관광버스가 그치질 않아 봉화라는 마을은 일약 관광지로 변했다. 그분은 즉위하자마자 소통을 강조하며 젊은 검사들과의 토론장까지 마련했었다. 그런 대통령이 퇴임하자, 법치를 존중한다는 검사들이 소환하여 수모를 가하여 자살하게 만들었다. 당시의 언론과 정치가들은 그분의 거처를 아방궁으로 비유하며 중상모략하기도 했다. 개혁으로 쓰시마 번정을 반석에 올려 놓고도, 보수를 칭하는 토호들이 적용하는 법에 따라 죽어간 오오우라도 그랬던 것일까.

그렇게 해서 실권을 되찾은 쓰시마의 보수세력들은, 납치한 안용복을 조선으로 송환하라는 막부의 명을 기화로 해서 죽도/울릉도를

탈취하려 했다. 침략의 재발을 경고하며 밀어부치면, 조선은 굴복할
것이라며 강경했다. 그러나 쓰시마는 그것을 계기로 해서 쇠퇴일로의
늪에 빠지고 만다. 토호들의 침탈정책에 찬동하지 않았던 유학자 스
야마 쇼우에몬(陶山庄右衛門)은, 뛰어난 교섭자라 해도 죽도를 일본
의 섬으로 인정하는 조선의 답은 도저히 받을 수 없을 것이다. 비록
성공할 기세라 해도, 그처럼 이치에 어긋나는 요구를 해서는 안된다
는 의견을 피력하고,

> 죽도의 위치는 일본땅에서 떨어지길 164리의 먼 곳인 것에 비해 한편,
> 조선땅에서는 수목이나 물가까지도 보일 정도로 가깝습니다. 그야말로
> 조선에 속하는 것이지요. 지도나 서적에 기록된 논고는 말로 변론할 여
> 지도 없을 정도로, 조선령으로 널리 알려진 것입니다. (중략) 억지를 부
> 리고 트집을 잡아 그 섬을 일본의 속도로서 결정지어 버리려고 하는 것
> 은, 설령 그 일이 성사되었다고 해도, 그 같은 주장과 행동은 타국의 섬
> 을 억지로 빼앗아서 일본의 장군에게 바친 것이 되어 불의라고 말해야
> 할 것입니다. 그러한 행위는 칭송할 만한 충공이라고는 결코 말할 수 없
> 습니다. 조선에서는 선조 이래 은우를 입어, 이 쓰시마라는 나라가 유지
> 되어 왔습니다. 억지로 그 섬을 탈취하여 일본의 부속으로 해버리는 것
> 등은 정말로 불인 불의라는 것이 됩니다.

라는 의견을 동지 카시마 효우스케(賀島兵助)에게 표했다. 그러자 카
시마는, 죽도가 일본령이라는 증거는 불확실한 것뿐이고, 기타 기록
이나 지금까지의 곡절 등을 보면, 일본의 주장이 견강부회의 설이라
는 것이 명백해질 것이라며,

> 이쪽에서 건네는 서부에는 에도의 무위로 저쪽을 위협하시는 부분이 있
> 습니다. 강한 어조의 언사가 보입니다. 그 나라 분들은 이러한 협박적인
> 언사에 접하면 도대체 어떻게 생각하겠습니까. 쟁론은 어떤 일이고 다투

는 곳의 형편이나 상태에 따라, 거기에 가부나 진위라는 것이 있습니다. 또 다투는 사람의 인품에도 우현과 곡직이 있어, 그 일을 제각각 판단하는 사람이 있습니다. 그 시비, 진위, 지우, 곡직 등에 대해서 판단은 제각각 취사 선택하고 판단해서 어느 것이 옳은지, 그 승부를 결정하는 것입니다. 그렇기 때문에 우자는 옳다 하더라도 지고, 지자는 비라 해도 이기는 그러한 일이 일어날 수 있습니다. 이 서한의 문답을 보고, 삼가 말씀 드립니다만, 울릉도는 조선의 속도입니다. 그리고 80년 전부터 일본에 속한다고 말하고 있습니다만 그것을 뒷받침하는 증거는 보이지 않습니다. 더구나 표류민을 송환시켰을 때 조선이 보낸 서간문을, 지금 여기서 끄집어내어 어떻게 해서든 이유를 만들어 말씀하시고 계십니다. 그것은 트집처럼 들립니다. 만약 이 쟁론에서 이겨 문제의 섬이 일본에 속하는 것으로 결정된다면, 그것은 (중략) 서간에 있는 오류를 트집잡은 말로 이긴 것입니다.

라고 화답하며 쓰시마 토호들의 강경책에 우려와 비를 표했다. 여기서 특이한 것은, 죽도를 일본의 영유로 하게 된다면, 그것은 역사적 정통성이 아니라 조선의 서투른 대응의 결과라는 의견이다. 이것은 우리의 전통적인 외교의 허술함을 지적한 탁견이다. 역사 이래 우리의 일본에 대한 정책은, 일본의 강경론을 받아들이는 형태로 종결되었다. 풍신수길이나 이등방문이 대표하는 일본의 침략을 받고도, 제대로 사과도 받지 못한 우리였다. 언제나 미래지향이라는 말로 호도하며, 침략의 비를 응징한 일이 없다. 현재도 일본이 독도의 영유권을 주장하는 것으로 전쟁을 선언했음에도, 우리 정부는 「지금은 곤란하다」, 「동해와 일본해를 병기하자」라는 식의 대응을 하고 있다. 일본에는 스야마와 카시마와 같은 객관적인 지식인만이 존재하는 것은 아니다.

【천하의 중심과 변방】

조선말의 국정의 중심에 섰던 대원군과 민비는 시아버지와 며느리의 관계로, 공통점이 많으면서도 상대의 존재를 인정하지 않다가, 자신들이 신뢰했던 외세에 치욕을 당하며 죽어갔다. 또 그들은 정권을 담당할 만한 능력을 함양할 과정을 거치지 않았다는 점에서도 동질적이었다. 그러면서도 권력에 대한 집착은 강하여, 민족과 국가의 장래를 빙자하며, 외세에는 비굴할 정도로 무지했다. 그들은 이권을 탐하는 열강들에게 독자적이지 못했고 그럴 생각도 없었던 것 같다. 그들은 국가와 민족의 장래를 외세에 맡기고 권력투쟁에만 점념하여, 당시의 조선은 천하의 중심은커녕 변방의 대접도 받지 못하며 열강의 처분만을 기다리는 형편이었다. 그렇게 치열하게 싸우다 죽어갔는데, 지금은 어떻게 지내고 있는지 궁금하다. 시아버지와 며느리가 화해하고 민족의 장래를 걱정이라도 하며 지내고 있는지, 아니면 지금도 서로 비난하며 타도의 기회만 노리는지 알 수가 없다.

과거의 대통령 두 분은 독자적인 위치를 확인하려 했다. 한 분은 대륙으로 뻗어가는 철도계획으로 물류의 중심지, 교통의 중심지, 즉 천하의 중심에 대한민국을 위치시키려 했다. 또 인터넷 강국론(당시로서는 허황된 망상으로 들리기도 했다)을 주장하여, 결국은 인터넷강국 대한민국을 실현시켰다. 그 뒤를 이은 분은 대한민국을 천하의 중심에 위치시키는 내용의 취임사를 하여 인국들을 긴장시키기도 했었다.

천안함과 연평도 사건이 있을 때의 일이다. 방송이 전하는 뉴스에 의하면, 중국과 미국이 사용하는 용어는 동해가 아니라 일본해였다. 사건이 중대해서 그랬는지, 그것을 전하는 메스컴은 물론 정부당국자 누구 하나 그런 용어가 사용되는 것에 대해 이의를 제기했다는 말을 듣지 못했다. 내부적인 이야기가 있었는지는 알지 못한다. 그처럼 일본해라는 말에 민감하던 우리가, 동해의 정통성을 주장하는 우리가, 일본도 아닌 미국과 중국이 일본해라는 용어를 사용하는데, 왜 한마디의 반론도 제기하지 않았는지 이해가 안 된다. 이런 상황에서 동해나 독도의 정통성을 연구할 필요가 있는 것인지, 회의가 든다. 마치 대원군괴 민비가 질시하는 데 몰두하여 열강에게 휘둘렸듯이, 현재의 우리가 서로 미워하다 또다시 열강에 휘둘려 주변국으로 주저앉아 처분만 기다리게 되는 것은 아닐지 많이 걱정된다.

「본서 발간에 임하여」

오오니시 토시테루

　『죽도기사』는 죽도(＝독도)에 관한 일련의 고문헌 중에서 가장 자세하고, 또 중요한 역사자료이다. 이것이 방대하고 내용도 깊이 들어가 있어, 지금까지 그 전모가 일반분들에게 소개되는 일이 없었다. 그러나 죽도(＝독도)문제에 대해 이야기하려고 하면 이 자료를 언급하지 않고는 불가능하다. 『죽도기사』를 언급하지 않고, 이 문제에 대해 이야기하려고 하는 것은, 일의 본질을 모르고 말하는 것과 같은 일이다. 나는 꼭, 이 『죽도기사』를 세상에 알리고 싶다고 생각하고 있었다. 이번에 권오엽 선생님의 진력으로, 이 『죽도기사』가 현대일본어와 현대 한국어로 번역되게 되었다. 본서가 세상에 널리 퍼져 알려지게 되면, 죽도(＝독도) 문제에 대해, 지금까지와는 또 다른 의논이 생기게 되는 것은 틀림없는 일이다.

　나는 일본의 고문헌을 한국인도 꼭 읽어주었으면 하고 생각하고 있다. 일본의 고문헌을 한국 분들이 읽게 되면, 그리고 한국의 고문헌을 일본 분들이 읽게 되면, 같은 지식을 얻어, 인식을 공유하는 일로 이어질 것으로 생각하고 있다. 죽도(＝독도)에 대한 고문헌을 현대어 역하여 한국과 일본 양국어로 발간할 필요가 있다고 말하는 것은, 이 죽도(＝독도) 문제가 양국의 현안이기 때문이다. 양국 사람이 간단히 원사료를 읽게 되고, 그 내용을 용이하게 파악할 수 있다면, 잘못된 의논을 막을 수 있기 때문이다. 그리고 될 수 있으면, 이것을 계기로 해서 양국 간에 공통인식이 생겨나면, 이 이상 없는 행복이다. 권오엽 선생님과 나는 죽도(＝독도)에 대한 일본의 고문헌을, 지금까지 한국에 소개해 왔다. 권오엽 선생님은 독자적으로 일본의 죽도(＝독도)에 관한 고문헌을 차례차례 번역하시어, 지금은 이 문제에 대해 조예가 깊고, 탁월한 의견을 가지고 있는 분이다. 그 학문적 레벨의 높이, 그 연구에 있어서의 진지한 태도, 그리고 열의, 또 뜻이 높은 것에 대해 학자로서도, 한 사람의 인간으로서도 나는 존경하여 경복하고 있다.

권오엽 선생님과 나의 의논은 모두 인터넷을 매개로 하는 리얼타임의 연락으로 이루어졌다. 한국도 네트의 사회가 확산되어 있어, 아니 일본보다 먼저 그 보급과 진화를 이루어, 자료탐색 등도 매우 편리해졌다. 그래서 지금은 국경을 넘어, 민족을 넘어, 남녀 연령을 넘는 정보공유의 새로운 세계가 도래해 있다. 분명 전자화의 세계는 국경의 울타리를 낮게 했다. 권오엽 선생님과 나는 매일 같이 메일을 주고 받으며 의논을 깊이할 수 있었다. 의논이 맞을 때도 있지만, 또 맞지 않은 때도 있다. 합의할 수 있는 일이 있는가 하면, 또 서로 양보하지 않는 일도 있다. 그러나 신뢰는 착실히 이어져, 상호 간의 우정이 생겨났다. 그 공유하는 정보 속에서 새로운 인식도 생겨났다. 그러한 관계는 나라 간에도 가능할 것이다. 미래에는 또 새롭고 멋있는 세계가 틀림없이 열려 있을 것이다.

나는 이 새로운 정보기기를 통해 한국의 권오엽 선생님과 공동작업을 행하면서, 정보를 공유하는 새로운 세계를 생각하고 있다. 지금은 누구나 정보를 구하려고 하면, 그것을 가능하게 하는 시대가, 이미 목전에 와 있다. 이 정보를 공유하는 새로운 시대를 우리들은 어떻게 맞이할 것인가. 범람하는 정보에 어떻게 대처할 것인가. 우리들 자신의 판단을 생각할 때이다. 죽도(＝독도) 문제에 대해서도 마찬가지로, 메스컴에 놀아나는 일 없이, 밀려오는 내외의 여러 정보를, 그대로 받아들이는 일 없이, 똑바로 스스로의 능력으로 생각하는 일이 중요하게 되었다. 의문을 가지게 되면, 원사료를 찾아, 실제로는 어떠한 것인가를 알고, 스스로 책임을 지고 판단을 내린다. 이『죽도기사』는 그러한 스스로의 판단을 내리는 데 좋은 자료이다. 진실의 정보를 얻어, 바른 인식에 도달한다. 그러한 일이 개인의 능력만으로 충분히 가능하게 되었다. 지금은 묻혀 있는 정보도 전문가나 특정한 사람만이 쥐고 있는 정보도, 용이하게 손에 넣을 수 있는 시대가 되었다. 개개인에게 원자료가 공개되어, 정보가 공유되는 시대가 되었다. 그러나 그 넘치는 정보를 앞에 두게 되면, 우리들은 그 정보를 홍수처럼 흘려보내기 일쑤다. 바른 판단을 내리기 위해서는, 그러한 정보에 대해 스스로 교통정리를 할 수 있어야 한다. 얻을 수 있는 정보에 대해 어떠한 태도로 접할 것인가. 우리들은 스스로의 판단기준을 분명히 가져야 한다. 그렇지 않으면 넘치는 정보에서 예지(叡智)를 조금밖에 받지 못하게 된다. 우리들은 정보에 대해 현명한 소비자여야 한다. 이『죽도기사』를 읽고 새로운 정보를 얻을 수 있다면, 그곳에서 어떻게 생각할 것인가는, 독자의 견식에 달려 있다.

오오니시 토시테루

「本書發刊にあたり」

　『竹島紀事』は竹島(＝独島)に関わる一連の古典籍の中で、最も詳しく、また最も重要な歴史資料である。これが厖大であり、また内容も込み入っていて、これまで、その全貌が一般の方たちに紹介されることは無かった。しかし竹島(＝独島)問題について語ろうとすれば、この資料に触れずに済ます事はできない。『竹島紀事』に触れずに、この問題について語ろうとすることは、ことの本質を知らずに語ることと同じである。私は、是非、この『竹島紀事』を世に知らせたいと思っていた。今回、権五曄先生の御尽力により、この『竹島紀事』が現代日本語と現代コリア語に翻訳されることになった。本書が世に広く知られることになれば、竹島(＝独島)問題について、これまでとは、また違った議論が生まれ出て来るに違いない。

　私は日本の古典籍を、コリアの人にも、是非、読んでもらいたいと思っている。日本の古典籍をコリアの方たちに読んでいただければ、そしてコリアの古典籍を日本の方たちに読んでいただければ、同じ知識を得て、認識を共有できる事に繋がると思っている。竹島(＝独島)についての古典籍を、現代語訳し、コリアと日本の両国語で発刊する必要があるというのは、この竹島(＝独島)問題が両国懸案のものであるからである。両国の人が簡単に原史料を読むことができ、その内容を容易に把握することができれば、間違った議論が防げるからである。そして出来うれば、これをきっかけに両国の間に

共通認識が生まれ出れば、この上も無い幸せである。權五曄先生と
私とは、竹島(＝独島)についての日本の古典籍を、これまでコリアに
紹介してきた。權五曄先生は、さらに独自に日本の竹島(＝独島)に関
する古典籍を、自ら次々と翻訳なさり、今や、この問題について最
も造詣が深く、最も卓越した意見の持ち主である。その学問的レベ
ルの高さ、その研究における真摯な態度、そして熱意、またその志
の高さについて、学者としても一人の人間としても、私は尊敬し敬
服している。

　權五曄先生と私との打ち合わせは、全てインターネットを介した
リアルタイムの連絡で行った。コリアにもネット社会は広がってお
り、いや日本より先に、その普及と進化とを遂げており、資料探索
なども大変便利になっていた。それゆえ今や国境を越え、民族を越
え、男女年齢を越えた情報共有の新たな世界の到来がある。確かに
電子化の世界は、国境の垣根を低くした。權五曄先生と私とは、
日々メールの遣り取りを行い、議論を深め合うことができた。議論
が噛み合う時もあれば、また噛み合わない時もある。合意できる事
もあれば、また互いに譲らない事もある。しかし信頼は着実に繋が
り、互いの間に友情が生まれ出た。その共有する情報の中から、ま
た新たな認識も生まれ出た。そのような関係は、国のレベルでも可
能であろう。未来には、また新たな素晴らしい世界が開けているに
違いない。

　私は、この新しい情報機器に触れ、コリアの權五曄先生との共同作
業を行いながら、情報の共有される新たな世界を考え続けた。今や誰
でも情報を手に入れようとすれば、それを可能とする時代が、もう目

前に迫っている。この全情報共有の新たな時代に、私たちは、

　どう向き合うのか。氾濫する情報に、いかに対処するのか。私たち自身の判断が問われている。竹島(＝独島)問題についても同様で、そのマスコミ報道に踊らされることなく、押し寄せる様々な内外からの情報を、そのまま鵜呑みにすることなく、しっかりと自らの力で考えることが重要となってきた。疑問を感じ取れば、原史料にあたり、実際はどうであったかを知り、自らの責任で判断を下す。この『竹島紀事』は、そのような自らの判断を下すための良い資料である。真実の情報を得て、正しい認識に至る。そのようなことが個人の力だけで十分に可能となってきた。今や埋もれていた情報も、専門家や特定の人にだけ握られていた情報も、容易に手に入る時代となってきた。個々の人々に原資料が公開され、情報が共有化される時代に入ってきた。だが、その溢れかえる情報を前に、ともすれば私たちは、その情報に洪水のごとく押し流されてしまいがちである。正しい判断を下すためには、そのような情報に対し、自らで交通整理ができなければならない。得られる情報に対し、如何なる態度で接するのか、私たちは自らの判断基準を、しっかりと持たねばならない。そうでなければ、溢れる情報から叡智は僅かしか授からない。私たちは情報に対し、賢い消費者であるべきである。この『竹島紀事』を読んでいただき、新たな情報を得ることができたならば、そこから如何に考えをめぐらすのかは、それは読者の見識にかかっている。

竹嶋紀事序

竹嶋の事元禄癸酉の年に始り
己卯の年に至りその留并に後
七事を一かり卯此の事濟き
その詮孫せしあらはしまして
此年越えて明らかの編なり

竹嶋紀事【序】

(00-01)

竹嶋紀事序

竹嶋の事元禄癸酉の年に始りて同己卯の年に畢れり其の間前後七

年を閲しなり然も此の事いまた其の記録せしあらさるによりて此年

越克明をして此の編をあらハ

竹嶋の事<註1>は、元禄<註2>の癸酉の年(元禄六年、一六九三)に始
まり、同己卯の年(元禄十二年、一六九九)に終わった。その間、前後
七年を経た。しかし、この事は、未だその[一件の経過を]記録せぬま
ま、この年まで来た。そこで、ここで越[常右衛門]克明<註3>に[この
資料調査を行わせ]この一編を

죽도에 관한 일은 겐로쿠 시대의 계유년(겐로쿠 6년, 1693)에 시작
되어, 동 기묘년(겐로쿠 12년, 1699)에 끝났다. 그 사이의 전후 7년이
지났다. 그러나 그 일은 아직 그 [일건의 경과를] 기록하지 않은 채,
금년에 이르렀다. 그래서 여기서 코시 쓰네에몬 카쓰아키에게 이 자
료의 조사를 행하게 하여 이 일편을

さしむ大抵此の始末其年の久しきを閲たりしゆへいハゆる事機の変
既に多端にしてまたもつて、かの考に備ふ遍き、翅に一二ならす、
克明能く多めに心を謁して此の編を成して、また間其の所見を附
し、もつて鑒を他日に存せしものなり

[まとめさせ、ことの顛末を]著すことにした。だがこの[編纂に際し]
大凡の始末に就いて言えば、年月もかなり経ってしまっているた
め、事柄や機縁への[人々の記憶は薄れ、実際どうであったのか、そ
の概略に付いてさえ]もう多種多様に変化してしまっている。[その顛
末について]考えをまとめようにも、その道筋に備える細説[を辿ろう
にも、それは]今や一つや二つだけではない。[編纂に当たった]越[常
右衛門]克明は[そのような錯綜の中で]充分に心を掛け[資料となる記
録の一つ一つに]謁し[丹念な確認の上で]この一編を成した。この間
に得た[記録の]所見を、そのままに附し[不明な点は]さらなる鑑定を
他日に委ねるものとした。

[정리하게 하여 사건의 전말을] 기록하게 했다. 그러나 이 [편찬에 임
하여] 대체적인 것에 대하여 말하자면, 세월도 상당히 지나버렸기 때
문에 사건의 내용이나 관련된 흔적에 대한 [사람들의 기억이 흐려져,
실제로는 어떠했는지에 대한 개략마저도] 이미 여러 내용과 형태로
변화하고 말았다. [그 전말에 대해] 생각을 정리하려 해도, 그 일의 도
리에 맞는 자세한 내용을 [찾으려 해도, 그것은] 이미 하나나 둘의 내
용과 형태가 아니다. [편찬에 임한] 코에 [쓰네에몬] 카쓰아키는 [그러
한 착종 속에서] 충분히 노력하여 [자료가 되는 기록 하나하나를] 찾

아보고 [세심히 확인한 위에] 이 일편을 이루었다. 그동안에 얻은 [기
록의] 소견을 그대로 기록하고 [불명한 점은] 그것에 맞는 감정을 후
일에 맡기기로 했다.

孫のいくらも覚るべき人の能くまとも成

事して偽の許痛をもつて例して

視をとるのとむとも成立修の

事さきより先れ

第松院公の修時ありて如川

論難ありし子細善隣海書示

尺くくしものゆこくさ者は

祢可ハくは覧る人の能くこれを察して、徒に記録をもつて例して視
ることな可らむことを、夫竹嶋の事これより先を
　万松院公の御時にありてかつて論難ありし子細善隣通書に見へし
もの、また予か著す

[此の一編を]閲覧する人に願うことは[このような事情を]充分に察
し、いたずらに[ここに残る]記録のみを以て、それが実例であるから
といって[単に表面だけからのみ]視ることの無いようにして貰いた
い。そもそも竹嶋の事に付いて言えば[その淵源を辿れば、ここに記
載した時期より、遥かに]以前の話である。

　万松院公(対馬府中藩主、初代、宗義智)<註4>の御在世の時に、す
でに困難な問題として、論じられたことがある。その折の子細は、
善隣通書<註5>にも見ることができる。また私が著した

[이 일편을] 열람하는 사람에게 바라는 것은 [이러한 사정을] 충분히
살펴서, 함부로 [여기에 남은] 기록만을 가지고, 그것이 실례라면서
[그저 표면적으로만] 보는 일이 없도록 해주었으면 한다. 원래 죽도의
사건에 대해 말하자면 [그 근원을 더듬자면, 이곳에 기록한 시기보다
훨씬] 이전의 이야기이다.

　만쇼우인 공(쓰시마 후츄우 한슈, 초대 소우 요시토시)가 살아 계
실 때에 이미 곤란한 문제로, 논해진 일이 있다. 그때의 자세한 사정
은 선린통서에서도 볼 수 있다. 또 내가 지은

こゝろの胡解並文大但編
及ぬ豆ゝゝ此の編か参んる通
今付のあめふ克明の心を用ゆる
おゝゝゝゝきるをかすひて妙く
きゝの梗案を席してろゝ後の
人ふ告く言の事の洋るゝ
ゝゝ此ハ覺る人続くましゝゝ

ところの朝鮮通交大紀に論し及しぬ、冝しく此の編に参へ見る遍
し、今此のあめる克明の心を用ゆる、おふかたならさるをおもひて
姑く(始て)これか梗概を序して、もつて後の人に告く、其の事の詳な
るかことき八覧る人能くこれを

朝鮮通交大紀<註6>にも[その間の事情について触れ]編集の筆を及ぼ
している。だから、さらに知りたければ、此の編纂物(朝鮮通交大紀)
をも参照して欲しい。今ここに[新たに]編纂した[この本書一編]は、
越[常右衛門]克明の心を用いて行ったもので[その出来映えを言え
ば、これは]並大抵のものではない。そのように思うので、この梗概
を、ここで序することにした。それによって後の人に[この編纂物の
価値を正しく]告げようと思う。この[竹嶋の]事に関しては[本書の]記
述は[極めて]詳細である。このことは[他に類を見ない程のものであ
る。それは]これを閲覧する人が、もっとも良く理解[し、納得]する
ところであろう。[すなわち竹嶋一件に関し]この編纂物に優るもの
は、他に無い。まさに[記録を集め、まとめ、そして事件についての
総括を行うもので、

조선통교대기에도 [그 사이의 사정에 대해 언급하여] 편집의 붓을 옮
겨 참고했다. 그러므로 더 알고 싶으면 이 편집물(조선통교대기)을 참
고하기를 바란다. 지금 이곳에 [새로] 편찬한 [이 본서 일편]은 코에[쓰
네에몬] 카쓰아키가 마음을 써서 행한 것으로 [그 완성도를 말하자면
이것은] 보통의 것이 아니다. 그렇게 생각하기 때문에 이 개략을 이곳
에 쓰기로 했다. 그것으로 후일의 사람들에게 [이 편찬물의 가치를 바

르게] 알리려고 생각한다. 이 [죽도의] 일에 관해서는 [본서의] 기술은 [아주] 상세하다. 이것은 [달리 류를 찾을 수 없을 정도의 것이다. 그것은] 이것을 열람하는 사람이 더 잘 이해[하고 납득]할 것이다. [즉 죽도 일건에 관하여] 이 편찬물보다 나은 것은 달리 없다. 그야말로 [기록을 모아 정리하고, 그리고 사건에 대한 총괄을 행한 것으로

式編小民さゝむ　時

享保十二丙午臘月　日

松浦儀右兵衛任頴

此編に尽さむ時

亨保十一丙午年臘月　日

松浦儀右衛門充任題

そのような]時期に[今ここで]立ち至ったのである。

亨保十一年(一七二六)丙午の年、臘月(陰暦十二月)の日

松浦儀右衛門充任<註7>これを書き記す

그러한] 시기에 [지금 이 정도에] 이르게 된 것이다.

쿄우호 11년(1726) 병오년 로우게쓰(음력 12월)의 날에

마스우라 요시에몬 마사타다가 이것을 써서 기록한다.

竹嶋紀事編集凡例

一 竹嶋之一件元祿六癸酉年ニ始リ日ニ三丁卯ニ
　　終リ其外ニ兀孫編集ニ付其付候ニ
　土甲午年以作候以寔家制使
　而夜之紀孫脫簡ニ作候ニ曰ニ規鮮
　注後之事ニ柚も連候之仕其上三十年を
　經候事故ニ帳面を中撰之及今候ニ不
　從以不流憶面を考合相細以分を以

(00-02)

竹嶋紀事編集之凡例

一　竹嶋之一件元禄六癸酉年ニ始り同十二丁卯年ニ終り候得共其砌
　　御記録編集無之候付、亨保十一甲午(丙午)年御記録被仰付候
　　処、参判使両度之記録茂脱簡等在之、江戸朝鮮往復之書状モ連
　　続不仕、其上三十年を経候事故御帳面茂虫損ニ及全備不致候
　　故、諸帳面を考合相知レ候分を以

一　竹嶋一件は、元禄六年(一六九三)すなわち癸酉の年に始まり、
　　同十二年(一六九九)すなわち己卯の年に終った。だが其の折に
　　おける記録されたもの、編集されたものは無い。今この亨保十
　　一年(一七二六)すなわち甲午の年に、あらためて記録を残すよ
　　う命じられた。だが参判使<註８>の[元禄六年と元禄七年の]両
　　度の記録も脱簡などが在り、また江戸や朝鮮との往復の書状も
　　[日を追っての]連続したものではない。その上[もう]三十年も
　　経過してしまった事である。それゆえ[記録された]御帳面も、
　　虫喰いなど損傷に及んでいて、全てが備っているわけではな
　　い。様々な諸帳面を[付き合わせ]考え合わせて、相知れる分を
　　以て、

죽도일건은 겐로쿠 6년(1693), 즉 계유년에 시작하여, 동 12년
(1699), 즉 기묘년에 끝났다. 그러나 그때에 기록된 것이나 편집
된 것은 없다. 지금 이 쿄우호 11년(1726), 즉 갑오년에 새로 기

록을 남길 것을 명받았다. 그러나 참판사의 [겐로쿠 6년과 9년]
두 번의 기록도 탈간 등이 있고, 또 에도나 조선과 왕복한 서장
도 [날짜에 따라] 연속된 것이 아니다. 그 위에 [이미] 30년이나
경과한 일이다. 그렇기 때문에 [기록된] 장부도 벌레가 먹는 등
손상을 입어, 모든 것이 갖추어진 것은 아니다. 여러 가지 제 장
부를 [대조하며] 생각을 맞추어, 알 수 있는 것을 가지고,

偏集仕ル事

一　数百枚ヲ以テ添加書キ候ヲ仕ルヲ
考へ〴〵雅月〱ヶ〱流一版ニ大候ヲ
二三字〳〵ヲ蔵仕ル候ニ二三字下ケ
候書ニ微細ニ書候ヲ蔵仕ル一覧仕ヲ
分ヶ中ル事

附リ源書ヲ分ヶテ帖札ロ帳〳〵文句ヲ
大方ニ〳〵使団ヶ立ル事

編集仕候事

一 数百枚之御記録故書キ続ケニ仕候而者御考之節難見分ケ候故、
　　一段之大綱を二三字高ク書載仕、其次ニ、二三字下ケ条書ニ微
　　細なる儀を書載仕り一段ツヽ段を分ケ申候事
　　附り条書之分者状控日帳等之文句を大方其侭用イ置候事

この編集<註9>を行った。

一 数百枚もの記録が残るため、これを書き続けに並べては、その
　　要旨が[混乱し]見分けが付かなくなる。そのため一段[と明確
　　な]大綱<註10>を二、三字高くして書き載せることにした。其
　　の次に[続く綱目の段を]二、三字下げて、条書にして、微細な
　　る事柄を書き載せることにした。[大綱の]段は、一段ごとに段
　　を分け[年代順に]記載を行った。
　　附記条書の部分は、書状の控えや日記帳等の文言を、大方その
　　ままに用い、記すことにした。

이 편집을 행했다.

1. 수백 매의 기록이 남아 있기 때문에, 이것을 기록한 대로 늘어놓
　　으면, 그 요지가 [혼란하여] 구별하기 어렵게 된다. 그렇기 때문
　　에 한 결 [명확한] 대강을 2, 3자 높게 하여 기재하기로 했다. 그
　　다음에 [이어지는 강목의 단을] 2, 3자 내려서, 조서로 해서, 자
　　세한 내용을 기재하기로 했다. [대강의] 단은 1단마다 단을 나누
　　어 [연대순으로] 기재하였다.
　　　부기 조서의 부분은 서장의 메모나 일기장 등의 문언을, 대
　　　개 그대로 이용하여 기록하기로 했다

一、事實ヲ婦集見合ハ安ニ據テ編集仕

ニ流傳滋多ナルヲ以テ考出ノ便ヲ以テ分ト

カツ相成泥渠云々ニ處ニ蔵仕ル候ヘ蔵セ

ヤニ處ル雖モ家而ニ云候ニ果テ花一全文ハ

都テ下事

47

一 事実之始末見分ケ安ク候様ビ編集仕候故往復書状之内より考出
　 候儀者書状之文句を少ツ、相改記録言葉ニ直シ書載仕、書状を
　 載セ不申候而難罷成所ハ書状之略を記し全文ハ載セ不申事

一 事実の顚末を、見分け易いように編集したので、往復書状の内
　 容から考え、書状の文言を少々改め、記録としての言葉に書き
　 直し、載せることにした。書状を載せなければ[流れが見えな
　 い。]意が通じない所は、その書状の概略を記す事にした。書
　 状は[煩雑にわたるため]全文までは載せていない。

1. 사실의 전말을 구별하기 쉽게 편집했기 때문에, 왕복서장의 내용
　 을 보고 생각하여, 서장의 문언을 약간 고쳐, 기록으로서의 언어
　 로 고쳐 써서, 싣는 것으로 했다. 서장을 싣지 않으면 [흐름이 보
　 이지 않는다] 의미가 통하지 않는 곳은, 그 서장의 개략을 기록하
　 는 것으로 했다. 서장은 [번잡하기 때문에] 전문은 싣지 않았다.

一、此一件前後七年之名之明玉御三代変

御祖号縄数年之後偏集仕候

御称号と号祖仕而も何とも御院号と

相用之事

一　此一件前後七年之間ニ而御国御三代ニ及ひ御称号紛敷殊ニ数年
　　之後編集仕候儀故、御称号を書載仕候所ニハ何茂御院号を相用
　　候事

一　此の一件は前後七年の間の[出来事で]対馬国の[藩主の治世は]御
　　三代<註１１>にまで及ぶものである。それゆえ[主君としての]
　　御称号のままでは[いずれの代の主君であるが]紛らわしい。殊
　　に数十年の後に編集を命じられたことのため、御称号を書き載
　　せる場合、そのいずれの[主君の]場合も[区別が付くよう、それ
　　ぞれの]御院号を用いることにした。

1. 이 일건은 전후 7년 간에 [생긴 일로] 쓰시마노쿠니의 [한슈의
　 치세는] 3대까지 걸치는 일이다. 그렇기 때문에 [주군으로서의]
　 칭호만으로는 [어느 시대의 군주인가를] 혼동한다. 특히 수십년
　 후에 편집을 명받았기 때문에, 칭호를 기재할 경우, 그 어떤 [주
　 군의] 경우라 해도 [구별이 가능하도록, 각각의] 원호를 사용하
　 기로 했다.

一　御書簡往復を載セ候所ハ輪番書稿之内より書抜載之尤全篇者輪
　　　番書稿ニ詳ニ書載在之候故別幅者相省置候事
　　　附り　大差再座之返簡者輪番書稿ニ無之候故多田与左衛門日帳
　　　之内より書抜候　尤別幅者日帳ニ相見江不申候事

一　御書簡の往復として載せた所は[以酊庵]輪番<註１２>にある書稿の
　　内から[一部を]書き抜いたものを載せた。ただし、その全篇は輪
　　番の書稿に詳細に書き載せて在る。このため別幅(贈答品に附け
　　た書簡)として残るものは[煩雑さゆえ]ここでは省いてある。
　　附記　大差使<註１３>が再座(再度の就任)しての返簡は、輪番の書
　　稿に無いため、[大差使を勤めた]多田与左衛門<註１４>の日帳の
　　内から[改めて]書き抜いて記した。ただし別幅については、こ
　　の日帳には記されていない。

1. 서간의 왕복으로 해서 실은 곳은 [이안테이] 린반에 있는 서고
　 안에서 [일부를] 간추린 것을 실었다. 다만, 그 전편은 린반의 서
　 고에 상세히 기재되어 있다. 이 때문에 별폭(증답품이 딸린 서
　 간)으로 해서 남은 것은 [번잡하기 때문에] 여기서는 생략했다.
　　　부기 대차사가 재좌(다시 취임하는 것)하여 보낸 반서는,
　 린번의 서고에 없기 때문에 [대차사를 지낸] 타다 요자에
　 몬의 일기장에서 [다시] 간추려서 기록했다. 다만 별폭에
　 대해서는, 일기장에는 기록되어 있지 않다.

一、御書差上老中へ[...]
[...]申渡[...]以[...]
[...]以使者何分金[...]
[...]以使者[...]行[...]
[...]御[...]一[...]何[...]金文之義[...]
[...]事

一　御奉書并御老中江之御連状御口上書長崎御奉行等江之御状其外
　　御使者等江被仰渡候御書付御使者伺書等之類者何茂全文を書載
　　候事

一　御奉書、ならびに御老中への御連状、御口上書、長崎御奉行
　　等への御状、其の外、使者などへ命じられた御書付、御使者
　　伺書などの類は、いずれも全文を書き載せた。

1. 어봉서 및 노중에게 보내는 연장, 구상서, 나가사키 고부교우 등
　　에게 보내는 서장, 그 외에 사자 등에게 명령한 서부, 사자에게
　　보낸 질문서 등은 모두 전문을 기재했다.

素文之書初ハ何等令文を捧也ニ仁頼寫初

徐失之事ハニを希く晶紙と殊く画書る者

出ニ人有之時書残や　可も事

一　真文之書キ物ハ何茂全文を載セ候得共短簡扣等紛失之類ハ其所
　　ニ畾紙を残し置重而考出候人有之時書載セ可申事

一　真文(漢文)の書き物は、いずれも全文を載せたが、短簡の控えな
　　ど「前後の事情が不明あるいは」紛失の類は、其の所に畾紙(紙
　　片)を残し置き、考えを重ね、人が集うとき[議して、これを復元
　　し]書き載せた。

1. 마나(한문)의 서물은 모두 전문을 실었으나, 간단한 메모 등 [전
　　후의 사정이 불명하거나] 분실한 것 등은, 그 곳에 지편을 남겨
　　두고 생각을 하다가, 사람들이 모이면 [상의하여, 이것을 복원하
　　여] 기재했다.

一　此御花押編集之儀　天龍院公御實録之
御事を以相考候事

一　杉村采女大蔵ニ被仰付古文書を以御修覆而し読
子細之所采女自分ニ以覚書を以御裁断之文

一 此御記録編集之始末　　天竜院公御 実録之次第を以相考候事

一 杉村采女大差被仰付候事者御帳面之趣不詳候故采女自分之覚書
　　を以書載セ候事

一 此の御記録編集の内容は、天竜院公<註１５>(対馬府中藩主、第三
　　代、宗義真)の御実録の内容によって[その間の事情を照らし合
　　わせて]理解すべきである。

一 杉村采女<註１６>が大差使を仰せ付けられた[元禄八年四月の]事
　　情は[残る]御帳面の趣(内容)からは[必ずしも]詳かでない。それ
　　ゆえ采女自身の覚書を以て、これを書き載せた。

1. 이 기록을 편집한 내용은 텐류우인 코우(쓰시마 후츄우 번주, 제
　　3대 소우 요시자네)의 실록 내용에 따라 [그간의 사정을 비추어
　　서] 이해해야 한다.

1. 스기무라 우네메가 대차사를 명받은 [겐로쿠 8년 4월의] 사정은
　　[남아 있는] 장부의 내용이 [반드시] 자세하지는 않다. 그렇기 때
　　문에 우네메 자신의 메모를 참고하여 기재했다.

一、国別に朝鮮人より致し候書付いたし候得而、表に投じ候様、大浦忠左衛門
　自分に受書を以て讃し、国別より之使者に
一件を讃本槽車受書を以て我等仕り候事
　右之例を以て編集仕り候処、帳面に合候様に仕り候事、委細成り候文を
　抱り候事実に脱漏も丁り申し候得共、出支まじく
　数度も挍合い、作り付け博補いたし候様にも
　書等に事

一　因州江朝鮮人罷越候次第御記録不相見候故、江戸表取扱之儀者
　　大浦忠左衛門自分之覚書を以記之、因州江之御使者一件者鈴木
　　権平覚書を以書載仕候事
　　　右之例を以編集仕候得共御帳面等全備不仕候故、委細成事
　　　者難考出事も在之、極而事実之脱漏も可在之候間、重而幾
　　　度も校合被仰付増補被遊候様ニ与奉存候事

一　因州へ朝鮮人が罷り越した[元禄九年六月の]次第は、御記録には
　　記されておらず、それゆえ江戸表での取り扱いの儀は[当時の江
　　戸屋敷の年寄]大浦忠左衛門による自らの覚え書きを以て、これ
　　を記した。[元禄九年七月の]因州への御使者の一件は[使者と
　　なって因幡に赴いた]鈴木権平の記す覚書を以て、これを書き載
　　せた。
　　　右の例(基準)を以て編集を行ったが、御帳面などは、全てが
　　　備わっておらず、それゆえ委細[を尽くし編纂物として]成立
　　　させる事など、考え出すだけでも難しいことであった。さ
　　　ぞ事実の脱漏も、ここには数多く有るであろう。[今後]重ね
　　　て幾度でも[数多くの資料と突き合わせ、さらに]交合が成さ
　　　れ[充実の]増補版<註１７>が出されることを願っている。

1. 인슈우에 조선인이 넘어온 [겐로쿠 9년 6월의] 상황은, 기록에는
　 기록되어 있지 않다. 그래서 에도에서 취급한 것은 [당시 에도
　 저택의 토시요리] 오오우라 타다자에몬이 스스로 기록한 메모를
　 가지고, 이것을 기록했다. [겐로쿠 9년 7월에] 인슈우에 온 사자

의 일건은 [사자가 되어 이나바에 갔던] 스즈키 곤페이가 기록한 각서에 근거하여, 이것을 기재했다.

위의 예(기준)를 가지고 편집을 했으나, 장부 등은 모두가 갖추어져 있지 않다. 그래서 상세함을 [다하는 편찬물로] 성립시키는 일 등은, 생각하기도 어려운 일이었다. 아무래도 사실이 탈루되는 이도, 여기에는 수없이 많이 있을 것이다. [금후] 되풀이해서 몇 번이고 [수많은 자료와 대조하여, 다시] 교합하여 [충실한] 증보판이 나올 것을 원하고 있다.

享保十□甲午年□月日

編集　裁常□□

執筆　大浦陸□□

嘉の編を成せ一後両裏東嘉山の裏此
婚売と新うて東山之所小作せて
新浦場一めら一所や

享保十一年甲午(丙午)年臘月 日

　　　　　編集 越 常右衛門

　　　　　執筆 大浦陸右衛門

(00-03)

此書の編を成せし後雨森東五郎等の事の始末を知れるによりて東
五郎に仰せて訂補勢しめられしや。

享保十一年、丙午の年、臘月(陰暦十二月)の日

　　　　　編集 越常右衛門

　　　　　執筆 大浦陸右衛門

(00-03)

　此の書の編を成した後、雨森東五郎(芳洲)<註１８>が、この事の
顛末を知っていたがため、さらに東五郎に命が下り、訂補がなされ
たという。

쿄우호우 11년, 병오년, 섣달(음력 12월)의 날

　　　　　편집 코에 쓰네에몬

　　　　　집필 오오우라 리쿠에몬

(00-03)

이 책의 편집을 한 후에, 아메노모리 토우고로우(호우슈우)가, 이
일의 전말을 알고 있었기 때문에, 다시 토우고로우에게 명을 내려, 정
보가 이루어졌다 한다.

≪解説≫

註1、竹嶋の事

この竹嶋の事とは、現在の竹島(日本)＝独島(韓国)の事ではない。現在の韓国領である欝陵島(ウルルンド)の事である。当時の日本では、現在の欝陵島を竹嶋と称していた。そして現在の竹島＝独島の方は、松嶋と称していた。この竹嶋(欝陵島)に関わる事件、すなわち領有権に関わる外交案件を、竹嶋一件と称する。朝鮮では同様の外交案件を、欝陵島争界と称する。殊に元禄期のこの領有権事件を、天保期のものと区別するため、日本では元禄竹嶋一件とも言う。そして天保期に起こった竹嶋を舞台とする密貿易事件を、こちらは天保竹嶋一件と言う。

죽도

이 죽도라는 것은 현재의 죽도(일본)=독도(한국)을 말하는 것이 아니다. 현재의 한국령인 울릉도를 말한다. 당시의 일본에서는 현재의 울릉도를 죽도라고 칭하고 있었다. 그리고 현재의 죽도(타케시마)=독도는 송도(마쓰시마)라고 칭했다. 이 죽도(울릉도)에 관한 안건을 죽도일건이라고 칭한다. 조선에서는 같은 안건을 울릉도쟁계라고 칭한다. 특히 겐로쿠기의 영유권 사건을 텐호우기의 것과 구별하기 위해, 일본에서는 원록 죽도일건(겐로쿠 타케시마잇켄)이라고도 한다. 그리고 텐호우기에 일어난 죽도를 무대로 하는 밀무역사건을 우리는 천보 죽도일건(텐호우 타케시마잇켄)이라 한다.

註2、元禄(겐로쿠)

　元禄とは、第五代将軍綱吉の時代である。もはや戦国時代の殺伐たる意識や習俗は払拭され、社会に平和と秩序とが浸透して来た時代である。すなわち武断政治から文治政治へと、時代は大きく転換していた。そのような時期であったがゆえ、元禄十五年の赤穂浪士の討ち入りなどは、世間を大いに驚かせた。悪名高い生類憐れみの令は、それに先立つ鷹狩り制度(軍事演習の一つ)の縮小廃止などから分かる通り、武の時代からの脱却であった。暴力が支配する世界、自由奔放、殺伐粗暴な風潮の、強い抑制策であった。綱吉は天下の主として、自ら率先して儒仏を尊び、孝心篤く、また好学である事を世に示した。これによって、まだ残る尚武の空気を一掃し、社会に平和と安定、礼儀と教養、そして徳性の涵養を求めたのである。このような将軍の時代であったから、幕府の官僚機構は、この竹嶋一件の処理に、当然ながら武威を振りかざすような解決策を取る事は無かった。あくまでも友好的、平和的、徳望を旨とする解決策が目指された。

　겐로쿠란 제5대 장군 쓰나요시의 시대이다. 이미 전국시대의 살벌한 의식이나 습속은 불식되어, 사회에 평화와 질서가 침투된 시대이다. 즉 무단정치가 문치정치로 시대는 크게 전환되어 있었다. 그러한 시기였기 때문에, 겐로쿠 15년의 아코우 로우시의 습격 사건(47인의 낭인이 주인의 원수를 쳐서 살해한 사건) 등은 세상을 크게 놀라게 했다. 악명이 높은 생물사랑의 령은 그것에 앞서 매사냥제도(군사연습의 하나)의 축소 폐지 등으로 알 수 있듯이, 무의 시대에서의 탈각이었다. 폭력이 지배하는 세계, 자유분방, 살벌 횡포스런 풍조의 강한

억제책이었다. 쓰나요시는 천하의 주인으로서 스스로 솔선하여 유불을 숭상하고, 효심이 두텁고, 또 학문을 좋아했다. 이로 인해 아직 남은 상무의 분위기를 일소하여 사회에 평화와 안정, 의례와 교양 그리고 덕성의 함양을 요구하고 있었던 것이다. 이러한 장군의 시대였으므로, 막부의 관료기구는 이 죽도일건의 처리에, 당연히 무력을 시위하는 것과 같은 해결책을 취하는 일이 없었다. 어디까지나 우호적, 평화적, 덩망을 주로하는 해결책을 목표로 했다.

쓰나요시에 이르는 토쿠가와 장군가의 계도

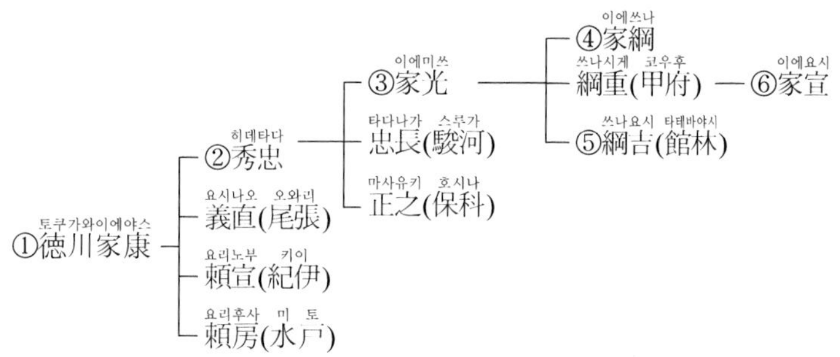

註3、越常右衛門克明

対馬藩の儒臣。その生年は不明であるが、貞享三、四(一六八六、八七)年頃が推定される。没年は享保十八年(一七三三)である。旧姓は塩川、幼名を竹松と言う。実父の塩川伊右衛門(政親)は、対馬府中に藩士教育のため創設された藩校「小学校」の初代師範で、儒者である。その本姓は越氏と言う。貞享二年(一六八五)大坂から呼ばれ、宗義真によって召し抱えられた。大小姓格で、禄百五十石を与えられた。この父は元禄六年に死亡する。まだ幼い竹松は養育扶持を支給され、対馬で育っていく。亡父の如き儒者となるため、宝永^{ほうえい}二年(一七〇五)学問修行のため大坂へ出た。大坂藩邸には、長らくここで代官役を勤める伯父塩川治兵衛がいた。この伯父が後見役となり、いよいよ学問稽古に専念する。

코시 쓰네에몬 카쓰아키

쓰시마번의 유신. 그 생년은 불명이나 죠우쿄우 3, 4(1686, 7)년 경으로 추정한다. 몰년은 쿄우호우 18(1733)년이다. 구성은 시오카와, 유명은 타케마쓰라고 한다. 실부 시오카와 코레에몬(마사치카)은 쓰시마 후츄우에 번사교육을 위해 창설된 번교「소학교」의 초대 교사로 유학자였다. 그 본성은 코시씨라 한다. 죠우쿄우 2(1685)년 오오사카에서 불려와, 소우 요시자네에게 포섭되었다. 오오코쇼우 자격으로 록 150코쿠를 받았다. 부는 겐로쿠 6년에 사망한다. 아직 어린 타케마쓰는 양육비를 지급받으며 쓰시마에서 자랐다. 망부처럼 유학자가 되기 위해 호우에이 2(1705)년에 학문수행을 위해 오오사카에 나갔다. 오오사카 번저에는 오랫동안 이곳에서 대관역으로 근무하는 백부 시오카와 치베에가 있었다. 이 백부가 후견역이 되어, 학문 연습에 전념한다.

伯父の治兵衛も、後には本姓の越氏を名乗っている。宝永七年(一七一〇)常右衛門は対馬に帰り、亡父の跡を継ぎ百石を賜り、塩川伊右衛門を名乗る。正徳元年(一七一一)からは通信使真文清書役となり、対馬と江戸を往復、同四年(一七一四)には御書物祐筆役となる。同五年(一七一五)正式な家督相続により、本知行百五十石を賜り、紀事大綱役となる。すなわち文書の記録編纂係である。享保元年(一七一六)唐音稽古のため長崎に留学する。同三年(一七一八)には帰国し、紀事大綱役に復帰する。同四年(一七一九)からは『分類紀事大綱』編纂に着手する。同五年(一七二〇)朝鮮方添役となる。同六年(一七二一)薬材質正官となり、越常右衛門と改姓し、朝鮮へ渡る。同八年(一七二三)帰国する。同九年(一七二四)朝鮮方佐役となる。同十年(一七二五)朝鮮国王の即位に際し、陳賀使の都船主として渡海する。この年、薬材調査の功により将軍吉宗から時服を拝領する。同十二年(一七二七)頃には『分類記事大綱』が完成する。同十七年(一七三二)朝鮮一代官として和館に滞在する。この間、再度の薬材調査のため、薬材質正官をも兼ねる。同十八年(一七三三)この和館において病を得て、死亡に至る。推定の享年は四十七、八歳である。

　백부 치베에도 후에는 본성 코시씨를 사용했다. 호우에이 7(1710)년에 코시 쓰네에몬은 쓰시마로 돌아와 망부의 뒤를 이어 100코쿠를 받으며 시오카와 코레에몬이라 했다. 쇼우토쿠 원(1711)년부터는 통신사 한문청서역이 되어, 쓰시마와 에도를 왕복하고, 동 4(1714)년에는 어서물우필역이 된다. 동 5(1715)년에 정식으로 가독을 상속하고, 본지행 150코쿠를 받으며 기사대강역이 된다. 이것은 문서기록편찬계이다. 쿄우호우 원(1716)년 당음 훈련을 위해 나가사카에 유학한다. 동3(1718)년에는 귀국하여 기사대강역에 복귀한다. 동 4(1719)년부터는 『분류기사대강』 편찬에 착수한다. 동 5(1720)년에 조선방첨역이 된다. 동 6(1721)년에 약재질정관이 되어. 코시 쓰네에몬으로 개성하고 조선으로 건너갔다. 동 8(1723)년에 귀국해 동 9(1724)년에 조선방좌역이 된다. 동10(1725)년에 조선국왕의 즉위에 임하여 진하사의 도선주로 도해한다. 이 해에 약재조사의 공으로 장군 요시무네한테 의복을 배령한다. 동 12(1727)년 경에는『분류기사대강』이 완성된다. 동 17(1732)년에 조선일대관으로 화관에 체재한다. 이 사이에 다시 약재조사를 위해 약재질정관을 겸한다. 동 18(1733)년에 이 화관에서 병을 얻어 사망한다. 추정은 향년 47~8세이다.

　越常右衛門が手がけた『分類紀事大綱』というのは、本編三七冊。附録二冊の計三九冊からなる大著である。この内容は、寛永十二年から正徳三年まで、この八十年間の日朝交流を記すものである。和館と対馬藩庁との間で交換された書状や、藩役人の日記や記録類など、外交や貿易の現場で記録されたものばかりで構成され、項目別かつ編年体で記述される記録文書集である。つまり日朝両国の交流実態を正確に網羅することを主眼としたものである。記録類の充実は、対馬藩の重要課題であった。朝鮮との外交交渉に於いて、その諸事にわたり、前例との比較、処理慣例、判断基準など、必要な知識の検索が、常に必要であったからである。文書記録係は、藩役人からの要請があれば、いつでも貴重な記録類を即座に取り出せるよう、普段から準備して置く必要があった。それゆえ分類と整理が必要で、それゆえに、この『分類紀事大綱』は編纂されたのである。『竹嶋紀事』は、この『分類紀事大綱』の一項目として立てられていたもので、いわば別巻の一部に該当する。それゆえ編集思想は同じで、やはり実際の記録類で構成され、かつ編年体で記述されている。『分類紀事大綱』は、この越常右衛門が編纂したものから以後も、その編纂思想と編纂事業は受け継がれ、江戸後期に至るまで書き継がれ、蓄積されていった。今も『対馬宗家文書』內の一部として保存されている。

　코시 쓰네에몬이 손댄『분류기사대강』이라는 것은 본편 37책, 부록 2책 총 39책으로 된 대작이다. 이 내용은 칸에이 12(1635)년부터 쇼우토쿠 3(1713)년까지로, 이 80년간의 일조교류를 기록한 것이다. 화관과 쓰시마쵸우 사이에 교환된 서장이나, 번 역인의 일기나 기록 등 외교나 무역의 현장에서 기록된 것만으로 구성되어, 항목별 또 편년체로 기술된 기록문서집이다. 즉 일조 양국의 교류실태를 정확히 망라하는 것을 주안으로 한 것이다. 기록류의 충실은 쓰시마한의 중요한 과제였다. 조선과의 외교교섭에 있어, 모든 일에 걸쳐서 전례로서의 비교, 처리의 관례, 판단의 기준 등 필요한 지식의 검색이 항상 필요했기 때문이다. 문서기록계는 여러 역인들의 요청이 있으면 언제라도 귀중한 기록류를 즉좌에서 꺼낼 수 있도록 미리 준비해둘 필요가 있었다. 그 때문에 분류와 정리가 필요하여, 그런 연유로 이『분류기사대강』이 편집된 것이다.『죽도기사』는 이『분류기사대강』의 한 항목으로 계획된 것으로, 말하자면 별권의 일부에 해당한다. 그런 연유로 편집사상은 같으며, 역시 실제의 기록류로 구성되며, 또 편년체로 기술되어 있다.『분류기사대강』은 이 코시 쓰네에몬이 편찬한 것 이후에도, 그 편찬사상과 편찬사업은 이어져 에도 후기에 이를 때까지 계속해서 기록되며 축적되어 갔다. 지금도『쓰시마 소우케 문서』내의 일부로 보존되어 있다.

註4、万松院公

　初代の対馬府中藩主、宗義智の事である。義智は、永禄十一年(一五六八)の生まれで、別家の三男であった。だが対馬島主の宗義調の養嗣子となり、家督を継いだ。天正十五年(一五八七)豊臣秀吉の九州征伐に、義調と共に参戦し、対馬一円を安堵される。義智は秀吉の朝鮮派兵には反対で、小西行長、博多商人らと共に、戦争回避に努力した。だが秀吉の意向には逆らえず、やむなく従軍となった。戦争突入となってからは、その勇猛さを発揮し、小西行長軍に属し、最前線にあって朝鮮各地を転戦した。その室である宗マリアは、小西行長の娘である。秀吉死去により、この戦争は終結したが、悪化した朝鮮との関係は、修復されず断絶のままであった。慶長五年(一六〇〇)関ヶ原の合戦では小西行長と共に西軍に属したが、義智自身、本戦には参加せず、名目上、家臣を代理で参加させた。

반쇼우인코우

　초대의 쓰시마 후츄우 번주 소우 요시토시를 말한다. 요시토시는 에이라쿠 11(1568)년 생으로 별가의 3남이었다. 그러나 쓰시마 도주 소우 요시시게의 사자가 되어 가독을 이었다. 텐쇼우 15(1587)년 토요토미 히데요시의 큐우슈우 정벌에 요시시게와 함께 참전하여 쓰시마 일원을 통치하게 되었다. 요시토시는 히데요시의 조선파병에는 반대하여, 코니시 유키나가, 하카다 상인들과 함께 전쟁회피에 노력하였다. 그러나 히데요시의 의향에 거슬리지 않고, 어쩔 수 없이 종군하게 되었다. 전쟁에 돌입한 후로는 용맹을 발휘하고, 코니시 유키나가에 소속하여 최전선에 서서 조선 각지를 전전했다. 그의 측실인 소우 마리아는 코니시 유키나가의 딸이다. 히데요시의 사거에 의해 전쟁이 종결되었으나, 악화된 조선과의 관계는 수복되지 않고 단절된 상태였다. 케이쵸우 5(1600)년 세키가하라 합전에서는 코니시 유키나가와 같이 서군에 속하였으나, 요시토시 자신은 본전에 참가하지 않고, 명목상 가신을 대리로 참가시켰다.

合戦後、岳父である小西行長は、石田三成らと共に京都六条河原で処刑されたが、朝鮮との国交回復を期待していた徳川家康は、宗義智の罪を問わず、所領を安堵することにした。これによって宗氏による対馬領有は断絶する事なく残った。新たに対馬府中藩として、宗義智は、その初代藩主となった。家康の期待に応え、義智は慶長十四年(一六〇九年)己酉約条(慶長条約)の締結に成功する。朝鮮との日朝国交は再び回復に至った。ここに至る迄に、数々の克服しがたい課題があった。だが涙ぐましい努力の末、義智は何とか処理を果たし、徳川家康は、その功を大いにねぎらった。元和元年(一六一五)義智は死去した。享年四十八歳である。後を継いだのは、当時、僅か十二歳の嫡子義成である。

합전 후 악부인 코니시 유키나가는 이시다 미쓰나리와 함께 쿄우토 로쿠죠우 가와라에서 처형당했으나, 조선과의 국교회복을 기대하고 있던 토쿠가와 이에야스는 소우 요시토시의 죄를 묻지 않고 소령을 통치하는 것으로 했다. 이것으로 인해 소우씨에 의한 쓰시마 영유는 단절되는 일 없이 지속되었다. 새로 쓰시마 후츄우번으로서의 소우 요시토시는 초대 번주가 되었다. 이에야스의 기대에 부응하여 요

시토시는 케이쿄우 14(1609)년에 기유약조(케이쿄우 조약)의 체결에
성공한다. 조선과의 일조국교는 다시 회복되었다. 이렇게 되기까지
여러가지 극복하기 어려운 과제가 있었다. 그러나 눈물겨운 노력 끝
에 요시토시는 어떻게든 처리했고, 토쿠가와 이에야스는 그 공을 크
게 위로했다. 겐나 원(1615)년에 요시토시는 사거했다. 향년 48세였
다. 뒤를 이은 것은, 당년 겨우 12세의 적자 요시나리였다.

　註5、善隣通書

　天和(一六八一～八四)から貞享(一六八四～八八)の頃に、まとめら
れ始めた日朝外交関係文書集である。最終の編者は阿比留惣兵衛
で、これは文禄慶長の役以後の外交関係資料集である。阿比留に
は、また己酉約条に関わる、その後の外交関係文書集『善隣通交約条
考』の著作もある。書名である「善隣」とは、互いに「親仁善隣、国之
宝也(仁に親しみ隣に善きは国の宝なり)」という『春秋左氏伝』の言葉
から採ったものである。すなわち日朝の善き交流を目指すもので、
この『善隣通書』は『善隣通交』あるいは『善隣通文』とも称されてい
る。編者の阿比留惣兵衛について少し触れておくと、阿比留は「朝鮮
向巧者」と称されるほど、朝鮮外交に通じた人物であった。この『竹
嶋紀事』にも、しばしば登場し、重要な役柄を果たしている。阿比留
が朝鮮関係の文書類に大きく関わるのは元禄四年(一六九一)からの事
である。

　선린통서
　텐나(1681～84)년부터 죠우쿄우(1684～88) 경에 정리하기 시작한

일조 외교관계 문서집이다. 최종의 편자는 아비루 소우베에로, 이는
분로쿠·케이쵸우(임진·정유왜란)의 역 이후의 외교 관계자료집이
다. 아비루에게는 기유약조에 관한 것, 그 이후의 외교관계문서집.『선
린통교조약고』라는 저작도 있다. 서명의 「선린」이란 서로 「친인선린,
국지보야(인으로 친하고 린이 좋은 것은 나라의 보물이다)」라고 한다
는『춘추좌씨전』의 말에서 취한 것이다. 즉 일조 간의 좋은 교류를
목표로 하는 것으로, 이 「선린통서」는『선린통교』혹은『선린통문』으
로도 칭한다. 편자 아비루 소우베에에 대해 조금 언급하자면, 그는
「조선향교자」로 불릴 정도로 조선외교에 통한 인물이었다. 이『죽도
기사』에도 가끔 등장하여 중요한 역할을 수행하고 있다. 아비루가 조
선관계의 문서에 관계하는 것은 겐로쿠 4(1691)년부터의 일이다.

　対馬藩『奉公帳』の記載に「同四年辛未九月、朝鮮御用之記録仕立て
候様にと、御意に依り杉村采女殿より仰せ付けられ、同酉年迄相勤
め差し上ぐ」とある。元禄四年(一六九一)藩主の宗義真の意向によ
り、朝鮮御用の記録整備が、積極的に始まっていく。新たに朝鮮支
配担当を命じられた藩年寄杉村采女によって、その口から直接、阿
比留に申し渡された。それが「朝鮮御用之記録」の「仕立て」である。
すなわち文書係としての下命である。阿比留は藩庫に残された文
書、記録類を、早速、整理分類していった。阿比留は自ら整備して
いった記録類の一部を、元禄六年(一六九三)そして元禄八年(一六九
五)一旦、藩庁へ提出している。それが『善隣通書』であり『善隣通交
約条考』であろう。このように対馬藩内で記録の整備が進む中、元禄
竹島一件は起こっていた。それゆえ対朝鮮折衝に当たる多田与左衛

門は、そのような記録情報の蓄積を引っさげ、朝鮮の地に渡ったのである。彼の対朝鮮外交における強腰での対応とは、この阿比留惣兵衛を代表とする藩の記録係、すなわち藩のシンクタンクの智恵と知識とに負っている。その記録集積こそ、この度の外交交渉の全ての力の源泉であった。

쓰시마번『봉공장』의 기재에 「동 4년 신미 9월에 조선 어용지기록을 시작하라고 하는 어의에 따라 스기무라 우네메 님이 명을 받아, 동 계유년까지 근무하다」라고 있다. 겐로쿠 4(1691)년에 번주 소우 요시자네의 의향에 따라, 조선어용의 기록정비가 적극적으로 시작되어 간다. 새로 조선지배담당을 명 받은 번의 토시요리 스기무라 우네메가 그의 입으로 직접 아비루에게 명했다. 그것이 「조선어용지기록」의 「시작」이었다. 즉 문서계로서의 하명이었다. 아비루는 번고에 남아 있는 문서 기록류를 재빨리 정리 분류해 나갔다. 아비루는 스스로 정비해간 기록류 일부를 겐로쿠 6(1693)년 그리고 겐로쿠 8(1695)년에 일단 번청에 제출했다. 그것이『선린통서』이고『선린통교조약고』일 것이다. 이러한 쓰시마한에서 기록의 정비가 진행되는 사이에 겐로쿠 타케시마잇켄이 일어났다. 그래서 대조선 절충에 임한 타다 요자에몬은 그러한 기록정보를 축적을 소지하고 조선땅으로 건너간 것이다. 그의 대조선외교에서의 강경한 대응은 이 아비루 소우베에로 대표되는 번의 기록계, 즉 번 두뇌의 지혜와 지식에 힘입고 있었다. 그 기록류야말로 이번의 외교교섭 전반에 걸친 힘의 원천이었다.

註6、朝鮮通交大紀

　『朝鮮通交大紀』は、中世から近世前期にかけての日本(とくに対馬)
と朝鮮との関係を、両国往来の文書を中心に、通観し解説したもの
である。これは幕府へも提出された。編者は対馬の儒臣、松浦儀右
衛門充任である。全十巻から成り、巻一は応安元年(一三六八)宗経茂
の時代から始まり、巻八の正徳六年(一七一六)の宗義方の時代で終
わっている。巻九と巻十は海槎録(金誠一著)を載せ、また別に十一巻
写本というのも伝わっていて、宗義方の次の宗義誠の時代のものも
記載があったようである。いずれにせよ、その序文によれば、享保
十年(一七二五)に本書は成立している。編纂目的は「三つの主意」とし
て、序文に続く凡例九条に記載されている。すなわち「第一ハ今此の
編によりてかつて彼れか我州をまつの情を察すへきの事、第二ハも
つて凡の事我彼れに応するの手段を心得へきの事、第三ハ我州以前
の事、公儀御尋なとあらむ時これに応へらるへき心得の事」とある。
つまり第一は、朝鮮側が対馬に対し、どのような態度で出て来るの
か、それを察するための拠り所とするためのものだという。第二
は、それに対し対馬からは、どのように対処したらよいのかという
もので、前例を含め、様々な場合を呈示し、心得を説くものであ
る。第三は、幕府に対し、これまでの朝鮮と対馬との関係を、その
お尋ねに応じて、どのように報告するかと言うもので、その答弁の
参考となるよう編集したものだという。これは言ってみれば外交交
渉のノウハウを、先例と共に記したもので、相手との交渉、それを
中央へ如何に報告するか、その資料集、参考書といった事になる。
このような智恵と知識の集積が、外交交渉には必要不可欠であっ

た。このような記録類の蓄積と、それに対する意見や故実の解説
が、交渉の現場において、いざと言う時、有力な武器となる。この
ような文書類への編纂姿勢が、この『竹嶋紀事』編纂にも生かされて
いる。

조선통교대기

　『조선통교대기』는 중세부터 근세 전기에 걸친 일본(특히 쓰시마)
과 조선의 관계를, 양국의 왕래문서를 중심으로 통관하여 해설한 것
이다. 이것은 막부에도 제출했다. 편자는 쓰시마의 유신 마쓰우라 요
시에몬 미치토우이다. 전10권으로 되는데 권1은 오우안 원(1368)년에
소우 쓰네시게의 시대에 시작하여, 권8은 쇼우토쿠 6(1716)년의 소우
요시미치의 시대에 끝났다. 권9와 권10은 해차록(김성일 저)을 실었
고, 또 따로 11권사본이라는 것도 전하고 있어, 소우 요시미치 다음의
소우 요시노부의 시대에도 기재가 있었던 것 같다. 어찌되었든 그 서
문에 의하면 쿄우호우 10(18725)년에 본서는 성립되었다. 편찬목적은
「셋의 주의」라고 하여, 서문에 이은 범례9조에 기재되어 있다. 즉「제
1은 지금 이 편에 의해 과거에 그들이 우리 주를 응대했을 때의 마음
을 살펴야 한다는 것, 제2는 모든 일에 우리가 그들에게 대응하는 수
단을 알아두어야 한다는 것, 제3은 우리 주에서 이전에 있었던 일을
장군이 묻는 것과 같은 일이 있을 때 이것에 답할 수 있도록 준비해
두는 것」이라고 되어 있다. 즉 제1은 조선 측이 쓰시마에게 어떠한
태도로 나올 것인가, 그것을 알기 위해 의거하는 것으로 하기 위한
것이라 한다. 제2는 그것에 대해 쓰시마에서 어떻게 대처하면 좋을
것인가라는 것으로, 전례를 포함하여 여러 가지 경우를 정시하여 마

음가짐을 이야기하는 것이다. 제3은 막부에 대해, 지금까지의 조선과 쓰시마의 관계를, 그 물음에 응하여, 어떻게 보고할 것인가를 말하는 것으로, 그 답변에 참고가 될 수 있도록 편집한 것이라 한다. 이것은 말하자면 외교교섭의 방법을 선례와 같이 기록한 것으로, 상대와의 교섭, 그것을 중앙에 어떻게 보고할 것인가에 대한 자료집, 참고서라 할 수 있는 것이었다. 이러한 지혜와 지식의 집적이 외교교섭에는 필요불가결이었다. 이러한 기록류의 축적과 그것에 대한 의견이나 고설의 해설이 교섭의 현장에서, 어려울 때 유력한 무기가 된다. 이러한 문서류의 편찬자세가 이『죽도기사』의 편찬에도 적용되었다.

註7、松浦儀右衛門充任

松浦儀右衛門は対馬藩の儒臣で、名は充任、字は禎卿、号は霞沼である。延宝四(一六七六)年に播州姫路で生まれた。その父の松浦弥五左衛門(守興)は姫路松平藩に仕えていたが、ゆえあって浪人し、江戸に出た。母は国学者で万葉集研究に秀でた契沖の妹である。儀右衛門は父に従い江戸にて成長する。まだ幼少であったが、その学問の才を師の南部草寿に激賞された。その奇才であることが対馬藩主宗義真の目にとまり、十三歳で対馬府中藩に召し抱えられた。さらに引き続き木下順庵の下で学び、特に詩文の才能を発揮する。木門十哲(新井白石、室鳩巣、雨森芳洲、榊原篁洲、祇園南海、南部南山、松浦霞沼、三宅観瀾、服部寛斎、向井滄洲)の一人に数え上げられている。元禄十六年、藩の儒者「藩学」として、禄二百石を受け、父母を江戸に残し対馬に赴任した。

마쓰우라 요시에몬 미치토우

마쓰우라 요시에몬은 쓰시마번의 유신으로 이름은 미치토우, 자는 테이쿄우, 호는 카스미누마(하소)이다. 엔호우 4(1676)년에 하라마 슈우 히메지에서 태어났다. 아버지 마쓰우라 야고자에몬(모리시게)는 히메지 마쓰타이라번에 근무하고 있었으나 사연이 있어 낭인으로 지내다 에도에 갔다. 모는 만엽집 연구에 뛰어난 케이쥬우의 동생이다. 요시에몬은 부를 따라 에도에서 성장한다. 아직 유소했으나 학문의 재능을 선생 난부 소우쥬우가 격찬했다. 그의 기재를 쓰시마 번주 소우 요시자네가 알고, 23세에 쓰시마 후츄우로 불러들였다. 계속해서 키노시타 준안 밑에서 배워, 특히 시문에 재능을 발휘했다. 모쿠몬 10철(아라이 하쿠세키·무로 큐우소우·아메노모리 호우슈우·기온 난카이·사카키바라 코우슈우·난부 난잔·마쓰우라 카쇼우·미야케 칸란·핫토리 칸사이·무카이 소우슈우)의 한 사람에 들고 있다. 겐로쿠 16년에 한의 유자「번학」으로 해서 봉록 200코쿠를 받고, 부모를 에도에 남겨두고 쓰시마로 부임했다.

対馬では主に交隣(朝鮮との通交)に関する事を司り、併せて編纂係の総裁の職をも兼務した。対馬藩に関わる文書類が全て蓄積されていたこの部署に於いて、部下を指揮し、その分類と整理を執り行った。すなわち対馬藩シンクタンクのチーフである。この編纂係総裁の時、その部下が越常右衛門克明である。享保十年(一七二五)公命により朝鮮通交大紀を編纂したが、そのような作業は、この編纂係総裁の職にあってこそ可能であった。そして編纂係の総力を挙げ『分類紀事大綱』の編纂に邁進した。その主任が越常右衛門克明である。そして『竹嶋紀事』の編纂をも、この越常右衛門克明に命じたのである。松浦儀右衛門は、同じ木門から対馬府中藩に招聘された雨森芳洲と、殊に親しかった。その八歳年下である。享保四年、徳川吉宗の将軍襲職を慶賀するため朝鮮通信使が来朝するが、雨森芳洲と共に、その応対の任にあたり、江戸まで随行した。儀右衛門に実子は無く、雨森芳洲の次男賛治(竜岡と号した)を養子とした。享保十三(一七二八)年、急病を発し死亡する。享年五十三歳であった。

　쓰시마에서는 교린(조선과의 통교)에 관한 일을 맡고, 더불어 편찬계의 총재직도 겸무했다. 쓰시마번에 관한 문서류가 모두 축적되어 있는 이 부서에서 부하를 지휘하여 그것의 분류와 정리를 행했다. 즉 쓰시마번의 두뇌팀이었다. 이 편찬계 총재 시기의 부하가 코시 쓰네에몬 카쓰아키였다. 쿄우호우 10(1725)년에 관명을 받아 조선통교대기를 편찬했으나, 그러한 작업은 이 편찬 총재직에 있었기 때문에 가능했다. 그리고 편찬계의 총력을 기울여『분류기사대강』의 편찬에 매진했다. 그 주임이 코시 쓰네에몬 카쓰아키였다. 그리고『죽도기사』의 편찬도 이 코시 쓰네에몬에게 명한 것이다. 마쓰우라 요시에몬은 같은 모쿠몬에서 쓰시마 후츄우로 초빙된 아메노모리 호우슈우와 특히 친했다. 그보다 8세 아래이다. 쿄우호우 4년에 토쿠가와 요시무네의 장군 습직을 경하하기 위해 조선통신사가 내조하자, 아메노모리 호우슈우와 같이 대접하는 일을 맡아 에도까지 수행했다. 요시에몬에게 실자가 없어 아메노모리 호우슈우의 차남 산지(류우코우라 불렀다)를 양자로 했다. 쿄우호우 13(1728)년에 급병으로 사망했다. 향년 53세였다.

註8、参判使

　朝鮮への使者の呼称である。対馬は朝鮮との外交交渉を、幕府か
ら命じられ担当していた。書簡の往復は互いに同格の相手同士で行
われる。それゆえ大君(徳川将軍)の相手は朝鮮国王である。対馬島主
が書簡を渡す同格の相手は、朝鮮の礼曹(外交典礼の役所)の参判(次
官)であった。それゆえ、その参判へ渡す対馬島主からの書簡を携え
た使者は、参判使と称された。朝鮮の朝廷は、国王を補佐する最高
の役職を領議政と言う。宰相に該当する。それに次ぐ役職が左右の
大臣で、左議政と右議政である。この三議政(三政丞)が議政府を構成
し、政策決定の最高機関であった。その下で行政執行機関とされた
のが六曹(吏曹、兵曹、礼曹、戸曹、刑曹、工曹)で、礼曹は、その一
つである。六曹の長官を判書といい、次官を参判といい、以下、参
議、正郎、佐郎と続く。日本と朝鮮との外交交渉は、当然ながら大
君と国王とが直接行うものではない。あくまでも実務者レベルで行
うもので、それが対馬島主と礼曹参判というわけである。書簡に対
しては書簡が戻り、口上に対しては、口上が戻る。この竹島一件で
も、こちらからの書簡に対し、あちらからの書簡が戻る。だがここ
で、その内容が大いに問題にされた。互いの立場、言い分を文書に
して、その文書をもとに闘うからであった。

참판사

　조선에 보내는 사자의 호칭이다. 쓰시마는 조선과의 외교교섭을, 막
부에서 명받아 담당하고 있었다. 서간의 왕복은 서로 동격의 상대 간
에 이루어진다. 그래서 오오키미(대군: 토쿠가와 장군)의 상대는 조선

국왕이다. 쓰시마 도주가 서간을 건네는 동격의 상대는 조선의 예조참판(외교전례를 맡은 역소의 차관)이었다. 그래서 그 참판에게 건네는 쓰시마 도주의 서간을 휴대한 사자를 참판사라고 불렀다. 조선의 조정은 국왕을 보좌하는 최고의 역직을 영의정이라 한다. 재상에 해당한다. 그것에 이은 역직이 좌우의 대신인 좌의정과 우의정이다. 이 삼정(삼정승)이 의정부를 구성하는 정책결정의 최고기관이다. 그 아래의 행정 집행기관이 육조(이조·병조·예조·호조·형조·공조)로, 예조는 그것의 하나이다. 육조장관을 판서라 하고 차관을 참판이라 하며, 이하 참의, 정랑, 좌랑으로 이어진다. 일본과 조선의 외교교섭은 당연히 대군과 국왕이 직접 행하는 것이 아니다. 어디까지나 실무자급에서 행하는 것으로, 그것이 쓰시마 도주와 예조참판이라는 것이다. 서간에 대해서는 서간이 돌아오고, 구상서에 대해서는 구상서가 돌아온다. 이 죽도일건에서도 이쪽의 서간에 대해서는 저쪽의 서간이 돌아온다. 그러나 여기서 그 내용이 큰 문제가 되었다. 상호의 입장, 말하고 싶은 것을 문서로 하여, 그 문서를 근거로 해서 싸우기 때문이다.

註9、編集

編集は、年代を追っての記述である。元禄六(一六九三)年に始まり元禄十二(一六九九)年に終わるこの一件を、この竹嶋紀事は五つの時期に区分する。第一期から第五期まで、それを竹嶋紀事一、竹嶋紀事二、竹嶋紀事三、竹嶋紀事四、竹嶋紀事五として記載する。この五分冊の記述は、この間の外交交渉を、実際の記録類から辿るものである。その内容を簡略に記す前に、事件の発端となる出来事について、まず述べておく。竹嶋一件は、その続きとなるものである。

편집은 연대에 따른 기술이다. 겐로쿠6(1693)년에 시작되어 겐로쿠 12(1699)년에 끝나는 이 일건을, 이 죽도기사는 다섯 시기로 구분한다. 제1기부터 제5기까지, 그것을 죽도기사1, 죽도기사2, 죽도기사3, 죽도기사4, 죽도기사5로 해서 기재한다. 이 5 분책은 이 기간의 외교 교섭을 실제 기록류에서 확인하는 것이다. 그 내용을 간략하게 기록하기 전에 사건의 발단이 되는 사건에 대해서 먼저 기록한다. 죽도일건은 그것이 계속되는 것이다.

　事は一年前に遡る。すなわち元禄五年(一六九二)の出来事である。例年の如く竹嶋(鬱陵島)で漁をしようと、伯耆の漁船が三月、島に渡って行った。しかし、すでに朝鮮人漁民が多数、島で漁を行っていた。互いに入り交じり漁を行っては、暴力沙汰になる可能性がある。それゆえ衝突を避け、伯耆の漁船は何ら収穫を挙げぬまま引き返し、米子に帰港した。翌元禄六年(一六九三)三月、再び伯耆の漁船が竹嶋(鬱陵島)に出漁した。だがやはり朝鮮人漁民が島で漁労活動を行っていた。またも日本人は、この島で自分たちの漁ができない。それを咎めるつもりで、朝鮮人漁民のうちの二人を連行し、米子に連れ帰った。我々の漁場が荒らされたと、その権益保護を藩庁に訴え出た。同年四月、鳥取藩庁から江戸藩邸へ報告が上がり、さらに公儀へと、この件に関し届け出がなされた。それゆえ公儀から朝鮮担当の対馬府中藩へ、問題解決に動くよう指図が来た。これが元禄六年に始まる竹嶋一件の幕開けである。

　사건은 1년 전으로 돌아간다. 즉 겐로쿠 5(1692)년에 생긴 일이다.

예년처럼 죽도(울릉도)에서 어렵하려고 호우키의 어선이 3월에 섬으로 건너갔다. 그러나 이미 조선어민 다수가 섬에서 어렵을 하고 있었다. 서로 뒤섞여 어렵을 하면 폭력사태가 일어날 가능성이 있다. 그래서 충돌을 피해 호우키의 어선은 아무런 수확도 얻지 못하고 요나고로 돌아왔다. 다음 겐로쿠 6(1693)년 3월에 다시 호우키의 어선이 죽도(울릉도)에 출어했다. 그러나 역시 조선어민이 섬에서 어렵하고 있었다. 또 일본인은 이 섬에서 어렵을 할 수 없다. 그것을 야단칠 생각으로 조선어민 중의 두 사람을 연행하여 요나고로 끌고 돌아왔다. 우리들의 어장을 빼앗겼다며, 그 권익을 번청에 호소했다. 동년 4월에 톳토리 번청에서 에도 번저에 보고하자, 번저가 다시 막부에 보고했다. 그래서 막부는 조선담당의 쓰시마 후츄우한에 문제해결을 위해 움직일 것을 지시했다. 이것이 겐로쿠 6년에 시작된 죽도일건의 개막이다.

竹嶋紀事一(竹嶋一件の第一期)は、元禄六年五月から始まる。月番老中の土屋相模守から、対馬府中藩江戸屋敷に連絡が来る事で、その記述が始まる。朝鮮人が竹嶋という所へ漁を行うため渡ってきた。そのような事が鳥取藩主から報告があった。今後、竹嶋に朝鮮人が渡って来ないよう、対馬から朝鮮に申し入れを行って貰いたい。そのような外交交渉を行うよう、これは伝えるものであった。捕らえられた朝鮮人二人は鳥取から長崎に移送される。その者どもを受け取り、対馬を経由し朝鮮へ送り返す。その折、朝鮮人の渡海禁止を要請する。そのための使者が朝鮮に派遣された。こうして大差使の多田与左衛門と接慰官の洪重夏との間で交渉が始まる。その返答の書簡が朝鮮朝廷から戻ってくるが、こちらの意図する返事ではない。日本は竹嶋への朝鮮人渡海の禁止を求めたが、朝鮮からの書簡は、朝鮮の欝陵嶋という文言を、この書簡の中に書き入れていた。ここから日本の竹嶋、朝鮮の欝陵嶋という文字の綱引きが始まる。日本は内容の修正を求め何度も申し入れるが、いっこうに埒が明かない。一旦、書簡を対馬に持ち返るが、やはり藩庁の同意は得られない。そこで再度、参判使として多田与左衛門が朝鮮へ渡海する。そして、また新たな交渉を開始した。

죽도기사 1(죽도일건의 제1기)은 겐로쿠 6년 5월부터 시작된다. 월번노중 쓰치야 사가미노카미가 쓰시마 후츄우한 에도저택에 연락하는 것으로, 이 기록이 시작된다. 조선인이 죽도라는 곳에 어렵하기 위해 건너왔다. 그러한 일을 톳토리 번주가 보고했다. 금후 죽도에 조선인이 건너오지 않도록, 쓰시마가 조선에 요구해야 한다. 그러한 외교교섭을 하라고 전하는 내용이었다. 붙잡아 온 두 조선인은 톳토리에서 나가사키로 이송한다. 그자들을 인계받아 쓰시마를 경유하여 조선에 돌려보낸다. 그때 조선인의 도해금지를 요청한다. 그러기 위한 사자를 조선에 파견했다. 이리하여 대차사 타다 요자에몬과 접위관 홍중하 사이에 교섭이 시작된다. 그 반답의 서간이 조선 조정에서 돌아왔는데, 이쪽이 의도하는 답이 아니었다. 일본은 죽도에 오는 조선인의 도해금지를 요구했는데, 조선의 서간은, 조선의 울릉도라는 문언을 서간에 기입한 것이다. 여기서부터 일본의 죽도, 조선의 울릉도라는 문자의 줄다리기가 시작된다. 일본은 내용의 수정을 여러 번 요구했으나 일체 진전이 없다. 일단 서간을 받아 쓰시마로 돌아갔으나, 역시 번청의 동의를 얻을 수 없었다. 그래서 다시 타다요자에몬이 참판사로 조선에 도해한다. 그리고 다시 교섭을 개시했다.

　竹嶋紀事二(竹嶋一件の第二期)は元禄七年八月からである。再度の参判使となって渡海した多田与左衛門は、新たな接慰官兪集一と対談する。ここで以前の書簡を返却し、改めて新たな書簡を求めた。やがて都から新たな書簡が返って来た。だが、その改撰された書簡は、実は大変な内容だった。もともと対馬からの申し入れは、朝鮮人漁民が島へ往来することを禁止する内容であった。だがこの改撰書簡は、逆に日本人漁民が島へ往来することを禁止する内容であった。島が朝鮮の欝陵嶋だとするところからの理由である。多田与左衛門にすれば、当然このような国書は受け取れない。もちろん国元でも、このような書簡は拒絶であった。それゆえ、なおも執拗に交渉を続けた。だが相手は全く応じない。交渉相手の接慰官兪集一は、もう役割を終えたとして、都へ引き揚げてしまった。そのような中、対馬府中藩主の宗義倫が、江戸在府中に二四歳の若さで死亡してしまった。わずか十一歳の幼弟義方が、替わって新藩主となった。すでに致仕していた父の義真が、その後見の任に当たっていく。藩主交代の時期と重なったため、対馬藩の外交交渉は、その機能を一時的に停止した。直接の折衝役(差備訳官)朴再興も、もう都へ引き揚げていった。それゆえ日朝交渉は、さらに膠着状態へ陥っていく。元禄八年四月、事態の打開を求め、多田与左衛門が和館に滞在のまま、対馬は新たな参判使の派遣を計画する。第三次交渉である。藩のエース杉村采女の起用であった。その先遣部隊として、対馬の知恵袋陶山庄右衛門らが朝鮮に渡った。だが彼らは朝鮮から相手にされなかった。そこで彼らは疑問四ヶ条を朝鮮へ突き付け、回答を迫り、書簡文言の不備を質した。だが、それでも事態は動かなかった。

죽도기사 2(죽도일건의 제2기)는 겐로쿠 7년 8월부터이다. 다시 참판사가 되어 도해한 타다 요자에몬은 새 접위관 유집일과 대담한다. 여기서 이전의 서간을 반납하고 새로운 서간을 요구했다. 드디어 한양에서 새 서간이 왔다. 그러나 그 개찬된 서간은 실로 대단한 내용이었다. 원래 쓰시마의 요구는 조선어민이 섬에 왕래하는 것을 금지하는 내용이었다. 그러나 이 개찬서간은 거꾸로 일본어민의 왕래금지를 요구하는 내용이었다. 섬이 조선의 울릉도라는 것이었다. 타다 요자에몬으로서는 당연히 이러한 국서를 받을 수가 없다. 물론 쓰시마도 이러한 서간은 거절했다. 그래서 더 집요하게 교섭을 계속했다. 그러나 상대는 전혀 응하지 않는다. 교섭상대 유집일은 이미 역할이 끝났다며 한양으로 돌아가고 말았다. 그러한 상황에서 쓰시마 후츄우의 번주 소우 요시토모(쓰구)가 에도 재부 중에 24세의 젊음으로 사망하고 말았다. 겨우 11세의 동생 요시미치가 신 번주가 되었다. 이미 은거한 부 요시자네가 그 후견역을 맡았다. 번주교대의 시기와 겹쳤기 때문에 쓰시마의 외교 교섭은 기능이 일시적으로 정지되었다. 직접 절충하는 역할을 하는 박재흥(차비역관)도 이미 한양으로 돌아갔다. 그래서 일조교섭은 교착상태에 빠져갔다. 겐로쿠 8년 4월에 사태의 타개를 위해 타다 요자에몬이 화관에 체재하는 상태에서, 쓰시마는 새로운 참판사의 파견을 계획한다. 제3차교섭이다. 한의 에이스 스기무라 우네메의 기용이었다. 그 선발부대로 쓰시마의 지혜주머니 스야마 쇼우에몬이 조선으로 건너갔다. 그러나 그들을 조선이 상대해주지 않았다. 그래서 그들은 의문 4개조를 조선에 보내고 회답을 재촉하며, 서간문언의 불비를 따졌다. 그러나 그렇게 해도 사태는 움직이지 않았다.

竹嶋紀事三(竹嶋一件の第三期)は元禄八年六月からである。なお解決を模索する宗義真は、なお杉村采女を使者として朝鮮へ派遣しようとする。解決困難な事を承知する采女は、使者となって赴けば、もはや生きては帰れぬ事を自覚した。その死の決意の中で、事の次第を上申した。再度の使者派遣が、効果の薄い事を了解した宗義真は、この使者派遣を中止する。改めて藩の識者の意見を汲み上げる事にした。そして意見を聞く作業が続いた。甲論乙駁、そのような中で、公儀の意向を改めて問い、摺り合わせる事が必要となった。そして秋十月、宗義真は江戸へと出発する。老中の阿部豊後守との打ち合わせである。江戸藩邸の老職平田直右衛門が、合意のため重要な役目を担った。そして翌元禄九年正月、江戸城において老中列座の中、日本人の竹嶋渡海の禁止が言い渡された。公儀の方針転換である。これを承け、宗義真は国元へ帰還する。秋には対馬に朝鮮から使者が渡って来る。その折、この新たな解決策を、口答によって朝鮮側に伝える事になった。それによって、この竹嶋一件は解決に向かう筈である。あとは訳官の渡海を待つだけであった。そのような中、朝鮮人の一行が、訴訟の事があると称し、この六月、因幡へ渡海して来る事件が起こった。その一行の中には、先年、捕らえ置いた朝鮮人漁民が含まれている。何やら対馬の事を問題にしてい

るようであった。因幡では様子が分からず、朝鮮人の言い分を聞く
ため、月番老中を介し通訳の派遣を対馬に要求して来た。そこで鈴
木権平の一行を因幡に向け派遣する事になった。

　죽도기사 3(죽도일건의 제3기)은 겐로쿠 8년 6월부터이다. 다시 해
결을 모색하는 소우 요시자네는 다시 스기무라 우네메를 사자로 삼
아 조선에 파견하려고 한다. 해결이 어렵다는 것을 아는 우네메는 사
자가 되어 가면 다시는 살아서 돌아오지 못한다는 것을 자각했다. 죽
을 각오를 하고 일의 상황을 상신했다. 다시 사자를 파견하는 것이
효과가 많지 않다는 것을 안 소우 요시자네는 사자파견을 중지했다.
다시 번 식자들의 의견을 듣기로 했다. 그리고 의견을 듣는 작업을
계속했다. 갑론을박 속에서 막부의 의견을 다시 듣고 조절하는 일이
필요하게 되었다. 그래서 가을인 10월에 소우 요시자네는 에도로 출
발했다. 노중 아베 분고노카미와 상의하기 위한 것이었다. 에도번저
의 노직 히라타 나오에몬이 합의를 위해 중요한 역할을 책임졌다. 그
리고 다음 겐로쿠 9년 정월에, 에도성에 노중들이 열좌한 가운데에서
일본인의 죽도도해금지가 언도되었다. 막부의 방침 전환이었다. 이것
을 받고 소우 요시자네는 국원으로 귀환했다. 가을에 조선에서 쓰시
마로 사자가 왔다. 그때 새로운 해결책을 구두로 조선에 전달하기로
되어 있었다. 그것으로 죽도일건은 해결되는 듯했다. 남은 것은 역관
의 도해를 기다리는 일뿐이었다. 그러한 상황에서 조선인 일행이 소
송할 일이 있다며 6월에 이나바로 도해하는 사건이 일어났다. 그 일
행 중에는 선년에 붙잡혔던 조선어민이 포함되어 있다. 아무래도 쓰
시마의 일을 문제로 하고 있는 것 같았다. 이나바에서는 상황을 알지

못하여, 조선인이 말하는 것을 듣기 위해, 월번 노중을 매개로 해서 통역의 파견을 쓰시마에 요구했다. 그래서 스즈키 곤베이 일행을 이나바로 파견하게 되었다.

竹嶋紀事四(竹嶋一件の第四期)は元禄九年七月からである。対朝鮮外交は、そもそも対馬の専権事項である。今回、因幡で朝鮮人からの訴訟を受け付けては、その対馬の役をないがしろにする事になる。それゆえ対馬府中藩は、阿部豊後守を介し、公儀への働き掛けを行った。月番老中からの通詞派遣要請は、それゆえ撤回となり、因幡鳥取藩には朝鮮人をそのまま帰国させるよう命令が下った。そして朝鮮人は八月に帰国し、鈴木権平の一行は、鳥取を目前に対馬に引き返していった。そして、いよいよ秋十月、朝鮮から渡海訳官が渡って来た。彼らに宗義真から幕府の方針が伝達された。訳官が帰国の折、この様に収まった事はめでたい事であると、感謝の書簡を指し渡すよう、彼らに要求した。以後この感謝の書簡をめぐり、また外交交渉が行われる。その折衝の当事者は、和館の館守である唐坊新五郎と、東莱府使の李世載との間で行われた。朝鮮から書簡が送られて来たが、その内容たるや、感謝の言葉は少なく、無礼な文言が書き載せてあった。それゆえ受け取る事はできない。ひたすら修正を求めていく。だが修正は困難であると、そのような押し問答が繰り返されていった。

죽도기사 4(죽도일건의 제4기)는 겐로쿠 9년 7월부터이다. 대조선외교는 원래 쓰시마의 전권사항이었다. 이번에 조선인들의 소송을 접수하게 되면 쓰시마번의 역할은 무시당하는 것이 된다. 그렇기 때문에 쓰시마 후츄우는 아베 분고노카미를 매개로 하여 막부에 이의를 제기했다. 월번 노중이 통역의 파견을 요청하는 것은 그것 때문에 철회되고, 이나바 톳토리번에는 조선인을 그대로 귀국시키라는 명령을 내렸다. 그래서 조선인은 8월에 귀국하고, 스즈키 곤베이 일행은 톳토리번을 눈앞에 두고 쓰시마로 돌아갔다. 그리고 드디어 추 10월에 조선에서 도해역관이 건너왔다. 그들에게 소우 요시자네가 막부의 방침이 전달되었다. 역관이 귀국할 때, 이처럼 정리된 것은 축하할 일이라며, 감사의 서간을 보낼 것을 그들에게 요구했다. 이후에 이 감사의 서간을 둘러싸고, 또 외교교섭이 이루어진다. 그 절충의 당사자는 화관의 관수인 토우보우 신고로우와 동래부사 이세재로, 그들 사이에서 이루어졌다. 조선에서 보낸 서간이 왔으나, 그 내용에 감사의 말은 적고, 무례한 문언이 기록되어 있었다. 그래서 받을 수가 없다. 한결같이 수정을 요구했다. 그러나 수정은 곤란하다는, 그러한 승강이가 되풀이되었다.

竹嶋紀事五(竹嶋一件の第五期)は元禄十年七月からである。ようやく改撰の書簡が送られて来た。だが感謝状としては、まだ不十分であった。それゆえ、さらに修正が求められた。だが朝鮮の側は、もはや修正はないと、その要求を峻拒した。交渉が膠着状態に陥ったため、その打開を求め、和館では示威行動を取る事になった。それが和館闌出事件である。制限区域を越え、日本人が集団で出歩く事を繰り返した。釜山浦の東平と言う所に出掛けた折、日本人の一人が石で頭を打たれ、気絶してしまった。そして大小の刀を奪われるという事件が発生した。犯人は逃げてしまい、その場にいない。急遽、側にいた朝鮮人三人を捕らえ、連れ帰り、和館に閉じ込めてしまった。擾乱の勃発かと危惧されたが、話し合って平穏に事を収める事ができた。この責任を取らされ、朝鮮では東莱府使が交替となり、新たな東莱府使として朴権が赴任して来た。日本側の責任者として高勢八右衛門の更迭を朝鮮側は要求してきた。高勢がいる限り、竹嶋謝書は送らないと、そのような事であった。結局、高勢を対馬に戻し、新東莱府使の朴権と館守の唐坊新五郎との間で話がまとまり、新たな謝書が送られて来た。今度の書簡では、一応、対馬の要求は満たされている。これを早速、江戸へ転送した。そしてようやく公儀の了解を得る事ができた。公儀が書簡を受け取った事を、元禄十二年春、謝書に対する返簡として、正式に朝鮮に伝えた。そして朝鮮に伝えた事を、また公儀にも報告した。元禄十二年十二月末、老中の阿部豊後守から、これで竹嶋一件は全て終了となったと、その旨の書簡を宗義真は受け取った。

죽도기사 5(죽도일건의 제5기)는 겐로쿠 10년 7월부터이다. 겨우 개찬한 서간을 보내왔다. 그러나 감사장으로서는 아직 부족했다. 그래서 다시 수정을 요구했다. 그러나 조선 측은 이제는 수정이 없다며 그 요구를 거절했다. 교섭이 교착상태에 빠졌기 때문에, 그 타개책을 구해, 화관에서는 시위행동을 취하기로 했다. 그것이 화관난출사건이다. 제한구역을 넘어서 일본인이 집단으로 활보하는 일을 반복했다. 부산포의 동평이라는 곳에 나갔을 때, 일본인 한 사람이 돌로 머리를 맞아 기절하고 말았다. 그리고 대소의 검을 빼앗겼다는 사건이 발생

했다. 범인은 도망쳐버리고 그 현장에 없다. 급거 옆에 있던 조선인 3인을 붙잡아 끌고 돌아와 화관에 가두었다. 소란의 발발인가라고 위구했으나 말로 평온하게 수습할 수 있었다. 그 책임을 틀어 조선에서는 동래부사가 교대되어 새로운 동래부사로 박권이 부임했다. 일본 측의 책임자 타카세 하치에몬의 경질을 조선 측이 요구했다. 타카세가 있는 한 죽도 사서는 보내지 않겠다라고, 그러한 상태였다. 결국 타카세를 쓰시마로 보내고, 신 동래부사 박권과 토우보우 신고로우 사이에 이야기가 정리되어, 새로운 사서를 보내왔다. 이번의 서간에는, 일단 쓰시마의 요구는 만족했다. 이것을 서둘러 에도에 전송했다. 그리고 겨우 막부의 양해를 얻을 수 있었다. 막부가 서간을 받은 것을 겐로쿠 12년 봄, 서간에 대한 답장을 정식으로 조선에 전했다. 그리고 조선에 전한 사실을 다시 장군에게도 보고했다. 겐로쿠 12년 12월 말에 노중 분고노카미 님이, 이것으로 죽도일건은 모든 것이 수료되었다고 하는, 그런 취지의 서간을 소우 요시자네가 받았다.

註 10、大綱

記事の中には、記録や書簡や意見書や感想文などが混在し、しばしば内容が錯綜する。それゆえ流れを追い易くするため、編者の越常右衛門は明確な大綱を立てる。その大綱の数は五六段ある。この五六段の大綱が年月順に並び、事件を逐一追っていく。次のような配置である。

기사 중에는 기록이나 서간이나 감상문 등이 혼재하여, 가끔 내용이 착종한다. 그 때문에 흐름을 따르기 쉽게 하기 위해 식자 코시 쓰

네에몬은 명확한 대강을 설정했다. 그 대강의 수는 56단이다. 이 56단
의 대강이 연월순으로 설정되어 있어, 사건을 차례대로 더듬어간다.
다음과 같은 설정이다.

竹嶋紀事一(竹嶋一件の第一期)

大綱　一段(元禄六年五月)

大綱　二段(元禄六年六月)

大綱　三段(元禄六年七月①)

大綱　四段(元禄六年七月②)

大綱　五段(元禄六年八月)

大綱　六段(元禄六年九月①)

大綱　七段(元禄六年九月②)

大綱　八段(元禄六年十月)

大綱　九段(元禄六年十一月)

大綱一〇段(元禄六年十二月①)

大綱一一段(元禄六年十二月②)

大綱一二段(元禄七年一月①)

大綱一三段(元禄七年一月②)

大綱一四段(元禄七年二月①)

大綱一五段(元禄七年二月②)

大綱一六段(元禄七年二月③)

大綱一七段(元禄七年二月④)

大綱一八段(元禄七年三月～五月)

大綱一九段(元禄七年閏五月)

大綱四一段(元禄九年七月②)

大綱四二段(元禄九年八月①)

大綱四三段(元禄九年八月②～九月)

大綱四四段(元禄九年十月①)

大綱四五段(元禄九年十月②～十二月)

大綱四六段(元禄十年一月～四月①)

大綱四七段(元禄十年四月②～五月)

竹嶋紀事五(竹嶋一件の第五期)

大綱四八段(元禄十年七月～九月①)

大綱四九段(元禄十年九月②)

大綱五十段(元禄十年九月③～十一月)

大綱五一段(元禄十一年一月)

大綱五二段(元禄十一年二月～三月)

大綱五三段(元禄十一年四月)

大綱五四段(元禄十一年五月～九月)

大綱五五段(元禄十二年一月～五月)

大綱五六段(元禄十二年十月～十二月)

　この大綱の順に従い、現代語訳の本文は記載を行った。それゆえ目次も、そのような形で整えてある。大綱の各々は、その中に、なお幾つか下位の綱目を含んでいる。その一括りの綱目を纏め、読みやすいように、この現代語訳では区分けをしておいた。経過中の出来事の一括りである。もちろん、その綱目の中には、またそれぞれの条々(さらに下位の条書部分、すなわち細目)がある。だが、それをさらに細区分すると煩雑になるので、一括りの綱目までを区分化しておいた。大綱は二桁の数字、綱目も二桁の数字で、それをハイフンで結んでいる。たとえば大綱三段の第三綱目は03-03といった表記である。各大綱の最初の記事は、その大綱の大略が記されている。いわば大綱の総論である。それゆえ、ここは綱目に含めず、総論表記として綱目ナンバーは空欄とした。たとえば大綱三段の最初の記事は03-00である。この総論表記だけを読者が読み継いでいけば、すなわち、01-00、02-00、03-00、04-00と追って読んでいけば、簡略に全体の粗筋を追う事ができる。また大綱の中を順次、綱目に従って読めば、たとえば21-00、21-01、21-03、21-04と追って読んでいけば、事の詳細が明らかとなる。そのような大綱と綱目の構造になっている。

이 대강의 순서에 따라, 현대어역의 본문을 기재했다. 그렇기 때문에 목차도 그러한 형태로 정리하였다. 대강의 각각은, 그중에 또 몇 개인가의 하위의 강목을 포함하고 있다. 그 일괄의 강목을 정리하여 읽기 쉽도록, 이 현대어역에서는 구분해 두었다. 경과 중에 생긴 일의 일관인 것이다. 물론 그 강목 중에는, 또 각각의 조들이 (더 하위의 조서부분, 즉 세목) 있다. 그러나 그것을 다시 세구분하면 번잡스럽게 되므로, 일괄의 세목까지를 구분화해 두었다. 대강은 2연의 숫자, 세목도 2연의 숫자로, 그것을 하이픈으로 연결하고 있다. 말하자면 대강의 총론이다. 그래서 이곳은 강목에 포함하지 않고, 총론표기로 하여 번호는 공란으로 했다. 말하자면 대강 3단의 최초기사는 03-00이다. 이 총론표기만을 독자가 계속해서 읽어가면, 즉 01-00, 02-00, 03-00, 04-00을 따라 읽어가면, 간략하게 전체의 대강 줄거리를 알 수 있다. 또 대강의 내용을 순차, 강목에 따라 읽으면, 말하자면 21-00, 21-01, 21-03, 21-04 식으로 따라 읽어가면, 일의 자세한 내용이 분명해진다. 그러한 대강과 강목의 구조로 되어 있다.

註 11、御三代

御三代とは、対馬府中藩の三代に亘る島主を指す。すなわち第三代の宗義真、第四代の宗義倫、第五代の宗義方の事である。それぞれ院号で記載するから、天竜院公、霊光院公、大桁院公という事になる。

어삼대란 쓰시마 후츄우한의 3대에 걸친 도주를 말한다. 즉 제3대의 소우 요시자네, 제4대의 소우 요시토모(쓰구), 제5대의 소우 요시미치를 말한다. 그것을 원호로 시재하므로 텐류우인코우, 레이코우인코우, 다이엔인코우라고도 한다.

쓰시마 후츄우한(府中藩)의 소우케(宗家) 계도

초대 宗義智(소우요시토시) — 제2대 宗義成(요시나리) — 제3대 代宗義真(요시자네)
(반쇼우인 万松院)　(코우운인 光雲院)　(텐류우인 天竜院)

├ 제4대 宗義倫(요시쓰구, 霊光院 레이코우인)
├ 제5대 宗義方(요시미치, 大桁院 다이코우인)
├ 제6대 宗義誠(요시노부, 大雲院 다이운인)
└ 제7대 宗方熙(미치히로, 清浄院 세이죠우인)

註 12、以酊庵輪番

天正八年(一五八〇)対馬島主の宗義調は、碩学の誉れ高い景轍玄蘇(博多の聖福寺住職)を対馬に招き、朝鮮との外交交渉に当たらせていた。文禄慶長(壬辰丁酉)の戦乱の時代にも、この玄蘇は、やはり外交交渉に参加した。殊に、その終結の和平交渉に於いては、大いに働いた。そして宗義智の知恵袋として、慶長十四年(一六〇九)己酉約定の締結に貢献した。この年、対馬府中(今の厳原町)に禅寺の以酊庵を開いた。玄蘇出生の天文六年(一五三七)すなわち丁酉の年に因んだ命名と言う。以酊庵の住職は、以後代々、対朝鮮外交に貢献する。玄蘇の後継者で第二代住持の規伯玄方の時、柳川一件(対馬藩主の宗義成と重臣の柳川調興が対立した事件)が勃発した。これに関わり、かつて朝鮮との和平締結の折、やむなく行った国書改竄が発覚した。寛永十二年(一六三五)規伯玄方は責任を取らされ、陸奥国へ流罪となった。以後、以酊庵の住持は輪番制として、南禅寺を除く京都五山の碩学僧が、対州修文職として派遣される事になる。彼らは数年の任期で、対朝鮮外交の一翼を担った。その実体は、対馬藩の朝鮮外交を監視する役割である。日朝外交文書の授受に立ち合い、その審査、勘案を行い、その記録を行っていた。そして公儀へ報告する。

이테이안 린반

텐쇼우 8(1580)년에 쓰시마 도주 소우 요시시게는 석학으로 긍지 높은 케이테쓰 겐소(하카타의 세이후쿠지 주직)를 쓰시마로 초대하여 조선과의 외교교섭을 맡겼다. 분로쿠·케이쵸우(임진·정유)의 전란 시대에도, 이 겐소는 외교교섭에 참가했다. 특히 그 결과의 평화교섭에서는 크게 활약했다. 그리고 소우 요시토시의 지혜주머니로, 케이쵸우 14(1609)년에 기유약조 체결에 공헌했다. 이 해에 쓰시마 후츄우(지금의 이쓰바라마치)에 선사 이안테이를 열었다. 겐소가 출생한 텐분

6(1537)년, 즉 정유년을 기념한 명명이라 한다. 이안테이의 주직은 이후 대대로 대조선 외교에 공헌한다. 겐소의 후계자로 제2대 주직 키하쿠 겐보우의 시절에 야나가와일건(쓰시마 번주 소우 요시나리와 중신 야나가와 시게오키가 대립한 사건)이 발발했다. 이것에 관하여 과거 조선과의 평회체결 시, 어쩔 수 없이 행한 국서개찬이 발각되었다. 칸에이 12(1635)년 키하쿠 겐보우는 책임을 지고 무쓰노쿠니로 귀양갔다. 이후 이테이안의 주직은 윤번제로 하여, 난젠지를 제외한 쿄우토 5산의 석학승이 다이슈우 수문직으로 해서 파견되었다. 그들은 수년의 임기로, 대조선 외교의 일익을 담당했다. 그 실체는 쓰시마번의 조선외교를 감시하는 역할이다. 일본 외교문서의 수수에 입회하여 그 심사 감안을 행하여, 그것을 기록했다. 그리고 막부에 보고한다.

註 13、大差使

外交使節の長、今で言う大使のこと。差とは差し出すことで、差し出した使者の事である。対馬では、この大差使を参判使と称していた。大差使とは朝鮮からの呼称である。朝鮮通信使派遣の折、その主席使節官は大差使と称されていた。対馬から大差使が派遣されると、それに対し朝鮮では、これと同格の役職、接慰官が選任され、使者の応対に当たった。朝鮮側では、この日本からの大差使を大差倭と、倭の文字を使用して称する事もあった。また拙慰官についても接倭使と称することもあった。倭とは一種の蔑称である。釜山の草梁に置かれた対馬藩の貿易拠点である和館も、朝鮮での名称は倭館であった。大差使(大差倭)は礼曹参判宛の書契を携え渡海し、その応接には都から接慰官が派遣された。これに対し小差使(小差倭)

は礼曹参議宛の書契を携え渡海し、その応接には慶尚道の守令が郷接慰官として差配された。この大小によって、使節の人員、船数、接待の儀礼などが、こと細かく定められていた。

대차사

　외교사절의 장으로 지금의 대사를 말한다. 차는 내보낸다는 것으로, 내보낸 사자를 말한다. 쓰시마에서는 이 대차사를 참판사라고 칭했다. 대차사란 조선에서 사용하는 호칭이다. 조선통신사를 파견할 때, 그 주석 사절관은 대차사라고 칭했다. 쓰시마에서 대차사가 파견되면, 그것에 대해 조선에서는 이와 동격의 역직인 접위관을 선임하여 사자를 대응하게 했다. 조선 측에서는 일본에서 온 대차사를 대차왜라고, 왜라는 문자를 사용하는 일도 있다. 또 접위관에 대해서도 접왜사라고 칭하는 일도 있었다. 왜란 일종의 천칭이다. 부산 초량에 있는 쓰시마한의 무역거점인 화관도 조선에서의 명칭은 왜관이었다. 대차사(대차왜)는 예조참판 앞의 서계를 휴대하고 도해하고, 그 응접에는 경상도의 수령이 향접위관이 되어 차배되었다. 이 대소에 따라 사절의 인원, 선수, 접대의례 등이 자세하게 정해졌다.

　註 14、多田与左衛門

　対馬藩の年寄(家老)、唐風名を橘真重という。元禄六年九月、この竹島一件にて最初の使者として朝鮮へ渡海、そのあと翌元禄七年の夏にも再度の使者となって渡海を果たした。だが九月に藩主の義倫が死去したため、その後、交渉は中断する。解決が付かぬまま朝鮮に滞在していた。やがて元禄八年春、陶山庄右衛門ら新たな使者が朝鮮に赴き、打開の道を探る。多田は彼らと協力し、やはり最前線に立って再度の交渉を行う。だが膠着状態が続き、いっこうに解決は付かなかった。そして同年六月、結局、交渉は中断のまま、多田は新たな使者一行と共に帰国した。藩主後見の宗義真が江戸に赴き、幕府と方針を摺り合わせた以後、つまり対馬藩の方針が転換した後は、もはや交渉の前面に立つことはなかった。後面に退き、求められれば意見具申をするだけとなっていた。なお決着に到る前、元禄十年三月、病死した。

타다 요자에몬

쓰시마번의 토시요리(가로), 당풍의 이름은 타치바나 마사시게라 한다. 겐로쿠 6년 9월에, 죽도일건 최초의 사자가 되어 조선에 도해하고, 그 후에도 겐로쿠 7년 여름에 다시 사자가 되어 도해하였다. 그러나 9월에 번주 요시토모가 사거했기 때문에, 교섭이 중단된다. 해결을 보지 못한 채 조선에 체재하고 있었다. 겨우 겐로쿠 8년 봄에 스야마 쇼우에몬 등의 새로운 사자가 조선에 가서 태개의 길을 찾았다. 타다는 그들과 협력하며 최전선에 서서 다시 교섭을 했다. 그러나 교착상태가 계속되어, 전혀 해결할 수가 없었다. 그리고 동년 6월에 결국 교섭을 중단하고, 타다는 새로운 사자 일행과 같이 귀국했다. 번주를 후견하는 소우 요시자네가 에도에 가서, 막부와 방침을 조절한 이후, 즉 쓰시마번의 방침이 전환한 후에는, 이미 교섭의 전면에 서는 일이 없었다. 뒤로 물러나 요구 받으면 의견을 구신할 뿐이었다. 아직 결착에 이르기 전인 겐로쿠 10년 3월에 병사했다.

註 15、天竜院公

　天竜院公とは、対馬府中藩の第三代藩主、宗義真のことである。第二代宗義成の長男で、明暦三年(一六五七)父の死去に伴い家督を継いだ。同時に、侍従、対馬守に任官する。大浦権太夫を重用し、藩政改革を断行する。石高一万石程度の対馬藩を、名目十万石格にまで高め、対馬藩の最盛期を築き上げた。だがその放漫財政は、対朝鮮貿易の減退と共に、藩経営を大幅に狂わせていった。元禄五年(一六九二)嗣子義倫に家督を譲り、義真が隠居する頃は、対馬府中藩の凋落は、もうどうにもならなくなっていた。新藩主を戴く藩にとって、新たな転機、新たな活路が求められていた。そのような中での竹嶋一件の勃発であった。だが義倫の病弱そして早世(享年二四)は、対馬藩外交を、しっかりとした方針で進める事を妨げた。その後を継いだ幼い義方(十一歳の藩主)では、そもそも能力的に無理である。結局、義真が幼君の後見役となり、なお自らで藩政を動かし続けた。

텐류우인코우

　텐류우인코우란 쓰시마 후츄우한의 제3대 한슈 소우 요시자네를 말한다. 제2대 소우 요시나리의 장남으로 메이레키 3(1657)년에 부의 사거와 더불어 가독을 이었다. 동시에 시종, 쓰시마노카미로 임관한다. 오오우라 곤다유우를 중용하여 번정 개혁을 단행한다. 코쿠타카 1만 석의 쓰시마번을 명목 10만 코쿠격까지 올려, 쓰시마번의 최성기를 구축했다. 그러나 그 방만한 재정은 대조선 무역의 감퇴와 더불어 번의 경영을 크게 어지럽혔다. 겐로쿠 5(1692)년에 사자 사자 요시토모에게 가독을 양도하고 요시자네가 은거할 즈음에는, 쓰시마 후츄우한의 조락은 이미 어찌할 수도 없게 되었다. 신 번주를 맞이한 번으로서는 새로운 전기, 새로운 활로가 필요했다. 그러한 상황에서 죽도일건이 발발한 것이다. 그러나 요시토모가 병약하여 조세(향년 24세)한 것은, 쓰시마번 외교를, 확고한 방침으로 밀고나가는 일을 방해했다. 그 뒤를 이은 요시미치(11세의 번주)로는 이미 능력적으로 무리였다. 결국 요시자네가 후견역이 되어 다시 스스로 번정을 움직이기 시작했다.

　朝鮮との外交交渉の責任者として、再び義真に公儀から下命があったのは、元禄七年十一月のことである。義真は御隠居様として、元禄六年正月十六日から対馬に滞在していた。すなわち竹嶋一件の始めから、この対馬に在って、事件を見聞きしていた。事が難しくなれば、また再び江戸に出て、公儀の指示を仰がねばならない。それゆえ元禄八年八月晦日、対馬を出発する。義真が江戸に到着したのは十月五日のことであった。江戸では対朝鮮政策を巡り、対馬藩と幕閣との間で、細かな打ち合わせがあった。そして方針に対する意見調整がなされた。宗義真が帰国の途に付くのは元禄九年二月のことである。その十九日に江戸を発ち、四月八日に対馬に戻った。いよいよ、この年の暮れ、朝鮮からの使者(訳官)が来る。彼らを対馬府中に迎え、直接、公儀からの新たな方針を伝えた。これによって竹嶋一件は、解決に向け、大きく動く事になった。なお朝鮮からの謝書を待ち、決着に至る方針であった。その全てが完了するのは、元禄十二年(一六九九)の事である。この頃には、対馬藩の財政も、いよいよ行き詰まっていた。再建のため家臣の知行借上を行うまでになっていた。そのような中、元禄十五年(一七〇二)八月、宗義真は死去した。享年六四歳であった。

　조선과의 외교교섭의 책임자로 해서, 다시 요시자네에게 막부의 하명이 내린 것은 겐로쿠 7년 11월의 일이다. 요시자네는 은거한 몸으로 겐로쿠 6년 정월 16일부터 쓰시마에 체재하고 있었다. 즉 죽도일건의 시작부터 쓰시마에 있으며 사건을 견문하고 있었다. 일이 어렵게 되면 다시 에도에 가서 장군의 지시를 묻지 않으면 안 되었다. 그렇기 때문에 겐로쿠 8년 8월 그믐에 쓰시마를 출발했다. 요시자네가 에도에 도착한 것은 10월 15일이었다. 에도에서는 대조선 정책을 둘러싸고 쓰시마번과 막각 사이에 세밀한 협의가 있었다. 그리고 방침에 대한 의견조정이 이루어졌다. 소우 요시자네가 귀국의 길에 오르는 것은 겐로쿠 9년 2월의 일이었다. 그 19일에 에도를 떠나 4월 8일에 쓰시마로 돌아왔다. 드디어 이 해의 연말에 조선에서 사자(역관)가 온다. 그들을 쓰시마 후츄우에 맞이하여 직접 막부의 새로운 방침을 전했다. 이것으로 죽도일건은 해결을 향해 크게 움직이는 일이 되었다. 또 조선의 사서를 기다렸다가 결착에 이를 방침이었다. 그 모든 것이 완료되는 것은 겐로쿠 12(1699)년의 일이다. 이 무렵에는 쓰시마한의 재정도 결국 막히고 말았다. 재건을 위해 가신의 지행(연봉)을 빌리는 일까지 있었다. 그러한 상황에서 겐로쿠 15(1702)년 8월에 소우 요시자네는 사거했다. 향년 64세였다.

註 16、杉村采女

　杉村采女の生没年は不明、その名は真顕である。先代の杉村采女智広は、江戸時代唯一のソウル訪問を果たした人物である。寛永七年(一六二九)の日本国王使派遣において、正使は規伯玄方(以酊庵の第二世)、そして副使が杉村采女智広である。杉村采女真顕は、その嗣子である。杉村家、古川家、平田家を、対馬府中藩の御三家という。ここの当主が、代々対馬府中藩の筆頭家老職を継ぐ。家老のことを当時は年寄と称していた。この年寄合議の下に、諸役上席、組頭、寺社奉行、勘定掛、郡奉行、御船奉行、大目付、御用人などが、それぞれの役職を勤めていく。そのような職制の構成である。一般藩士の身分は、馬廻(上士)、大小姓(中士)、徒士(下士)に分けられる。そして地方には郷士がいる。そのような対馬府中藩の人士構成で、杉村采女とは、その最上位に位置する人物である。

스기무라 우네메

스기무라 우네메의 생몰은 불명, 이름은 마사아키이다. 선대의 스기무라 우네메 토모히로는 에도시대에 유일하게 한양을 방문했던 인물이다. 칸에이 7(1629)년의 일본국왕사 파견에서, 정사는 키하쿠 겐보우(이테이안의 제2세), 그리고 부사가 스기무라 우네메 토모히로였다. 스기무라 우네메 마사아키는 그 아들이다. 스기무라케, 후루카와케, 히라타케를 쓰시마 후츄우번의 3가라고 한다. 이곳의 당주가 쓰시마 후츄우번의 필두가로직을 잇는다. 가로를 당시에는 토시요리라고 칭하고 있었다. 이 토시요리의 합의 하에 제역 상석, 쿠미가시라, 사사봉행, 칸죠우가카리, 군봉행, 어선봉행, 오오메쓰케, 어용인 등이 각각의 역직에 근무하고 있었다. 그러한 직제의 구성이다. 일반 번사의 신분은 우마마와리(상사), 오오코쇼우(중사), 카치(하사)로 나누어진다. 그리고 지방에는 향사가 있다. 그러한 쓰시마 후츄우번의 인사

구성으로, 스기무라 우네메는 그 최상위에 위치하는 인물이다.

註 17、增補版

　この『竹島紀事』の編集スタイルは、対馬藩の江戸屋敷と国元の藩庁との往復書簡、また朝鮮にある草梁和館と朝鮮の東莱府庁との間で交換された書類、公儀(幕府)の役職方(老中や奉行)と対馬藩との往復書簡や記録、また藩士の書状や日記や記録類などを、年代順に配列するもので、その所々に編者の意見を附し、まとめ上げたものである。これによって、交渉の経過、交渉の裏面、交渉に当たった当事者の考え、後方にあって指図した者たちの考えが、理解できるようになっている。編者自身の考えは、できるだけ控え目に記されており、一見、目立たないよう配慮されている。だが編集にあたっての配列や、記事の切り取り方、あるいは載せ方によって、それは言わず語らずの中で示されている。事の経過は、本文を辿れば容易に理解できるところであるが、その表面の出来事の下層に、日本と朝鮮との間で、当事者同士はもとより、その背後にあって指示を下した者たちの、虚々実々の知力を尽くした駆け引きがある。

　증보판

　이『죽도기사』의 편집스타일은 쓰시마번의 에도저택과 국원(쿠니모토)의 번청 사이의 왕복서간, 또 조선에 있는 초량왜관과 조선 동래부청 사이에 교환된 서류, 막부의 역직(노중이나 봉행)과 쓰시마번의 왕복서간이나 기록, 또 번사의 서장이나 일기나 기록류 등을 연대 순으로 배열한 것으로, 그 곳곳에 편자의 의견을 붙여서 정리한 것이다.

이것으로 교섭의 경과, 교섭의 이면, 교섭에 임한 당사자의 생각, 후방에 있으며 지시한 자들의 생각을 이해할 수 있게 되어 있다. 편자 자신의 생각은 될 수 있는 대로 삼가하며 기록하고 있어, 일견 눈에 띄지 않게 배려했다. 그러나 편집에 임하여 배열이나 기사를 단락 짓는 방법, 또는 싣는 방법으로, 그것은 말하지 않는 속에서 나타내고 있다. 일의 경과는 본문을 따라 읽으면 용이하게 이해할 수 있으나, 그 표면 사건의 하층에 일본과 조선 사이에서, 당사자들은 물론 그 배후에 있으며 지시를 내린 자들의 허허실실의 지력을 다한 지략이 있다.

　それが、ここにしっかりと記されている。外交とは武器を使用しない戦闘である事を、この記録は如実に、現在の我々に呈示する。国の威信を賭けた闘いが、記録の集積によって、ここに見事に展開する。このかつての竹嶋領土紛争は、現在の竹島領土紛争に深く関わりを持っている。ならば、この外交交渉の記録から、現在の我々は、何を教訓として得る事ができるであろうか。この時の紛争処理を土台に、現在の我々は、いかなる紛争処理を行う事ができるのであろうか。編者の越常右衛門は、重ねて幾度でも[数多くの資料と突き合わせ、さらに]交合が成され、増補版が出される事を願うと記している。享保十一年から、この現在まで、すでに三百年という長い年月が過ぎてしまった。ここに新たな資料(解説と註釈と参考文献と)を追記し、現代語訳という、新たな増補版を出す事にした。それは越常右衛門の願っていた事である。初版本すなわち越常右衛門の編集したものは、現在、国立公文書館に『竹島紀事』全五巻が、二種類の写本として残されている。その一つは明治十五年に外務省が筆写したもので、全五巻が五巻本として残されている。

　그것이 여기에 잘 기록되어 있다. 외교란 무기를 사용하지 않는 전투라는 것을, 이 기록은 여실히, 현재의 우리들에게 정시하고 있다. 나라의 위신을 건 싸움이 기록의 집적에 의해, 여기에 보기좋게 전개된다. 과거의 죽도 영토분쟁은 현재의 죽도 영토분쟁에 깊은 관계를 가진다. 그렇다면 이 외교교섭의 기록에서, 현재의 우리들은 무엇을 교훈으로 얻을 수 있을까. 이때의 분쟁처리를 토대로 현재의 우리들은 어떠한 분쟁처리를 행할 수 있는 것일까. 편자 코시 쓰네에몬은 거듭하여 몇 번이고 [수많은 자료를 대조하고, 그 위에] 교합을 하여, 증보판이 나오는 것을 원한다고 기록했다. 쿄우호우 11(1726)년부터 지금 현재까지 이미 300년이라고 하는 긴 세월이 지났다. 여기에 새로운 자료(해설과 해석과 참고문헌)을 추기하여, 현대어역이라고 하는 새로운 증보판을 내기로 했다. 그것은 코시 쓰네에몬이 원했던 일이다. 초판본 즉 코시 쓰네에몬이 편집한 것은 현재 국립공문서관에『죽도기사』전 5권이 두 종류의 사본으로 해서 남아 있다. 그 하나는 명치 15년에 외무성이 필사한 것으로, 전5권이 5권본으로 남아있다.

　今一つは、筆写年月日は不明であるが、明治期に内務省で筆写されたものである。これは内務省の用紙に筆写され、全五巻が一本として残されている。いずれのものも、全編が五六段の大綱に分けられ、これが年代順に記載されている。この増補版も、それをそのまま踏襲し、全編を五十六段の大綱に分け、そのまま現代語訳を行った。外務省の筆写した五巻本と内務省の筆写本とを突き合わせ、相

違のある語句を取捨選択した。つまり越常右衛門に倣い交合し、こ
こに新たな増補版を作成した。すなわち統一本である。彼が語るよ
うに、やはりここには錯誤、脱漏が数多くある事であろう。だが、
そのさらなる改訂は、また次の世に期待する事にして、とりあえず
今回、現代語訳として、この統一された増補版を示す事にする。

　この増補版は、現代語訳であるので、現代の読者が意味を辿れる
よう、[　　]に語や文を挿入し、理解の助けになるよう補足した。ま
た(　　)で同義の語を入れたり、簡単な解説を入れたりして、その語
彙の意味を明らかにしておいた。そして「　　」で文中の挿入句、ある
いは特別な語彙を示しておいた。いずれも文意が通じるようにと思
う工夫からである。

　현재로는 필사 연월일은 불명이나 명치기에 내무성에서 필시한 것
이다. 이것은 내무성 용지에 필시되어, 전5권이 1본으로 해서 남아 있
다. 어느것이나 전편이 56단의 대강으로 나누어져, 이것이 연대순으
로 기재되어 있다. 이 증보판도 그것을 그대로 답습하여 전편을 56단
의 대강으로 나누어 그대로 현대어역을 했다. 외무성이 필사한 5권본
과 내무성의 필사본을 대조하여 서로 다른 어구를 취사선택하였다.
즉 코시 쓰네에몬을 모방하여 교합하여, 여기에 새로운 증보판을 작
성한 것이다. 말하자면 통일본인 셈이다. 그가 이야기하듯이, 역시 이
곳에는 착오, 탈루가 수없이 많을 것이다. 그러나 그것의 새로운 개정
은 또 다음 세대에게 기대하는 것으로 하여, 일단 이번에 현대어역으
로 해서, 이 통일된 증보판을 제시하기로 한다.
　이 증보판은 현대어역이기 때문에, 현대의 독자가 의미를 알 수 있

도록 [   ]에 어와 문을 삽입하여 이해에 도움이 되도록 보족했다. 또 (   )으로 동의의 어를 넣거나, 간단한 해설을 넣어, 그 어휘의 의미를 분명히 해두었다. 그리고 「   」으로 문중의 삽입구, 혹은 특별한 어휘를 나타냈다. 모든 것이 문의가 통하게 하려는 방법이다.

註 18、雨森東五郎(芳洲)

雨森東五郎(一六六八〜一七五五)号は芳州。対馬府中藩シンクタンクの中心人物である。竹嶋一件の表面には出て来ないが、その裏面で活躍する。この『竹嶋紀事』には、この「編集之凡例」に於いて、僅かに登場するだけである。だが事の顚末を熟知するため、命が下り、訂補に関わったのである。

아메노모리 토우고로우(호우슈우)

아메노모리 토우고로우(1668〜1755)는 호가 호우슈우이다. 쓰시마 후츄우번 두뇌 집단의 중심인물이다. 죽도일건의 표면에는 나오지 않으나, 그 이면에서 활약한다. 이 『죽도기사』에는 「편집지범례」에서 약간 등장할 뿐이다. 그러나 사건의 전말을 숙지하기 위해, 정보에 관계한 것이다.

【竹島紀事　結(享保十一年)】

竹嶋一件の顚末は、このようにして終わった。或る人が言う事であるが、竹嶋の一件を考えてみると、これは終始一貫、公命を受け、その言葉のままに行動し、交渉に当たったものである。その始めは[公命を]もって[当該の島は]日本の竹嶋であると、彼の国の船を容れることを禁じた。その終りには[やはり公命を]もつて[当該の島は]彼の国に近く我が国には遠いとして、我が国の人が[島へ]往き、漁をする事を禁じた。[外交交渉に於いて]あちらの人が、温順にへりくだった詞を以て応ずる時は、蔚陵の一句を除くよう[ただそれだけを]強要した。あちらの人が、強靭な弁論を以て[こちらの論を]切り裂く時は、敢えて其の[何十年にも亘り積み上げて来た島の権益について、その]失う所を言わなかった。終には侵渉犯越の汚名を受け、自ら[の正当な立場]を明確にする事もできなかった。[むしろ]その地を我が国の所有にしてしまおうと、そのように欲し[恫喝のような手段に訴え]まことに誠信の義を欠くような者さえもいた。年が戊寅(元禄十一年、一六九八)に到り、ようやく、ここで礼曹の書を受けた。

【죽도기사 결(쿄우호우 11년)】

죽도일건의 전말은 이렇게 해서 끝났다. 어떤 사람이 말하는 일이나 죽도일건을 생각해 보면, 이것은 시종일관 공명을 받아 그 말대로 행동하고 교섭에 임했던 것이다. 그 시작은 [공명을] 가지고 [해당의 섬은] 일본의 죽도라고, 그 나라의 배를 들여보내는 것을 금했다. 그 종결은 [역시 공명]으로 [해당의 섬은] 그 나라에 가깝고 우리나라와는 멀다 해서, 우리나라 사람이 [섬에] 가서 어렵하는 것을 금했다. [외교교섭에 있어] 저쪽 사람이 온순하게 겸손한 말로 응할 때는 울릉도 일구를 삭제하도록 [그저 그것만을] 강요했다. 저쪽사람이 강인한 변론으로 [이쪽의 논을] 반박할 때는 일부러 그 [몇십 년에 걸쳐 쌓아 올려온 섬의 권익에 대하여, 그것을] 상실할 것을 말하지 않았다. 끝에는 침섭범월의 오명을 쓰고, 스스로[의 정당한 입장]을 명확히 하는 일도 할 수 없었다. [오히려] 그 땅을 우리나라 소유로 해버리려고, 그렇게 욕심을 내고 [통갈과 같은 수단에 호소하여] 그야말로 성신의 의를 잃는 자도 있었다. 해가 무인(겐로쿠 11년, 1698년)에 이르러 겨우 이곳에서 예조의 서를 받았다.

　だが[ここに至るまでには、数多くの不手際があった。それまでのあちらからの返書には、正しく]答えず、ただ館守に命じて、その書を東萊に残し、橘真重(多田与左衛門)に命じて疑問の意を演述させた[だけであった。この一連の交渉の論点を整理して置くと]その一つ目は、我が国の人が七、八十年来、竹嶋に往き漁を行って来た[実績]についてである。[その実績に気付かず、その事について、あちらに申し立てをしなかったのは、こちらの]弊習であり失態である。[それまで日本領の如くになっていたのは]もとより彼の国の疎漏である。だが、そうであるのに[あちらは]急遽こちらを責め立て、侵越犯渉であると、言うべき事では無い事を言って来た。[あちらの失態を突かず、こちらの権益を護らず、交渉の非礼を指弾する事も無かった。]その二つ目は[竹島謝書の事についてである。]あちらの国が頑固に対応し、いささかも感謝をするような言葉が無いと、そのような事を[指摘するだけでしか無かった。]それゆえ今般の書契を[受けても、何らの反論もなく]そのまま江戸に転啓するなど出来ないと、ただそのように言い[続けるだけでしか無かった。ここには決着に向け、互いの譲歩を迫る交渉術というものの、かけらも見られなかった]その三つ目は[両国友好関係の維持に触れたものである。]竹嶋の一件には、我が州の力を尽した弥縫があり[それゆえ大事に至らずに済んでいる。我が州の努力に]頼り、両国の無事が維持できている。

　그러나 [여기에 이르기까지는, 수많은 잘못이 있었다. 그때까지의 저쪽에서 온 반서에는, 바르게] 답하지 않고, 그저 관수에게 명하여, 그 서를 동래에 남기고, 타치바나 마사시게(타다 요자에몬)에게 명하여 의문의 뜻을 연술하게 했을 [뿐이었다. 이 일련의 교섭을 점검하고 정리하여 두면] 그 첫째는 우리나라 사람이 7~80년 동안 죽도에 가서 어렵을 하고 온 [실적]에 대한 일이다. [그 실적을 알지 못하고, 그 일에 대해, 저쪽에 주장하지 않았던 것은, 이쪽의] 폐습이고 실태이다. [그 정도로 일본령처럼 되어 있었던 것은] 원래 그 나라의 실수(疏漏)이다, 그러나 그러한데 [저쪽은] 급거 이쪽을 추궁하여, 침월범섭이라고 말해서는 안 되는 것을 말해왔다. [저쪽의 실태를 지적하지 않고, 이쪽의 권익을 지키지 않고, 교섭의 비례를 탄핵하는 일도 없었다.] 그 두 번째는 [죽도사서의 일에 대해서이다.] 저쪽 나라가 완고하게 대응하며 조금도 감사하는 것 같은 말이 없다고, 그러한 일을 [지적할 뿐이었다.] 그렇기 때문에 금번의 서계를 [받아도 아무런 반론도 없이] 그대로 에도에 전달하는 일 등은 할 수 없다고, 그저 그렇게 말[할 수밖에 없었다. 여기에는 결착을 향해, 서로의 양보를 추구하는 교섭술이라는 것은, 한 조각도 찾아볼 수 없었다.] 그 세 번째는 [양국의 우호관계의 유지에 언급한 것이다.] 죽도일건에는 우리 주의 힘을 다한 미봉이 있어 [그렇기 때문에 큰일이 나지 않고 끝났다. 우리 주의 노력에 의해] 양국의 무사가 유지할 수 있었다.

　そちらの国の処置が宜しいので、この無事が維持できていると言う事ではない[と、こちらは勝手に述べていた。これは交渉の全体が見えていない事の、確かな証拠である。自らの観点による発言のみで、相手の観点が、まるで読めていない。このような交渉とは、もはや交渉という名に値しないものである。そもそも交渉と言うのは]言って見れば、信義を明らかにしつつ、前後の筋道にしっかりと沿い[脇道に逸れない様、理路整然と論を展開し]理に窮し詞に屈するようなそしりを免れ[それに加え]他を真似るような論述も無い事である。たとえ東武が寛大であって[当初の要求通りの事を求めず、その達成の例と]較べない[おおような]御心で有っても、その[交渉の]過失を補い、国の為に果たすべき道が[この時の対州には、なお、まだ多くあった筈である。だが]そのような道にあって[対州は道を踏み迷ってしまった。]このように成すべきではないかと、そのように言う議論が[この時、確かに]有った事は事実である。だが[結局]そのような説は行なわれなかった。まことに、この時の事は、惜しい事であった。

　享保十一年、丙午の年の仲冬 越常右衛門克明謹題

　그쪽 나라의 처치가 좋기 때문에, 이 무사가 유지되어 있는 것이라고 말하는 것이 아니다[라고, 이쪽은 멋대로 말하고 있었다. 이것은 교섭의 전체가 보이지 않는 일의, 분명한 증거이다. 스스로의 관점에 의한 발언일 뿐, 상대의 관점을 전혀 읽지 못하고 있다. 이러한 교섭이란 이미 교섭이라는 이름에 가차할 만한 것이 아니다. 원래 교섭이라는 것은] 말하자면, 신의를 분명히 하며, 전후의 도리에 잘 따라 [옆길로 빠지지 않도록 이로정연히 논을 전개하여] 이치에 궁하고 말에 굴복하는 것과 같은 비난을 면하고 [그에 더하여] 남을 흉내내는 것 같은 논술도 없어야 한다. 말하자면 동무가 관대하여 [당초의 요구대로의 일을 요구하지 않고, 그 달성한 예와] 비교할 수 없는 [대범한] 마음이었다면, 그 [교섭의] 과실을 보충하여, 나라를 위해 이루어야 하는 길이 [이때의 타이슈우에는, 아직 많이 있었기 마련이다. 그러나] 그러한 길에 임하여 [타이슈우는 방황하고 말았다.] 이렇게 했어야 하는 것 아닌가라고, 그렇게 말하는 의논이 [이때, 분명히] 있었던 것은 사실이다. 그러나 [결국] 그러한 설은 이루어지지 않았다. 참으로 이때의 일은 아까운 일이었다.

쿄우호우 11년, 병오년의 중동(11월) 코시 쓰네에몬 카쓰아키 근제

【附(明治十五年)】

明治十五年二月十日、外務省の蔵書として在り、これを謄写す。

和田道之

同年六月二十九日、五等掌記の滝沢規道ならびに小野権之丞が、これを校閲す。

【부(메이지 15년)】

메이지 15년 2월 10일, 외무성의 장서로 남아 있다. 그것을 등사했다.

와다 미치유키

동년 6월 29일, 5등장기 타키자와 노리미치 및 오노 곤노쇼우가 이것을 교열했다.

第一部(竹嶋紀事一)

竹嶋紀事

○癸
酉元禄六年六月十三日 於江戸御老中
土屋相模守様御屋敷へ罷出候得ハ御返答
玄年朝鮮人竹嶋を中而ハ渡りて致し
松平伯耆守差出見届書を
此度一會而高年又ニ朝鮮人御渡り御座候
渡り之処其内ハ公儀御及
伊案内ニ付別長漏を仰而ん返届

【大綱一段(元禄六年五月)】

(01-00)

○　癸酉元禄六年五月十三日於江戸、御老中土屋相模守様より此方
　　御留守居江被仰渡候者去年朝鮮人竹嶋与申所江漁として罷越候
　　を松平伯耆守方より見届、重而不罷越候様ニ与被申含候所、当
　　年又々朝鮮人四拾人程罷越漁いたし候故其内弐人召捕置公儀江
　　及御案内候ニ付則長崎奉行所江送届

【大綱一段(元禄六年五月)】

(01-00)

○　癸酉の年、すなわち元禄六年(一六九三)の事である。その五月
　　十三日、江戸に於いて御老中(月番老中)の土屋相模守様<註1>
　　から、こちらの御留守居役<註2>(対馬藩の江戸役人)に対し、
　　御通知があった。すなわち去年(元禄五年、一六九二)朝鮮人が
　　竹嶋と申す所へ、漁を行うため罷り越した<註3>。松平伯耆守
　　(鳥取藩主の池田綱清)<註4>方の者[つまり鳥取藩主の支配下に
　　ある者]が、この[朝鮮人の渡島]を見届け、二度と[この島に]罷
　　り越してはならぬと[そのように]申し含め置いたという。そのよ
　　うな所へ今年も、また朝鮮人が四拾人ほど島に罷り越し<註5>
　　[あいかわらず]漁を行っていた。このため其の内の二人を召し
　　捕らえ[日本へ連れ帰った。]公儀へ[この旨の]報告が[鳥取藩か
　　ら]上がり[併せて善処要請]に及んだ。そのため[朝鮮と折衝す
　　る役目にある対馬府中藩へ、急遽、連絡があった。]則ち長崎
　　奉行所へ[朝鮮人二人を]送り届ける[ので、そこで受け取り]

미즈노토토리(계유년), 즉 겐로쿠 6(1963)년의 일이다. 이 5월 13일에 에도에서 노중(월번 노중) 쓰치야 사가미노카미가 우리 쪽의 오루스이역(쓰시마한의 에도 역인)에게 통지를 보냈다. 즉 거년(겐로쿠 5년, 1692)에 조선인이 죽도라고 하는 곳에 어렵하기 위해 넘어왔다. 마쓰타이라 호우키노카미(톳토리 번주 이케다 쓰나키요) 님의 사람, [즉 톳토리 번주의 지배 하에 있는 자]가 이 [조선인의 도도]를 확인하고 두 번 다시 [이 섬에] 건너와서는 안된다라고 [그렇게] 말해두었다 한다. 그런데 금년에도 조선인 40인 정도가 섬에 와서 [변함없이] 어렵을 하고 있다. 그래서 그 중의 두 사람을 붙잡아서 [일본으로 데리고 돌아왔다.] 장군에게 [이 내용의] 보고가 [톳토리번에서] 올라와 [아울러 선처를 요망]하게 되었다. 그 때문에 [조선과 절충하는 역할을 맡은 쓰시마 후츄우에 급거 연락했다.] 즉시 나가사키 봉행소에 [조선인 두 사람을] 보내[니, 그곳에서 인수하여]

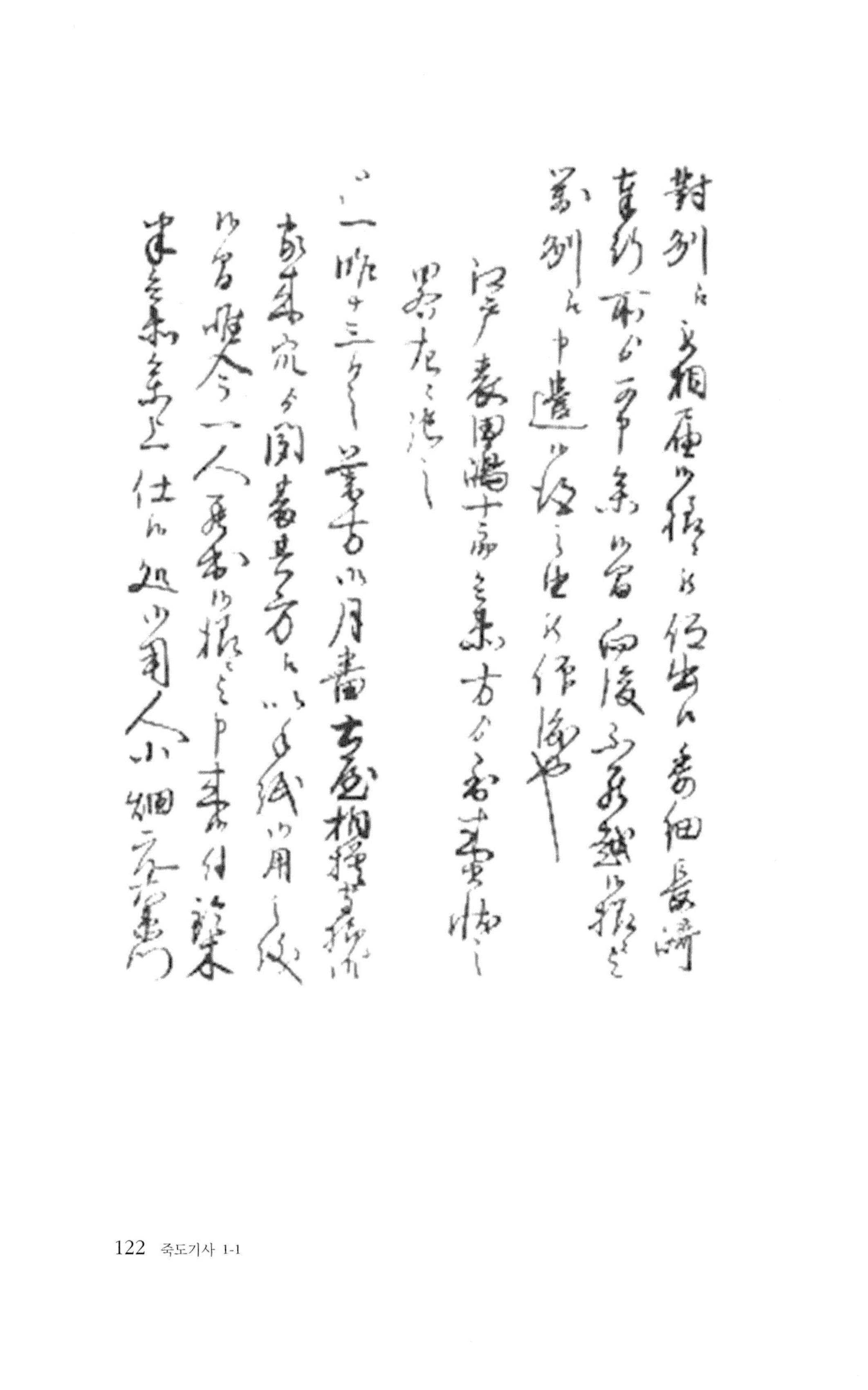

対州江被相届候様ニ被仰出候、委細長崎奉行所より可申参候間、
向後不罷越候様ニ与対州江申遣候得之由被仰渡也

(01-01)
　　江戸表田嶋十郎兵衛方より到来書状之略左ニ記之

・一昨十三日之暮方御月番土屋相模守様御家来衆より聞番共方江、
以手紙御用之儀候間唯今一人罷出候様ニ与申来候付、鈴木半兵衛参
上仕候処御用人小畑元右衛門

　　対州(対馬国)から朝鮮へと[二人を]送り届けるようにと、そのよう
な通知であった。委細は長崎奉行所から[追って連絡が]行くことにな
るが、その前に[先んじて事情を伝えておくというものであった。]今
後は[彼の朝鮮国の朝廷に告げ、再び朝鮮人漁民を竹嶋へ]渡り越させ
ぬ様[申し入れをする必要がある。そのような朝鮮との外交交渉を行
うよう]対州に対し申し伝えるものであった。

(01-01)
　　江戸表(対馬藩の江戸屋敷)に在勤する田嶋十郎兵衛<註6>から
　　[この折、対馬に]到来した書状がある。その概略を左に記す。

・一昨日[すなわち元禄六年五月]十三日の夕暮れ時の事である。御月
番老中の土屋相模守様の御家来衆から[当方の]聞番共へ、手紙を以て
御用の儀があると、そのような連絡が入った。唯今、一人の者を[相

模守様のもとに]寄越すようにと、そのような[至急の]連絡であっ
た。そこで鈴木半兵衛が参上し[早速]御用件を伺ったところ、御用人
の小畑元右衛門殿が

　타이슈우(쓰시마노쿠니)에서 조선으로 [두 사람을] 송환하도록 하
라고, 그러한 통지였다. 자세한 것은 나가사키 봉행소에서 [차후에 연
락이] 가게 되겠으나, 그 전에 [앞서 사정을 전하여 두는 것이었다.]
금후로는 [그 조선국의 조정에 알려, 다시는 조선인 어민을 죽도에]
건너오지 못하도록 [요구할 필요가 있다. 그러한 조선과의 외교교섭
을 행하도록] 타이슈우에 전하는 것이었다.

　(01-01)
　에도의(쓰시마한의 에도저택)에 재근하는 타지마 쥬우로우베
에가 [이때에 쓰시마에] 보낸 서장이 있다. 그 개략을 아래에
기록한다.

• 그저께 [즉 겐로쿠 6년 5월] 13일의 해질 무렵의 일이다. 월번노중
쓰치야 사가미노카미 님의 케라이슈우가 [우리 쪽의] 키키반들에게,
편지로 볼 일이 있다고, 그러한 연락을 보냈다. 지금 한 사람을 [사기
미노카미의 곳에] 보내도록 하라는, 그러한 [지급의] 연락이었다. 그
래서 스즈키 한에몬을 올려보내 [서둘러] 용건을 물었더니, 어용인 오
바타 모토에몬이

罷出被申聞候者竹嶋与申所江去年朝鮮人罷越漁仕候、依之松平伯耆守様より御見届、重而不参候様ニ与被仰含御返候処、又々当年人数四十人程罷越漁仕候故右人数之内弐人御捕置公儀江御案内有之候付、長崎御奉行所江被送届、長崎より対州江御届候様ニ与被仰渡候、委細長崎御奉行所より可申参候間、向後弥不参候さまニ堅朝鮮表江被仰遣候様ニ御国元江被申

罷り出て[当方へ、事のあらましを]お話し下さった。[それは以下のような事である。]竹嶋と言う所へ去年(元禄五年)朝鮮人が罷り越し、漁を行っていたという。松平伯耆守様[の御支配下に在る者たちが]これを見届け、二度と[この島へ]参らぬ様にと言い含め、逐い返した。だが[元禄六年の]今年も、又々罷り越し、その人数は四十人程もいた。漁を行っていたので、その内の二人を捕え置き[隠岐を経由し、伯耆へと連れ帰った。その旨が鳥取藩から]公儀へ御報告として上げられた。[彼ら朝鮮人二人は]長崎御奉行所へ送り届けられる事になる。長崎から、さらに対州へと送り届けられ[さらに朝鮮へと送り還される]事になる。その様な[手配の]御指示があった。委細は[そのうち]長崎奉行所から[貴藩すなわち対馬府中藩へ]連絡が行く事になると思う。[だがその前に先んじて、こうした事情を貴藩に伝えておくと、そのように当方へ語ってくれた。そして]今後[朝鮮国の漁民が]もう間違いなく[竹嶋へ]参らぬよう、堅く朝鮮表へ申し出をするようにと、そのような[対朝鮮外交の]仰せ付けがあった。このことを御国元へも

나와서 [우리 쪽에 일의 대강을] 이야기해 주셨다. [그것은 이하와 같은 일이다.] 죽도라는 곳에 거년(겐로쿠 5년)에 조선인이 넘어와 어렵을 했다 한다. 마쓰타이라 호우키노카미 님[의 지배 하에 있는 자들이] 이것을 확인하고 두 번 다시 [이 섬에] 오지 말라고 이야기하여 쫓아 보냈다. 그러나 [겐로쿠 6년의] 금년에도 또다시 넘어왔는데 그 인수는 40인 정도나 되었다. 어렵을 하고 있었기 때문에 그중의 둘을 붙잡아서 [오키를 경유하여, 호우키로 끌고 돌아왔다. 그 내용을 톳토리번이] 막부에 보고로 해서 올려보냈다. [그들 조선인 두 사람은] 나가사키 봉행소에 보내지게 될 것이다. 나가사키에서 다시 타이슈우로 배를 보내어 [다시 조선으로 송환되게] 된다. 그러한 [절차의] 지시가 있었다. 자세한 것은 [근간에] 나가사키 봉행소에서 [귀번 즉 쓰시마 후츄우에] 연락이 갈 것으로 생각한다. [그러나 그 전에 앞서서, 이러한 사정을 귀번에 전해둔다고, 그렇게 우리 측에 이야기해주었다. 그리고] 금후 [조선국의 어민이] 다시는 [죽도에] 오지 않도록, 강하게 조선에 요구하라고, 그러한 [대조선 외교의] 명령이 있었다. 이 일을 쿠니모토(국원)에도

越候様ニ与相模守申候、今日右之段於　殿中宮城越前守様江被仰渡候
得共其元より茂御届有之可然旨元右衛門被申聞候、右竹嶋与申所ハ
伯耆様御領内にても無之因幡より百六十里程も有之所ニ而御座候、
蚫之名物ニ而御代々伯耆守様より竹嶋蚫　公儀江御献上被成場所之由
ニ御座候、即晩宮城越前守様江半兵衛差出右之段申上候得者越前守
様御逢

申し伝え[この御命令通りに]実行なさるよう、相模守が申していた
[と、この御用人は語っていた。そして、さらに続けて]さて今日のこ
とであるが、右のような事情の伝達が、殿中に於いてあり[御執政の
方から、長崎奉行で江戸在勤の]宮城(みやぎ)越前守様<註7>へ[やは
り同様の]仰せ渡しがあった。それゆえ[これに関わる対馬府中藩へ
も、やがて長崎奉行の宮城越前守様方から、改めて連絡が行く事に
なると思う。そのような事情を]その方(小畑元右衛門)から[対馬藩の
方々へ]御届けしておくべきだと[相模守から]然るべき旨を、この元
右衛門は申し聞かされた。[それゆえ貴殿(鈴木半兵衛)に、このこと
を申し伝えるのである。]右の竹嶋と言う所は、伯耆守様の御領内で
は無い<註8>。その因幡[や伯耆]からは[遠く離れた海の彼方で、海
路]百六十里程も有るような所だという。そこは蚫の名物[の島]で、
御代々の伯耆守様から、この[名物の]竹嶋蚫を、公儀へ御献上に成ら
れるという。そのような場所だとの由である。[このようなことを、
次々に元右衛門殿は此方に、お話し下さった。そこで]直ぐその晩[長
崎奉行で江戸在勤の]宮城越前守様へ、この半兵衛を差し出し、右の
ような連絡が[土屋相模守様から]あったことを[その取次に]申し伝え

させた。すると越前守様が[直々に]御会いに成られ

알려 [이 명령대로] 실행하시도록, 사가마노카미가 말하고 있었다[라고, 이 어용인이 이야기하고 있었다. 그리고 또 계속해서] 그런데 오늘의 일인데, 위와 같은 사정의 전달이 궁전 안에서 있어 [집정하는 분이, 나가사키 봉행으로 에도에 재근하는] 미야기 에치젠노카미 님에게 [역시 같은] 명령의 전달이 있었다. 그런 까닭에 [이것에 관한 쓰시마 후츄우번에도, 결국 나가사키 봉행 미야기 에치젠노카미 님이 다시 연락할 것으로 생각한다. 그러한 사정을] 그분 [오바타 모토에몬]이 [쓰시마번의 분들에게] 제출해두어야 한다고 [사가미노카미 님이] 그렇게 해야 한다는 뜻을, 이 모토에몬은 지시받았다. [그래서 귀전(스즈키 한베에)에게 이 일을 전하는 것이다.] 위의 죽도라고 하는 곳은 호우키노카미 님의 영내가 아니다. 그 이나바(나 호우키)에서는 [멀리 떨어진 바다의 저쪽에, 해로] 160리 정도나 된다는 것 같은 곳이라 한다. 그곳은 전복이 명물[인 섬]으로, 대대의 호우키노카미 님이, 이 [명물의] 죽도전복을 장군에게 헌상하시고 계셨다 한다. 그러한 장소라고 하는 연유이다. [이와 같은 일을 차례차례 모토에몬이 우리에게 이야기해 주었다. 그래서] 곧 그날 밤에 [나가사키 봉행으로 에도에 재근하는] 미야기 에치젠노카미 님에게, 한베에를 보내어 위와 같은 연락이 [쓰치야 사가미노카미 님한테서] 있었다는 것을 [그 중개인에게] 전하도록 했다. 그러자 에치젠노카미 님이 [바로] 만나셔서

被成、今日於　殿中御老中方御列座拙者江茂被仰渡候付長崎表江委細
申越候、被入念被申聞趣承届候、弥御国元江も急度被申越、重而不参
候様ニ堅朝鮮表江被仰遣候様ニ与之御事ニ御座候、右之段阿部豊後守
様江茂半兵衛差出御用人衆迄申上置候、尤今度被仰渡候御請相模守様
江御宛可被差越候、重而朝鮮江被送届返翰到来之節常之通

(御会いに)成られ[そのお話し下さるには]今日、殿中に於いて、御老
中の方々が御列座する中で、拙者へも[その件の]仰せ渡しがあった。
それゆえ長崎表へ[早速]委細を申し遣わすことになった。念入りに申
し聞かされた御趣旨であり、[拙者は、しっかりと]お承けを致した。
[その方たちも]いよいよ御国元へ、しっかりと[この事を]申し伝え、
二度と[朝鮮国の漁民が竹嶋へ]参ることの無い様、堅く朝鮮表へ仰せ
掛けの使者を遣される様にと、このように[御親切に]御言葉を添え、
お話し下さった。右のような事情のゆえ[御老中の]阿部豊後守様<註
9>へも、また半兵衛を差し遣わし、その御用人衆まで[この度、御命
令を頂いたことの報告を]申し上げて置いた。特に[ここで言葉を添え
て申して置くが]この度[御公儀から]仰せ渡された[御用向きについて
は、その]御請[となる書付]は[御命令のあった]土屋相模守様を[その
御返答の]御宛先として差し上げるべきである。[そのように国元で取
り計らって欲しい。]さらに重ねて[申して置くが、阿部豊後守様へ
は、必ず御指導いただいた事への御請の書状を差し上げておくこ
と。また]朝鮮へ[漁民二人を]送り届け、その返事の書翰が[あちらの
朝廷から]到来の節には[これまた]常の通り、

[말씀해 주시기를] 오늘 궁중에서 노중분들이 열좌한 가운데, 졸자에게도 [그 건의] 명령이 있으셨다. 그런 연유로 나가사키에 [서둘러] 자세한 것을 전하게 되었다. 성실하게 명받은 취지라 [졸자는 잘] 들었습니다. [그분들도] 곧 쿠니모토에 분명하게 [이 일을] 전하여 두 번 다시 [조선국의 어민이 죽도에] 오는 일이 없도록 강하게 조선에 요구하는 사자를 보내도록하라고, 이처럼 [친절한] 말씀을 덧붙이며 말씀하여 주셨다. 위와 같은 사정으로 [노중] 아베 분고노카미 님에게 또 한베에를 보내어 어용인들까지 [이번에, 명령을 받은 일의 보고를] 말씀드려 두었다. 특히 [여기서 말씀을 덧붙여 두는데] 이번에 [장군이] 명령하신 [일의 보고에 대해서는 그] 받[게 되는 서부]는 [멸령이 있었던] 쓰치야 사가미노카미 님을 [그 반답을] 보내는 곳으로 해서 올려야 합니다. [그렇게 쿠니모토에서 처리하여 주었으면 좋겠다.] 다시 거듭하여 [말해 두는데, 아베 분고노카미 님에게는 반드시 지도받은 것에 대한 확인서를 올려 둘 것. 또] 조선에 [어민 둘을] 보내고, 그 답장의 서한이 [저쪽 조정에서] 도래했을 때는 [이것 역시] 보통때 처럼

豊後与横目相向少々之儀も方ん差越

可申候

豊後守様江相伺御差図之御方江差出可申候

　豊後守様へ先ず御伺い[を立て、その]御指図の[通りの]方へ[その朝鮮からの御返答を]差し出すようにすること。[そのような配慮が必要である事を]ここで申し伝えておく。

　분고노카미 님에게 먼저 보고하[고, 그] 지시[하시는] 분에게 [조선에서 온 답장을] 제출하도록 할 것. [그러한 배려가 필요하다는 것을] 여기에 전해 둔다.

(01-02)

- 右江戸来状六月三日到来ニ付同五日之日附を以御請御状被差上
  候、尤右朝鮮人平生之漂流人与ハ違ひ、質人之様ニ相聞江候故彼
  者とも為請取、長崎江御使者被差越候朝鮮江被送届返翰到来之節
  御案内可被仰上候、平生之漂流人ニ者此方より請取之使者不被

(01-02)

- 右の江戸から来た書状は、六月三日[対馬に]到来した。それゆえ
  同[六月]五日の日付を以て、この書状を御請[した旨の、返答の]
  御状を差し上げることにした。[その江戸藩邸への返書は、以下
  のようなものである。すなわち]右の朝鮮人は、平生の漂流人と
  は違い[違法な渡海の生き証人と言う事で、大切な]人質と言う様
  なものであろう。[それゆえ、その取り扱いは厳重に行われなけ
  ればならない。]彼の者たちを請け取るため[改めて]長崎へ使者を
  差し向けることにする。[その後]朝鮮へ[彼の者たちを]送り届け
  [あちらから、その旨の]返翰が到来した節には[公儀へ]また報告
  を差し上げることにする。平生の漂流人に対しては、こちら[対
  馬]から[長崎へ向けて]受け取りの使者を

(01-02)

위의 에도에서 온 서장은 6월 3일에 [쓰시마에] 도래했다. 그래서
[동 6월] 5일의 일부로, 이 서장을 받았[다는 내용의 답장의] 서장을
바치는 것으로 했다. [그 에도번저에 보내는 반서는 이하와 같은 것
이다. 즉] 위의 조선인은 평소의 표류인과는 다른 [위법의 도해를 한

산 증인이기 때문에, 소중한] 인질이라고 말할 수 있는 자일 것이다.
[그렇기 때문에, 그 취급은 엄중하게 하지 않으면 안 된다.] 그들을 인수하기 위해서는 [특별히] 나가사키에 사자를 보내는 것으로 한다.
[그 후에] 조선에 [그자들을] 보내고 [저쪽에서 그 내용의] 서한이 도래했을 때는 [막부에] 보고를 올리는 것으로 한다. 평소의 표류인에 대해서는 이쪽 [쓰시마]에서 [나가사키로] 인수의 사자를

當以況夫之情有必然之理一條

江戸郡田端十餘之東方圖揚村親安

極に孫右衛多田之在焉平甲亜妻

方台君空御之中耋四陽之州帖

二亜右祀之

遺候得共右之訳ニ付被差越候与之儀、江戸表田嶋十郎兵衛方江御国
杉村采女、樋口孫左衛門、多田与左衛門、平田直右衛門方より連名
書状ニ申遣之御請之御状二通左ニ記之

遣わすようなことは無いが、右のような訳であるから[敢えて藩士に
長崎行きを]命じる事にする。このような事を、江戸表に居る田嶋十
郎兵衛へ、御国の[年寄衆]杉村采女、樋口孫左衛門、多田与左衛門、
平田直右衛門<註１１>から、その連名による書状で申し遣すことにし
た。[そして公儀からの書状に対し]その御請けの御状を二通[併せ送
ることにした。その二通、土屋相模守様宛と阿部豊後守様宛の写し
を]左に記しておく。

보내는 일과 같은 일은 없으나, 위와 같은 까닭이므로 [일부러 번사
에게 나가사키행을] 명하기로 한다. 이러한 일을 에도에 있는 타지마
쥬우베에에게 쿠니모토의 [토시요리슈우] 스기무라 우네메, 히구치
마고자에몬, 히라타 나오에몬이 연명한 서장을 보내기로 했다. [그리
고 막부의 서장에 대해서는] 그것을 받았다는 서장을 2통 [같이 보내
기로 했다. 그 2통, 쓰치야 사가미노카미 님과 아베 분고노카미 님에
게 보낸 사본을] 아래에 기록해 둔다.

六月廿日

土屋拝撰史稿

一筆致啓上候竹嶋与申所江朝鮮人四十人程罷越、猟仕候故右之内弐
人留置段松平伯耆守方被遂案内候付、長崎御奉行所江被送遣候間請
取之向後不罷渡候様ニ朝鮮国江可申遣之旨被仰付之趣承知仕奉得其
意候、此段為可申上如此御座候 恐惶謹言

　　　六月五日

　　　　土屋相模守様

一筆啓上致します。竹嶋と申す所へ朝鮮人が四十人程、罷り越し、
漁を行っていたため、右の内の二人を留め置き、松平伯耆守方に
よって、その旨の報告が[公儀に]なされました。[そこで朝鮮人二人
が]長崎御奉行所へ送り遣わされることになりました。その二人を請
け取り、今後[再び竹嶋に]罷り渡らぬ様、朝鮮国へ申し伝えよと、そ
のような御趣旨[の御指示]がございました。これを当方は承知致しま
した。その御意向に沿うよう致すつもりでございます。この事を申
し上げるため、このような書状を記しました。恐惶謹言。

　　　六月五日

　　　　土屋相模守様

일필 계상합니다. 죽도라고 하는 곳에 조선인 40인 정도가 건너와 어
렵을 하고 있었기 때문에, 그중의 두 사람을 잡아두고 마쓰타이라 호
우키노카미 님을 통해, 그 내용의 보고를 [막부]에 하셨습니다. [그래
서 조선인 두 사람이] 나가사키 봉행소로 보내지게 되었습니다. 그
두 사람을 인수하여, 금후에는 [두 번 다시 죽도에] 건너오지 못하도
록 조선국에 요구하라고, 그러한 취지의 [지시]가 있었습니다. 이것을

저희는 알았습니다. 그 뜻에 따르도록 할 생각입니다. 이 일을 알리기
위해 이러한 서장을 기록하였습니다. 삼가 말씀드립니다.

6월 5일

쓰치야 사가미노카미 님

一筆致啓上候竹嶋与申所江朝鮮人四十人程罷越猟仕候故右之内弐
人留置段松平伯耆守殿被遂案内候付長崎御奉行所江被送遣候間請取
之向後不罷渡候様朝鮮国江可申遣之旨従土屋相模守殿私家来被召寄
被仰付候通申越奉得其意候　此段為可申上如此御座候恐惶謹言

　　六月五日

　　阿部豊後守様

　　一筆啓上致します。竹嶋と申す所へ朝鮮人が四十人程、罷り越し、
漁を行っていました。そのため右の内の二人を留め置き、松平伯耆守
殿によって、その旨の報告が公儀になされました。[その二人を]長崎
御奉行所へ送り遣わすことになりました。それゆえ、その二人を請け
取り、今後[再び竹嶋に]罷り渡らぬ様、朝鮮国へ申し伝えよとの御趣
旨[の御指示]がございました。土屋相模守殿から、私<註１２>(宗対馬
守義倫(よしつぐ))の家来を召し寄せ、この点についての仰せ付けがご
ざいました。このことに付いて承知を致しました。その通りの申し越
しを承り、御意向に沿うよう致すつもりでございます。この事を申し
上げるため、このような書状を記しました。恐惶謹言

　　六月五日

　　阿部豊後守様

　　일필 계상합니다. 죽도라고 하는 곳에 조선인 40인 정도가 건너와
어렵을 하고 있었습니다. 그 때문에 그중 두 사람을 잡아두고 마쓰타
이라 호우키노카미 님을 통해 그 내용의 보고를 장군님에게 하셨습니
다. [그 두 사람을] 나가사키 봉행소로 보내는 일로 되었습니다. 그 때

문에 그 두 사람을 인수하여, 금후에는 [두 번 다시 죽도에] 건너오지 않도록 조선국에 전하라고 하는 취지의 [지시]가 있었습니다. 쓰치야 사가미노카미 님께서 저(소우 쓰시마노카미 요시쓰구)의 부하를 불러 들여, 이 점에 대한 명령이 있었습니다. 이 일에 대해 알았습니다. 그 대로의 연락을 받들어, 어의에 따르도록 할 생각입니다. 이 일을 알리 기 위해 이러한 서장을 기록하였습니다. 삼가 말씀드립니다.

6월 5일

아베 분고노카미 님

(01-03)

- 右御両所様江被差上候御返事御奉書左ニ写之

- 右の御両所様へ差し上げた[請書に対し]御返事があり、その御奉
  書<註１３>を左に写す。

- 위의 두 곳의 분들에게 올린 [청서에 대해] 답장이 있어, 그 어봉
  서를 아래에 기록한다.

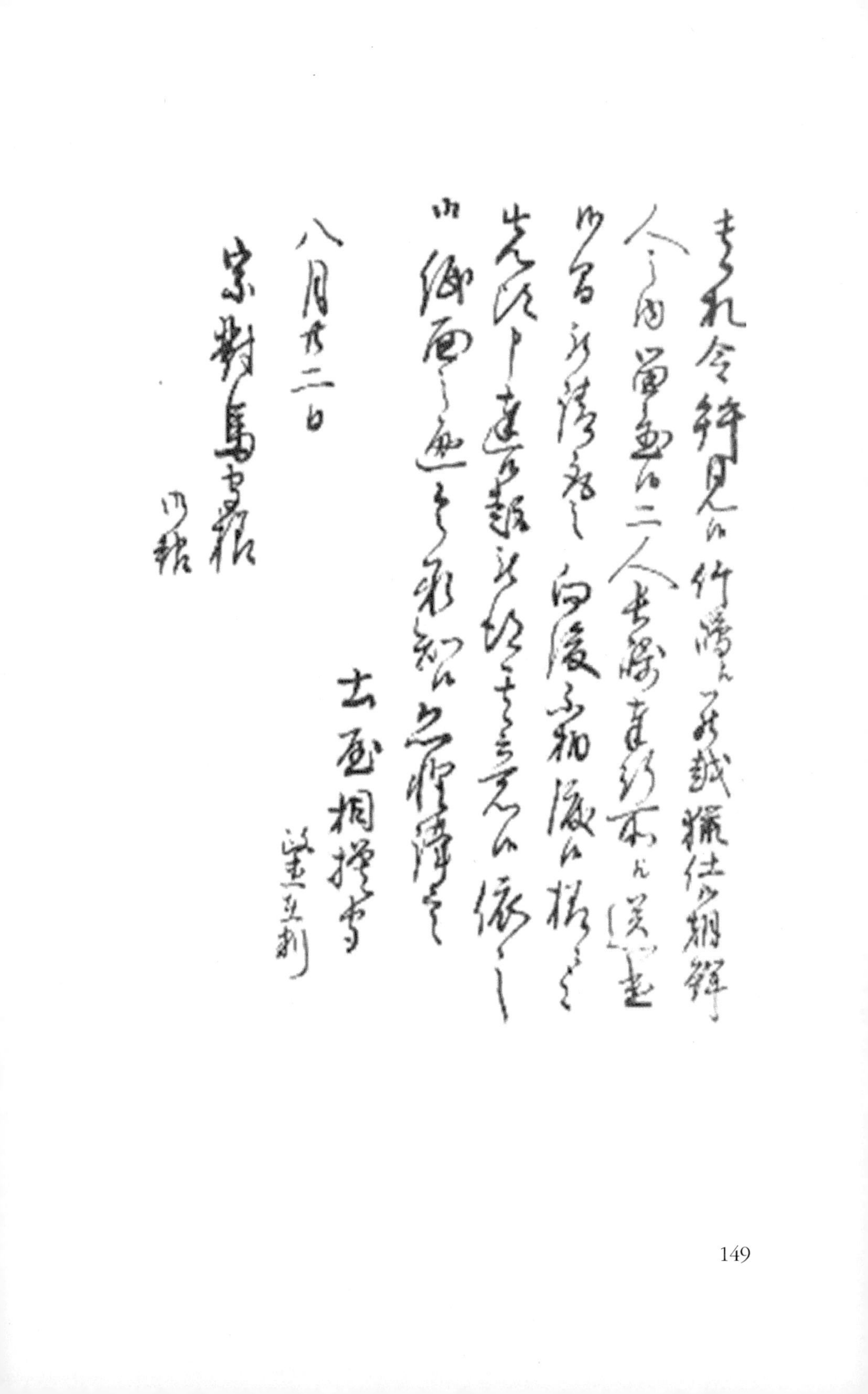

八月廿二日

貴札令拝見候竹嶋江罷越猟仕候朝鮮人之内留置候二人長崎奉行所江
送遣候間被請取之向後不相渡候様ニ与先頃申達候趣被得其意候依之
御紙面之通令承知候恐惶謹言

　　　八月廿二日　　　　　　　　　　　　　　　　土屋相模守

　　　　　　　　　　　　　　　　　　　　　　　　　　政直在判

　宗対馬守様

　　　　御報

貴殿からの返札(御請書)を拝見致しました。竹嶋へ罷り越し漁を行っ
ていた朝鮮人の内、留め置いた二人を、長崎奉行所へ送り遣すの
で[その二人を]請け取った上[改めて朝鮮へ送り返すようにと、その
ような此方の要望でございます。]そして向後[もう再び朝鮮漁民が竹
嶋へ]渡らぬよう[朝鮮国へ申し入れをして頂くと言うものでございま
す。]このような、先に申し置いていた趣旨について[貴殿の]御同意
を得ることができました。これに依り、御紙面(御請書)の通り[以
後、事を進めていただきたい。以上を]御承知置き下さいますよう
に。恐惶謹言。

　　　八月廿二日　　　　　　　　　　　　　　　　土屋相模守

　　　　　　　　　　　　　　　　　　　　　　　　　政直 在判

　宗対馬守様

　　　　御報

귀전의 반찰(어청서)를 배견하였습니다. 죽도에 건너가 어렵을 하고
있던 조선인 중, 잡아둔 두 사람을 나가사키 봉행소로 보내니 [그 두

사람을] 인수하여 [다시 조선으로 돌려 보내도록 할 것이라고, 그러한 이쪽의 요망입니다.] 그리고 향후 [두 번 다시 조선어민이 죽도에] 건너오지 않도록 [조선국에 요구하라고 말하는 것입니다.] 이러한, 앞에서 말해 두었던 취지에 대해 [귀전의] 동의를 얻을 수 있었습니다. 이것에 따라, 지면(어청서)과 같이 [이후, 일을 진행하여 가고 싶습니다. 이상을] 알아 두시기 바랍니다. 삼가 말씀드립니다.

8월 22일   쓰치야 사가미노카미

                                                          마사나오 재판

  소우 쓰시마노카미

          어보

八月廿二日

宗對馬守慶

阿部豊後守

正武

御状令披見候竹嶋江罷越候朝鮮人彼国江送返候様ニ与最前家来江申
渡候趣被得其意之旨承届候紙面之通各一覧之事候恐々謹言

　　　八月廿三日　　　　　　　　　　　　　　　　阿部豊後守

　　　　　　　　　　　　　　　　　　　　　　　　　　　正武在判

　　　宗対馬守殿

御状(御請書)を拝見致しました。竹嶋へ罷り越した朝鮮人を、彼の国
へ送り返していただく様にと、先だって貴殿の家来へ申し渡してい
た趣旨について[貴殿の]御同意が得られました。その承知の旨を[請
書として]お届け頂きました。その紙面(御請書)の通りに[事を運んで
頂きたい。そのことを]関係各位に御一覧[御通達]下さいますよう
に。恐々謹言

　　　八月廿三日　　　　　　　　　　　　　　　　阿部豊後守

　　　　　　　　　　　　　　　　　　　　　　　　　　　正武　在判

　　　宗対馬守殿

어장(온우케쇼: 지시나 명령을 알았다고 답하는 문서)를 배견하였습
니다. 죽도에 넘어 온 조선인을 그 나라에 돌려보내도록 하라고, 앞서
서 귀전의 부하에게 전한 취지에 대해 [귀전의] 동의를 얻었습니다.
그 이해했다는 뜻을 [온우케쇼로 해서] 받았습니다. 그 지면(온우케
쇼)대로 [일을 진행해 주었으면 합니다. 그 일을] 관계 각위가 일람하
도록 [통달]하여 주실 것을 바랍니다. 삼가 말씀드립니다.

　　　8월 23일　　　　　　　　　　　　　　　　아베 분고노카미

　　　　　　　　　　　　　　　　　　　　　　　마사타케 재판

　　　소우 쓰시마노카미 님

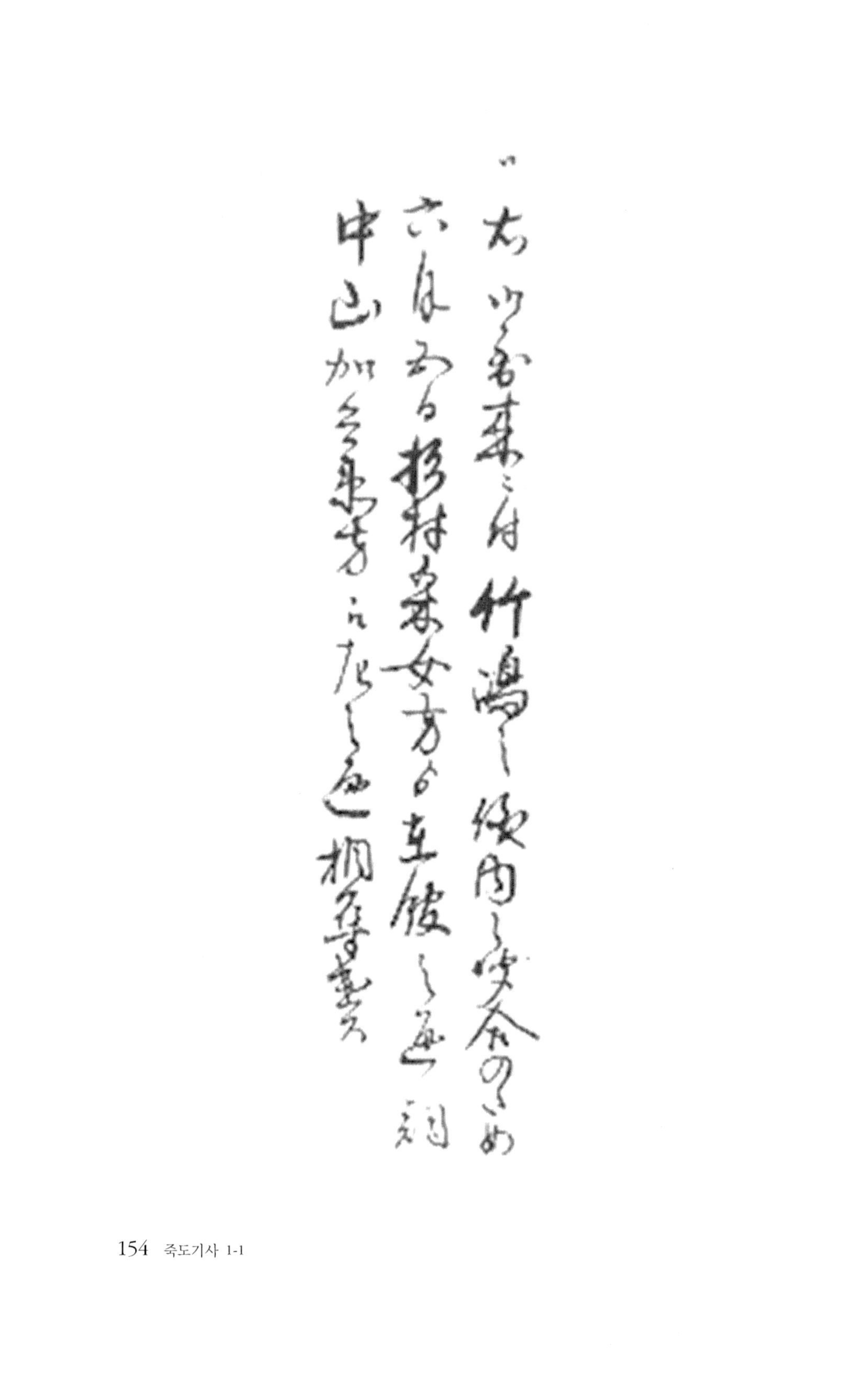

(01-04)

- 右御到来ニ付竹嶋之儀内々聞合のため六月五日杉村采女方より
  在館の通詞中山加兵衛方江左之通相尋遣ス

- 右[の田嶋十郎兵衛から書簡が国元に]到来してきた。[これを承け
  て]竹嶋について、内々で問い合わせを行った。六月五日[国元家
  老の]杉村采女から[朝鮮に在る草梁和館に]在館<註１３>する通詞
  の中山加兵衛へ、左の通り[の疑問の数々]を尋ねるため[書状を]
  遣わした。

- 위[의 타지마 쥬우로우베에의 서간이 쿠니모토에] 도래했다. [이
  것을 받고] 죽도에 대해 내밀하게 물어서 알아보는 일을 하였다.
  6월 5일에 [쿠니모토의 가로] 스기무라 우네메가 [조선에 있는
  초량화관에] 재관하는 통사 나카야마 카베에에게, 아래와 같[이
  의문 몇 가지]를 묻기 위해 [서장을] 보냈다.

竹嶋ノ儀胡鮮ノ方ハブルンセミトアリ候

ヘ候ハバ竹嶋ト書タル朝鮮ニハブルン

セミトアリ候ブルンセミトイヘバ根ヲ書

ヘ候ハバ欝陵嶋ト嶋ノ名トヲ申ベク

嶋ハブルンセミトイフテ日本ニテ

樹陵嶋ト嶋ト欝竹ニテ欝陵嶋ト

ブルンセミハ別ノ嶋ニテ有之ブルンセミヲ

日本人ハ竹嶋トモ欝陵嶋ト

嶋ヲ邪ニ候

- 竹嶋之儀朝鮮ニ而ハブルンセミ与申候由被申越候、竹嶋与書候而朝鮮読ニブルンセミ与申候哉ブルンセミ与ハ如何様ニ書申候哉、欝陵嶋与申嶋有之候是を下々之詞ニブルンセミとハ不申候哉、日本ニ而者欝陵嶋の儀を磯竹と申候、欝陵嶋とブルンセミハ別之嶋ニ而有之候哉、ブルンセミを日本人ハ竹嶋と申候与申儀者誰之咄ニ而被承候哉

- 竹嶋のことを朝鮮にてはブルンセミ<註１４>と申すのだと、もっぱらの話であるが、もしや竹嶋と書いて朝鮮読みにはブルンセミと申すのか。[はたして]ブルンセミとは如何様に書き記すものであるのか。欝陵嶋と申す島が有るというが、これを下々の言葉で[あるいは]ブルンセミと申すのではないか。日本にては欝陵嶋のことを磯竹嶋<註１５>と申すのであるが、欝陵嶋とブルンセミとは[同じ島なのか、あるいは]別の島なのか[実際のところ]どうなのか。ブルンセミを日本人は竹嶋と申すのだと言う。それは誰の語る話だと承っておられるのか。<註１６>

- 죽도의 일을 조선에서는 부룬세미라고 부른다고, 한결같이 이야기하는데, 어쩌면 죽도라고 쓰고 조선음으로는 부룬세미라고 말하는 것인가. [도대체] 부룬세미란 어떻게 쓰는 것인가. 울릉도라는 섬이 있다 하는데, 이것을 일반사람들의 말로 [어쩌다] 부룬세미라고 말하는 것이 아닌가. 일본에서는 울릉도를 이소타케시마라고 하는데, 울릉도와 부룬세미는 [같은 섬인가, 아니면] 다른 섬인가 [실제로는] 어떠한가. 부룬세미를 일본인은 죽도라고 말한다 한다. 그것은 누가 말하는 이야기라고 듣고 계시는가.

• 竹嶋江ハ去々年より初而罷渡候哉、以前より渡候得共隠候而
去々年より罷渡候与申候哉、朝鮮人共自分之挿之為蜜々罷渡申
事ニ候哉、又者公儀より之差図ニ而罷渡候哉、当年も又々罷渡
りたる事ニ候哉

• 竹嶋へは去々年(元禄四年)から[朝鮮人は]初めて渡り出したと言
うが[実際に]そうなのか。もっと以前から渡っていたが、隠れて
の渡島のため、去々年から渡り始めたと言っているに過ぎない
のか。朝鮮人たちの渡島は、自分たちの[生活費]かせぎのため、
秘密に行っていたことなのか、それとも[朝鮮国の]公儀の差し図
によって行っていたことなのか。今年も又々罷り渡る事になっ
ていたのか。[果たしてどうなのであろうか。]<註 17>

• 죽도에는 재작년(겐로쿠 4년)부터 [조선인이] 처음으로 건너오기
시작했다고 말하는데 [실제로] 그러한가. 더 이전부터 건너오고
있었으나, 은밀한 도도이기 때문에, 재작년부터 건너오기 시작했
다고 말하고 있는 것에 지나지 않은 것 아닌가. 조선인들의 도도
는 자기들의 [생활비를] 벌기 위해 비밀리 가고 있는 것인가. 아
니면 [조선국의] 공적인 지시에 따라 행하고 있는 것인가. 금년
에도 또 건너가기로 되어 있는가. [도대체 어떻게 된 것인가.]

一 竹嶋ﾉ日本ﾖ十二三里ﾆ而三波ﾆ宛
毎歳不残彼嶋ﾆ長ﾉ屋を三ヶ所ﾆ新義
掛立漁ﾉ追々致シ今其通ﾆ仕候
ﾘ本人ﾆ何ﾄ候ﾊヽ其ﾘ候ﾊ

• 竹嶋江日本より十二三端之船弐三艘宛毎歳罷渡彼嶋江長小屋を
  三四軒茂掛置候、由被申越候ニ今其通ニ仕候哉日本人者何之国
  之者共ニ而有之候哉

• 竹嶋へは日本から、十二、三端帆の船が、弐ないし三艘ずつ、
  毎歳渡海するのだという。彼の島へ長小屋を三、四軒も掛け置
  き[島での作業を]行うのだという。今に至るも、其の通りに行っ
  ているのであろうか。[そのようにして島に渡る]日本人は、何れ
  の国の者どもであろうか。<註 18>

• 죽도에는 일본에서 12, 3단의 돛단배가 2 내지 3척씩 매년 도해
  한다고 한다. 그 섬에 나가고야(가건물)를 3, 4동 지어 놓고 [섬
  에서의 작업을] 행한다고 한다. 지금에 이르러서도 그렇게 하고
  있는 것인가. [그렇게 해서 섬에 건너가는] 일본인은 어느 나라
  의 사람들인가.

• 竹嶋者朝鮮国より何方江当り何之所より何風ニ而乗候与之儀海
路何程ニ而大キサ如何程有之候哉、尤御国より者何方江当り凡
海路何程可有之候哉、尤貴殿より之口上書ニ書載有之候得共
又々得与可被承届候

• 竹嶋は朝鮮国から何れの方角に当るのか。[朝鮮国の]何れの所か
ら、何れの風向きによって[船で]乗り込んで行くのか。その海路
は如何ほどの大きさで、如何ほどの距離に有るのか。ことに御
国(対馬国)からは、何れの方角に当り、凡そ海路でどれくらいの
距離に有る島なのか。尤も[このような事は]貴殿からの口上書に
[すでに]書き載せて有るが、再度詳しく承りたいと思い、このよ
うに尋ねるのである。<註19>

• 죽도는 조선국에서 어느 방각에 해당하는가. [조선국의] 어느 곳
에서, 어떤 바람을 타고 [배로] 타고 가는 것인가. 그 해로는 어
느 정도의 크기이고, 어느 정도의 거리에 있는가. 특히 나라(쓰
시마노쿠니)에서는 어느 방각에 해당하고, 대개 해로로 어느 정
도의 거리에 있는 섬인가. 원래 [이러한 일은] 귀전이 보낸 구상
서에 [이미] 기록되어 있으나, 다시 자세히 듣고 싶다고 생각하
고 이렇게 묻는 것이다.

• 右之段々委細ニ承度候様子ニより公儀江茂御案内被仰上事ニ候
間何とそ懇志之朝鮮人江密ニ相尋書付早々可被差越候慥成咄ニ
而無之候共下々之咄ニ而茂被承候通委書付可被差越候、此段為
可申入如此候

• 右[の疑問点に付き]その一つ一つを、委細に承りたい。その回答
の様子によっては[江戸の]公儀へ[改めて]御報告を差し上げよう
と思う。[それゆえ]何とぞ[親しく付き合って居る]懇志の朝鮮人
へ、このことを密かに尋ね、[回答となる]書付を早々に送っても
らいたい。確かな話で無くとも構わない。下々の話であって
も、聞き及んだ通りを、委しく書付にして送ってもらいたい。
このような用件で[此の度]申し入れを行ったのである。<註２０>

• 위[의 의문점에 대해] 그 하나 하나를 자세히 듣고 싶다. 그 회답
의 내용에 따라 [에도의] 장군에게 [다시] 보고를 올리려고 생각
한다. [그러하니] 부디 [친하게 사귀고 있는] 믿을 만한 조선인에
게, 이 일을 은밀하게 물어 [회답이 되는] 서부를 서둘러 보내주
었으면 한다. 확실한 이야기가 아니라도 상관없다. 일반사람들의
이야기라 해도 들은 대로 자세히 서부로 해서 보내주었으면 한
다. 이러한 용건으로 [이번의] 신청을 한 것이다.

亞銅中山加々東方分六月十三夕

雪舟之以右返登十城留有花之

(01-05)

- 通詞中山加兵衛方より六月十三日之書状を以右返答申越候付左
  記之

(01-05)

- 右の[六月五日の杉村采女の書簡に対し]通詞の中山加兵衛から、六
  月十三日付の書状を以って、返答を申し伝えてきた。これを左に
  記す。

- 위의 [6월 5일의 스기무라 우네메의 서간에 대해] 통사 나카야마
  카베에가, 6월 13일부의 서장으로, 반답을 보내왔다. 이것을 아
  래에 기록한다.

- 当年も彼嶋江為拜釜山浦より商売船三艘罷越候由承届候付ハン
ビチヤグ与申釜山之唐人相加嶋之様子諸事具見届海路ニ至迄入
念候様ニ申付態右之者共ニ相加差越候帰着次第具承追而可申上
候先荒増承候通別紙書付差上候

- 当年も[昨年と同様]彼の嶋へ[生活費]かせぎのため、釜山浦から
商売の船<註２１>が三艘、渡っていったということです。そのよ
うに聞き及びました。そのことに付いて[懇志の]ハンビチヤグ
<註２２>と申す釜山の唐人(朝鮮人)を[相談人に]加え、嶋の様子
や諸事を、つまびらかに見届けようと思っています。海路に至
る迄、入念に調べ上げるよう、申し付けることに致します。右
の者共[の情報]に加え[必要なら、さらに探索のため幾人かを]差
し向けます。[彼らが]帰着次第、また具に聞き出し、追って御報
告を差し上げます。先に[聞き及んだ]あらましを、その通り別紙
にしたため[次のように]書き付け、御報告を致して置きます。

- 당년에도 [작년과 마찬가지로] 그 섬에 [생활비를] 벌기 위해 부
산포에서 상매선 3척이 건너갔다 합니다. 그렇게 듣고 있습니다.
그 일에 대해서는 [믿을 만한] 한비챠구라고 하는 부산의 카라비
토(조선인)을 [상담인으로] 해서, 섬의 상황이나 여러 가지 일을,
자세하게 확인해보려고 생각하고 있습니다. 해로에 이르기까지
성의껏 조사하라고, 지시하기로 하겠습니다. 위의 사람들[의 정
보]만이 아니라 [필요하다면, 다시 탐색하기 위해 몇 사람인가
를] 보내겠습니다. [그들이] 귀착하는 대로, 또 자세하게 물어, 바

로 보고 올리겠습니다. 우선 [들은 것의] 대강을 그대로 별지에
적어 [다음과 같이] 보고하여 둡니다.

一、ブルンセニ〻彼〻〻ニ〻〻ブルンセニ〻〻
一、ウルチントウトニ〻〻〻〻〻
　　優〻ウルチントウ〻小乗ニ〻かすか
一、相〻卜坐〻〻事
　　一、ウルチ〻〻鴻の大ナ一〻〻〻〻大木〻〻
　　一、坐〻承及〻事
一、ウルチントウ〻〻江〻道〻内ユグハイと
　　卜〻南風ニ出〻仕〻承及〻事

午恐口上之覚

• ブルンセミ之儀嶋違ニ而御座候具承届候処ウルチントウ与申嶋
ニ而御座候ブルンセミ之儀者ウルチントウより北東ニ当かすか
に相見申由承候事

• ウルチントウ嶋の大サ一日半廻り程有之由ニ御座候尤高山ニ而
田畑大木等有之候由承及候事

• ウルチントウ江者江原道之内エグハイと申浦より南風ニ出帆仕
候由承及候事

恐れ乍ら口上の覚え

• ブルンセミのことは、島違いで[これは竹嶋では]ございません。
詳しく聞き及んだところ、[竹嶋はあちらでは]ウルチントウ<註
２３>と申す島で御座いました。ブルンセミの島の所在は、ウル
チントウの島から北東に当たります。かすかに見える<註２４>
のだと言うことでございます。

• ウルチントウの島は[船で]一日半で廻る程の大きさだということ
で御座います。[島の様子をお話し申し上げれば、ここには]極め
て高い山があり、田畑[となるほどの土地があり]大木[が数多く
生い茂っている]ということでございます。<註２５４>

• ウルチントウへは、江原道の内エグハイ(寧海)と申す浦<註２６>
から、南風に乗って出帆するのだと言うことで御座います。

삼가 아뢰는 각서

• 부룬세미라는 것은 다른 섬으로 [이것은 죽도가] 아닙니다. 자세

히 들은 바에 의하면 [죽도를 저쪽에서는] 우루친토우라고 하는 섬입니다. 부룬세미라는 섬의 소재는 우루친토우라는 섬에서 북동에 해당합니다. 희미하게 보인다고 말하는 것입니다.

- 우루친토우라는 섬은 [배로] 1일 반에 돌 수 있는 크기라고 말하는 것입니다. [섬의 상황을 말씀드리자면, 이곳에는] 아주 높은 산이 있고, 논밭[이 될 수 있을 정도의 토지가 있고] 거목[이 아주 많이 우거져 있다]는 것입니다.
- 우루친토우에는 강원도 안의 에구하이(영해)라고 말하는 포구에서 남풍을 타고 출범한다고 말하는 것입니다.

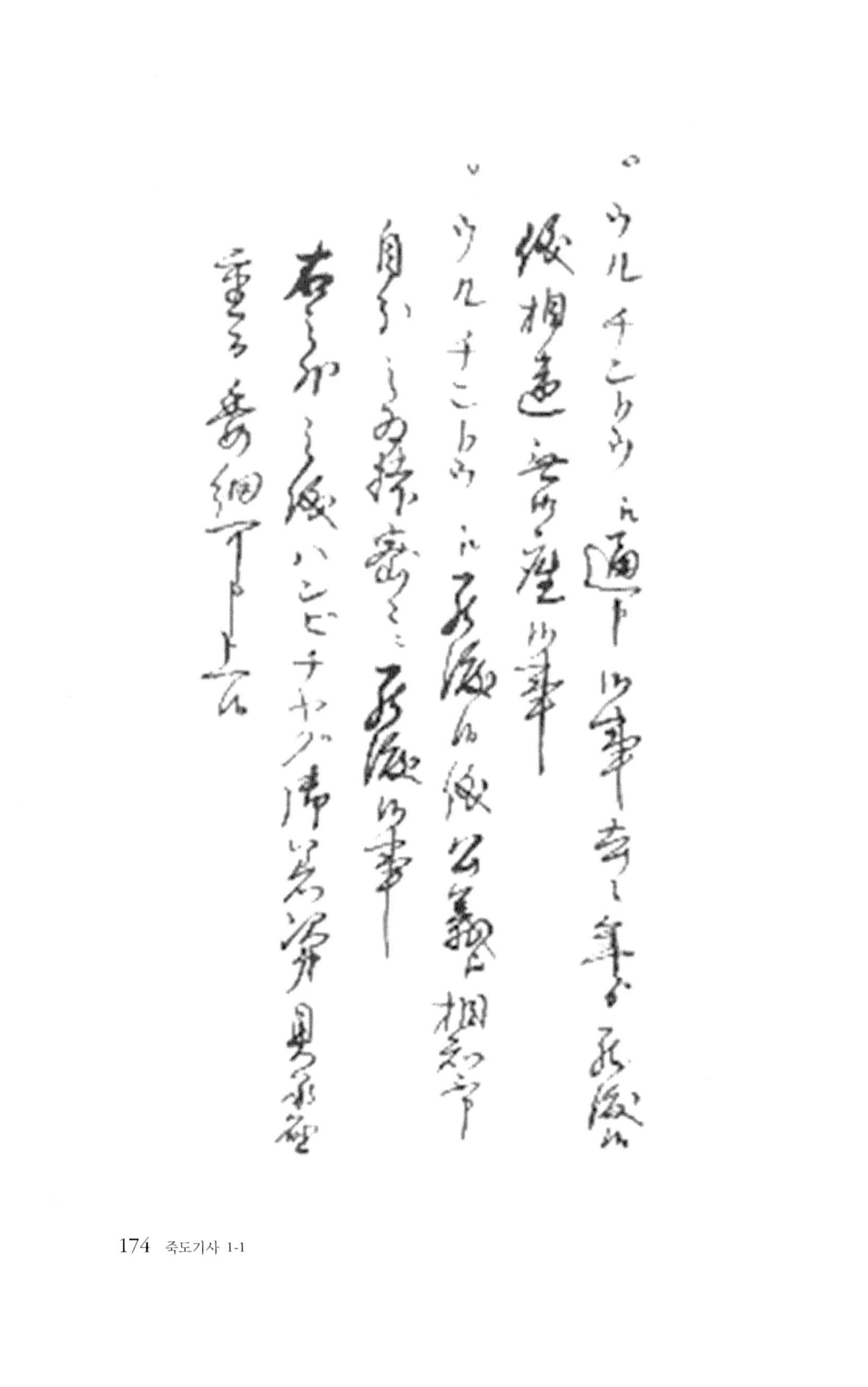

- ウルチントウ江通申候事去々年より罷渡候儀相違無御座候事

- ウルチントウ江罷渡候儀公儀江相知不申自分之為拵密々ニ罷渡候事

- 右之外之儀ハンビチヤグ帰着次第具承届重而委細可申上候

- ウルチントウへ通い出したのは、去々年(元禄四年)からの渡海<註27>のことだというのは、間違いないことのようで御座います。

- ウルチントウへ罷り渡ったことは[朝鮮国の]公儀の全く知るところでは御座いません<註28>。[漁民たちが]自分たちの[生活費]かせぎのため、密かに罷り渡ったということで御座います。

- 右の以外の事柄(疑問の項目、その他)は、ハンビチヤグが帰着次第、具に聞き出し、重ねて委細を報告いたします。

- 우루친토우에 다니기 시작한 것은 재작년(겐로쿠 4년)부터의 도해라고 말하는 것은, 틀림없는 일 같습니다.

- 우루친토우에 건너간 일은 [조선국의] 조정이 전혀 아는 일이 아니었습니다. [어민들이] 자신들의 [생활비를] 벌기 위해 몰래 건너갔다고 말하는 것입니다.

- 위 이외의 사항[에 대한 의문 항목, 기타]는 한비챠구가 귀착하는 대로 자세히 물어서, 다시 자세한 것을 보고하겠습니다.

≪解説≫

註1、土屋相模守

　土屋相模守政直のこと、寛永十八年(一六四一)生まれ。常陸の土浦藩主である。大坂城代、京都所司代を経て、貞享四年(一六八七)より老中を勤める。この元禄六年(一六九三)時点は月番老中であった。享保三年(一七一八)老中を退く。享保七年(一七二二)死去。

　쓰치야 사가미노카미

　쓰치야 사가미노카미 마사나오를 말한다. 칸에이 18(1641)년에 태어났다. 히타치의 쓰치우라한슈이다. 오오사카 죠우다이, 쿄우토 쇼시다이를 거쳐 죠우쿄우 4(1687)년부터 노중으로 근무했다. 이 겐로쿠 6(1693)년의 시점은 월번노중이었다. 쿄우호우 3(1718)년에 노중을 물러나. 쿄우호후 7(1722)년에 사거했다.

註2、御留守居

　江戸留守居役のことである。対馬藩は大坂、京都、長崎に、それぞれ藩邸を所有していたから、そのそれぞれに留守居役がいた。留守居とは幕府や他藩との連絡や折衝を行う役職、いわば藩を代表する外交担当者のことである。彼らは留守居組合などを結成し、藩同士で互いに、情報交換を行っていた。対馬藩の、この時の江戸留守居役は、鈴木半兵衛である。向柳原の二長町(現在の台東区台東)にあった上屋敷に常駐し、その連絡および折衝役を勤めていた。対馬藩の江戸屋敷は、他に水道橋外に中屋敷が、箕輪(三ノ輪)に下屋敷があった。

고루스이

에도 루스이역을 말한다. 쓰시마번은 오오사카, 쿄우토, 나가사키에 각각 번저를 소유하고 있었으므로 그곳마다 루스이가 있었다. 루스이란 막부나 타번과의 연락이나 절충을 행하는 역직으로, 말하자면 번을 대표하는 외교담당자를 말한다. 그들은 루스이 조합 등을 결성하여 번들끼리 상호 간의 정보교환을 행하고 있었다. 쓰시마번의, 이때의 에도 루스이역은 스즈키 한베에였다. 코우야나기하라의 니죠우마치(현재의 타이토우쿠 타이토우)에 있었던 카미야시키에 상주하며 연락 및 절충역으로 근무했다. 쓰시마한의 에도 저택은 따로 스이도우바시가이에 츄우야시키가, 미노와(미노와)에 시모야시키가 있었다.

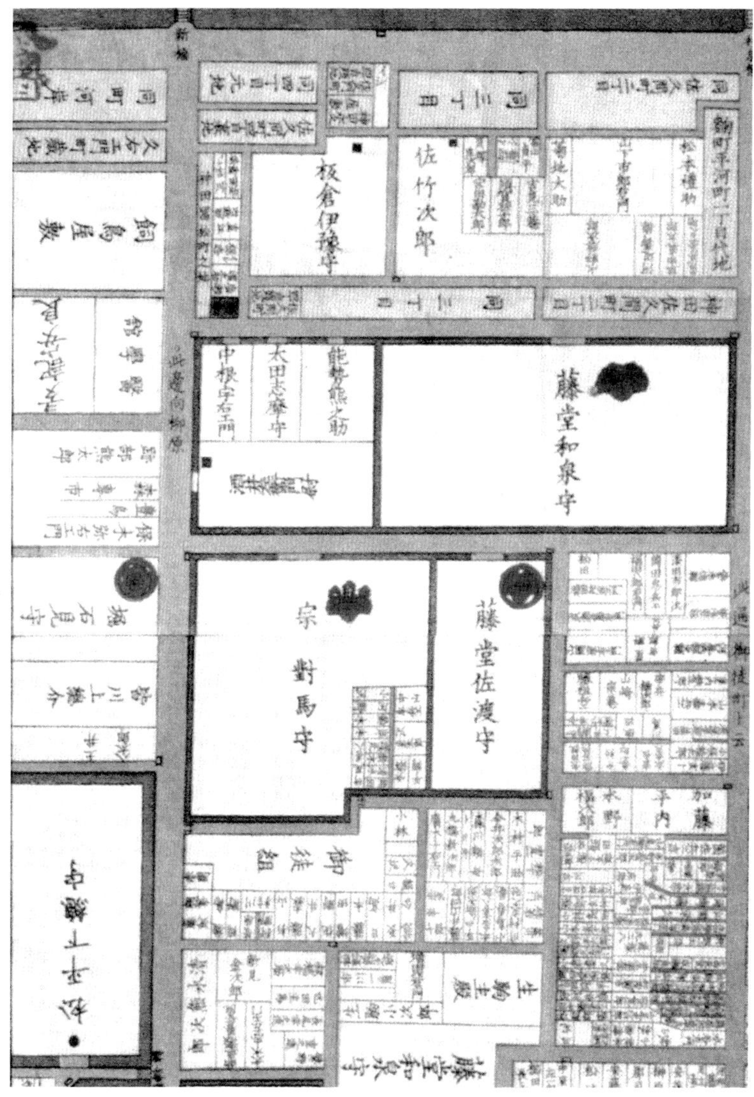

[図、쓰시마번 에도저택(上屋敷) 주변]

註3、去年(元禄五年)朝鮮人竹嶋と申す所へ

　これは「竹島に関する七箇条返答書」および船頭が鳥取藩に提出した「乍恐口上之覚」に詳しい。元禄五年(一六九二)二月十一日、例年の如く米子の村川市兵衛船は、伯耆国米子を出発した。二百石積みの船一艘に鉄砲八挺を持参し船出した。鉄砲を持参したのは海驢(あしか)を捕獲するためである。船の名は竹嶋丸、船頭の名は黒兵衛と平兵衛である。ことの発端であるから、この内容を　紹介しておく。以下の通りである。

　거년(겐로쿠 5년)에 조선인이 죽도라고 하는 곳에

　이것은「죽도에 관한 7개조 반답서」및 선두가 톳토리한에 제출한「삼가 구상하는 각서」에 자세한 내용이 있다. 겐로쿠 5(1692)년 2월 11일에 예년과 마찬가지로 요나고의 무라카와 이치베에 선이 호우키노쿠니 요나고를 출발하였다. 200석적의 배 1척에 철포 8정을 지참하고 출선했다. 철포를 지참한 것은 강치를 포획하기 위해서였다. 선명은 타케시마마루, 선두의 이름은 쿠로베에와 히라베에였다. 이야기의 시작이므로 이 내용을 소개해둔다. 이하와 같다.

　隠岐国へ渡り、島後の北の湊、福浦に二月晦日に到着した。この福浦に暫く滞在し[水主を募り、総勢二十一人となって]三月二十四日、福浦を発った。三月二十六日の朝、竹嶋の内イガ島(伊賀島、今の竹嶼島)に到着した。例年の通り漁を始めようとするが、島の鮑を大分獲られた形跡がある。今年は少し様子が違うと、いささか不審、不安を感じた。翌二十七日、竹嶋(欝陵島)の本島へ渡った。する

と浜田浦(今の道洞)に唐船(朝鮮船)二艘が見えた。一艘は岸辺に引き上げられ、浜に据え置かれていた。今一艘は海辺に浮かび、繋留されていた。浦のあたりには唐人(朝鮮人)が三十人ばかりいた。こちらが近づくと、その内の二人を残し、他の者たちは繋留している船に飛び乗った。彼らの船は、こちらの船の八、九間ほど沖合を通り、北の大坂浦(今の苧洞)の方へ逃げ廻って行った。二人が残ったが、そのうちの一人は通詞で、この二人が小舟に乗り、こちらの船に漕ぎ寄せてきた。そこで船に乗せて、話し合いを始めた。どこの国の者か尋ねると「ちょうせんかわてんかわく」の者だという。

오키노쿠니에 건너가, 도우고의 북쪽 포구 후쿠우라에 2월 그믐에 도착했다. 후쿠우라에 잠시 체재하며 [수주를 모아 총 21인이 되어] 3월 24일에 후쿠우라를 출발했다. 3월 26일의 아침에 죽도의 이가도(伊賀島, 지금의 竹嶼島)에 도착했다. 예년과 마찬가지로 어렵을 시작하려고 했으나, 섬의 전복 대부분을 잡은 형적이 있다. 금년은 조금 상황이 다르다고 약간 이상하여 불안함을 느꼈다. 다음 27일에 죽도(울릉도)의 본도로 건너갔다. 그러자 하마다우라(지금의 도동)에 당선(조선선) 2척이 보였다. 1척은 물가로 끌어올려, 해변에 묶어두었다. 지금 1척은 해변에 떠 있는 상태로 계류되어 있다. 포구 근처에는 당인(조선인)이 30인 정도 있다. 우리가 다가가자, 그중의 둘을 남기고 다른 사람들은 계류한 배에 뛰어올랐다. 그들의 배는 이쪽 배에 8, 9간 정도의 바다를 통해, 북쪽의 오오사카우라(지금의 저동) 쪽으로 도망쳐서 돌아갔다. 두 사람이 남았으나, 그중 1인은 통사로, 이 두 사람이 소주를 타고, 이쪽 배로 노를 저어 다가왔다. 그래서 배에 태우고 이야기를 시작했다. 어느 나라의 사람인가라고 물었더니 「쵸우센 카와텐카와쿠」의 사람이라고 한다.

我々は公方様(徳川将軍)からお許しをいただき、毎年この島に渡り漁をするが、どうしてお前たちは、ここにやって来たのかと尋ねた。すると、この島の北に、もう一つ島がある。三年に一度、国主の用にアワビを捕りに渡るのだという。彼らは二月二十一日に漁船十一艘で国を出たが、難風に遭い半数が引き返し、結局五艘五十三人が三月二十三日、この島に流れ着いたという。島にはアワビが沢山有り、ここに逗留し漁をしていたのだという。そうであれば早々に島から罷り帰るよう伝えたが、船が損傷しているので、修繕しなければ出船できない。そのため船を引き上げ、浜に据え置いていたのだという。こちらの者が上陸し、浜の様子を窺うと、こちらが前々から取り揃え、置いていた諸道具や漁船八艘が、果たして無い。

우리들은 장군님(토쿠가와 장군)한테 허가를 받아, 매년 이 섬에 건너와 어렵을 하는데, 어째서 너희들이 이곳에 온 것인가라고 물었다. 그러자 이 섬의 북쪽에 또 하나의 섬이 있다. 3년에 한 번 국주에게 바치는 전복을 잡으러 건넌다고 말한다. 그들은 2월 21일에 어선 11척으로 나라를 떠났으나 난풍을 만나 반 수가 돌아가고, 결국 5척 53인이 3월 23일에, 이 섬에 유착했다 한다. 섬에는 전복이 많이 있어, 이곳에 두류하여 어렵을 하고 있었다고 한다. 그렇다면 빨리 섬에서 돌아가라고 전했으나, 배가 손상되었기 때문에 수선하지 않으면 출선할 수 없다. 그렇기 때문에 배를 끌어올려 해변에 묶어 둔 것이라 한다.

우리들이 상륙하여 해변의 상황을 살펴보았더니, 우리들이 전부터 준비해 두었던 제 도구와 어선 8척 모두가 없다.

この通詞に繰り返し尋ねると、浦々に廻し、彼らの仲間が使用しているとのことであった。先ずはこちらの船を浜へ据え付け、ここに留まってはと言う意見もあった。だが唐人は五十三人もの大勢で、こちらは僅か二十一人である。もしも争いにでもなれば、こちらが不利と、心もとなく思い、もう早々に島を離れることにした。しかしこのような事情を、帰帆の後、証拠も無く説明することはできず、そこで唐人の作り置いた串アワビを少々、笠一つ、網頭巾一つ、味噌麴一玉(一包)を取り上げ、持ち帰ることにした。この折、朝鮮人は、弓や鉄砲の類、およそ武具となるような物は、一切所持していなかった。このような次第で、この三月二十七日の当日、もう早々に竹嶋を出発した。そして四月一日、石州の浜田浦に着船した。四月四日には雲州の雲津浦に着き、翌五日ようやくのことで因州の米子へ戻って来た。

이 통사에게 되풀이해서 물었더니, 각 포구로 보내, 그들의 동료가 사용하고 있다는 것이었다. 우선 우리의 배를 해변에 매고, 이곳에 머물면 어떨까라는 의견도 있었다. 그러나 당인은 53인이나 되고 우리는 불과 21인이다. 만일 다툼이라도 벌어지면 우리들이 불리하다고 불안하게 생각하고, 서둘러 섬을 떠나기로 했다. 그러나 이러한 사정을 귀범한 후에 증거도 없이 설명할 수가 없어, 그곳에서 당인이 만들어 놓은 꼬지전복을 조금, 갓 하나, 망두건 하나, 된장메주 한 덩이(1포)를 취하여, 가지고 돌아오기로 했다. 이때 조선인은 활이나 철포류 및

무구 같은 것은 일체 소지하지 않았다. 이러한 상황이라, 3월 27일에
서둘러 죽도를 출발했다. 그리고 4월 1일에 세키슈우 하마다우라에
착선했다. 4월 4일에는 운슈우의 쿠모쓰우라에 도착하여 다음 5일에
드디어 인슈우의 요나고로 돌아왔다.

　註4、松平伯耆守

　鳥取藩主の池田綱清のこと、正保四年(一六四七)生誕。因幡鳥取藩
初代藩主池田光仲の長男である。貞享二年(一六八五)三九歳で家督を
継ぐ。だが病弱のため、なお父の光仲が後見役を勤める。元禄六年
(一六九三)光仲が死去した後、家老らの補佐を受け藩政を見る。元禄
十三年(一七〇〇)病気を理由に隠居し、家督を養嗣子の吉泰に譲る。
正徳元年(一七一一)死去した。

　마쓰타이라 호우키노카미

　톳토리한슈 이케다 쓰나키요를 말한다. 쇼우호우 4(1647)년에 생탄
했다. 이나바 톳토리번의 초대번주 이케다 미쓰나카의 장남이다. 죠
우쿄우 2(1685)년에 39세로 가독을 이었다. 그러나 병약하여 계속해
서 부 나카미쓰가 후견역을 맡았다. 겐로쿠 6(1693)년에 미쓰나카가
사거한 후에는 가로들의 보좌를 받아 번정을 보았다. 겐로쿠 13(1700)
년에 병을 이유로 은거하고, 가독을 양자 요시야스에게 물렸다. 쇼우
토쿠 원(1711)년에 사거했다.

　註5、当年(元禄六年)又々朝鮮人四拾人程罷り越し

　元禄六年(一六九三)二月の事である。今度は大谷九右衛門船が、竹

嶋へ向け出発した。やはり船一艘で、船頭も同じ黒兵衛と平兵衛である。島に渡ると、やはり朝鮮人漁民がこの島で漁を行っていた。その報告書「大谷村川口上書」が藩庁に上げられる。それが後に、月番老中土屋相模守に報告される。以下のような内容である。

당년(겐로쿠 6년) 또 조선인 40인이 건너왔다.

겐로쿠 6(1693)년 2월의 일이다. 이번에는 오오야 큐우에몬 선이 죽도를 향해 출발했다. 역시 배 1소로 선두도 같은 쿠로베에와 히라베에였다. 섬에 건너자 역시 조선인 어민이 이 섬에서 어렵을 하고 있었다. 이 보고서「오오야·무라카와 구상서」를 번청에 올렸다. 그 후에 월번 노중 쓰치야 사가미노카미에게 보고된다. 이하와 같은 내용이다.

二月十五日に伯州米子を出船し、同十七日に雲州雲津に到着した。三月二日、雲津を出て、同日隠岐国島前の波止村に着いた。島後の福浦に到ったのは三月十日である。[福浦に約一ヶ月滞在し水主などを募り、ようやく]四月十六日に福浦を出港した。そして翌十七日の八ツ時(午後三時頃)に竹嶋の内、唐船ヶ崎(今の北芋岩か)という所に着いた。島に上がって見るとメノハ(芽の葉、つまり若布)が干してある。不審に思い周囲を探索すると、唐人のものと見られるワラジが落ちていた。[また朝鮮人の出漁かと]心もとなく思いながら、その夜は過ごした。翌四月十八日、七人で端船(伝馬船)に乗り、西の浦々(竹浦、北国浦、柳浦)を廻って見た。だが唐人(朝鮮人)はいない。さらに北浦(今の玄圃洞)に廻って見ると、唐船(朝鮮船)一艘が浜に据えられ、小屋掛けがある。そこに唐人が一人いた。小屋の中を覗け

ば、アワビやメノハが多量に収納されている。その唐人に様子を尋
ねたが、言葉が通じず、一切事情が分からない。この唐人を端船に
乗せ、大天狗(今の錐山か)という所を廻ると、約十人の唐人が漁をし
ている所に出くわした。

2월 15일에 하쿠슈우의 요나고를 출선하여, 동 17일에 운슈우의 쿠모
쓰에 도착했다. 3월 2일에 쿠모쓰를 출발하여 동일에 오키노쿠니의
도우젠의 하시무라에 도착했다. 도우고의 후쿠우라에 도착한 것은 3
월 10일이다. [후쿠우라에 약 1개월 체재하며 수주 등을 모아, 드디
어] 4월 16일에 후쿠우라를 출항했다. 그리고 다음 17일의 오후 3시
경에 죽도 안의 토우센가곶(唐船ヶ崎: 지금의 北苧岩인가)이라는 곳
에 도착했다. 섬에 올라가 보았더니 미역을 말리고 있었다. 이상하게
생각하고 주위를 살펴보았더니 당인의 것으로 보이는 짚신이 떨어져
있었다. [또 조선인의 출어인가라고] 불안하게 생각하며 그날 밤을 지
냈다. 다음 4월 18일에 7인이 단선(전마선)을 타고 서쪽 포구(죽포, 북
국포, 유포)를 돌아보았다. 그러나 당인(조선인)은 없다. 다시 북포(지
금의 현포동)으로 돌아가 보았더니, 당선(조선선) 1척이 해변에 매어
져 있고 소옥이 있다. 그곳에 당인 한 사람이 있었다. 소옥 안을 보았
더니 전복과 미역이 많이 수납되어 있다. 그 당인에게 사정을 물었으
나 말이 통하지 않아 일체 사정을 알 수 없다. 그 당인을 단선에 태우
고 오오텐구(지금의 추산인가)라는 곳으로 돌아가자, 약 10인의 당인
이 어렵을 하고 있는 곳에 이르렀다.

その中に通詞が一人いた。こちらの端船に乗せ、北浦から乗せてき

た唐人の方は船から降ろした。他にもう一人を乗せ、都合二人を乗せたまま、彼らに事情を尋ねた。この通詞が申すには、彼ら唐人たちは、三月三日漁を行うため島に渡ってきたという。船は何艘で何人かと問うと、三艘に四十二人が乗り、渡って来たという。竹嶋は荒磯であるから、この端船の上での長話は心もとない。それゆえ二人の唐人を乗せたまま、元の船へと戻った。右の次第が、唐人を連れ戻ったことの事情である。去年もこの島に唐人たちが居たから、二度とこの島へ渡り漁をすることの無いよう、厳重に申し渡し、嚇したり叱ったりしたが、今年も唐人が漁を行うため渡っている。このような事情であれば、これ以後、島で漁を行うことなどできない。大変な迷惑を蒙る。恐れ多いことではあるが[やはり公儀へ報告し、朝鮮人の渡海を彼の国へ]お断りして頂くよう[しなければならない。こうして]右の唐人二人を「この度は生証人として」召し捕り、連れ戻って来た。このような事の次第である。

그중에 통사 한 사람이 있었다. 이쪽의 단선에 태우고 북포에서 태워 왔던 당인은 배에서 내리게 했다. 그 외의 다른 한 사람을 태워, 도합 2인을 태우고 그들에게 사정을 물었다. 이 통사가 말하기를, 그들 당인들은 3월 3일에 어렵을 하기 위해 섬에 건너왔다 한다. 배는 몇 척이고 몇 사람인가라고 물었더니, 3소에 42인이 타고 건너왔다고 한다. 죽도는 거친 해변이기 때문에, 이 단선 위에서 길게 이야기하는 것이 불안하다. 그래서 2인의 당인을 태우고 원래의 배로 돌아왔다. 위의 내용이 당인을 끌고 돌아온 일의 사정이다. 작년에도 이 섬에 당인들이 있었으므로 두 번 다시 이 섬에 건너와 어렵하는 일이 없도록 하라고 엄중하게 말하고 야단치며 꾸짖기도 했으나, 금년에도 당인이 어렵하기 위해 건너와 있다. 이러한 사정이라면, 이후에 섬에서 어렵을 할 수가 없다. 아주 귀찮은 일이다. 두렵게 생각하는 일이기는 합니다만 [역시 장군에게 보고하여, 조선인의 도해를 그 나라에] 알려 주시도록 [하지 않으면 안 된다. 이래서] 위의 두 사람을 [이번에는 산 증인으로] 붙잡아 끌고 돌아왔다. 이러한 일의 내용이다.

もう早々に帰帆ということで、この日すなわち四月十八日の未の刻(午後二時頃)竹嶋を出発し、帰国の途についた。隠岐国福浦に着いたのは四月二十日のことである。隠岐の番所では我々を召し出し、口上書を差し出すよう達しがあった。だが唐人が居るので、直接聞いて下さいと申したところ、尤もであると納得され、唐人を召し出し、彼らから様子を聞きだした。そしてこの地の庄屋共を立ち合わせ、唐人の口上を文字に書き出していった。この唐人の口上書に、立ち合いの添え判を押すよう、我々にも要求があった。だが判形を持ち合わせていないと、しっかりとお断りした。その後、番所から唐人へ、慰労の酒一樽が振る舞われた。福浦を四月二十三日に出発し、島前に渡り着いた。この島前を四月二十六日に発ち、同日二十六日の昼に雲州長浜に着いた。翌四月二十七日、伯州米子に戻って来た。

서둘러 하는 귀범이기 때문에, 그날 즉 4월 18일 미각(오후 2시경)에 죽도를 출발하여 귀국의 길에 올랐다. 오키노쿠니 후쿠우라에 도착한 것은 4월 20일의 일이다. 오키의 번소에서는 우리들을 불러내어, 구상서를 제출하라는 통지가 있었다. 그러나 당인이 있으니 직접 물어

주세요라고 말씀드렸더니, 당연하다고 납득하고 당인을 불러내어, 그들한테 상황을 묻기 시작했다. 그리고 이곳의 쇼우야들을 입회시키고 당인의 구상을 문자로 쓰기 시작했다. 이 당인의 구상서에 입회의 판을 찍으라고 우리들에게도 요구했다. 그러나 판형을 가지고 있지 않다며 분명히 거절했다. 그 후, 번소에서 당인에게 위로의 술 한 통을 보냈다. 후쿠우라를 4월 23일에 출발하여 도우젠으로 건너 도착했다. 이 도우젠을 4월 26일에 출항하여, 동 26일 낮에 운슈우의 나가하마에 도착했다. 다음 4월 27일에 하쿠슈우 요나고로 돌아왔다.

註6、田嶋十郎兵衛

対馬府中藩の江戸家老。この書状は五月十五日付のもの。それが対馬に届くのは六月三日のことである。これは至急に送ったものであるが、それでも二週間以上かかっている。対馬から江戸に向け、あるいは江戸から対馬に向け、指示を仰ぐとなれば、常に二箇月以上、込み入った事になれば三箇月以上、まず見込んでおかなければならない。そこに朝鮮との折衝がある。海を渡り釜山の和館を経由し、東莱府から朝鮮朝廷へ文書を遣わし、それをまた差し戻して、受け取るとなれば、大変な時間的、物理的、そして人的な手間が掛かるのである。竹嶋一件の交渉は、そのような手間の中で行われた。

타지마 쥬루로우베에

쓰시마 후츄우번의 에도 가로. 이 서간은 5월 15일부의 것. 그것이 쓰시마에 도착하는 것은 6월 3일이다. 이것은 지급으로 보낸 것이었으나 그래도 2주간 이상 걸렸다. 쓰시마에서 에도를 향해, 혹은 에도에서 쓰시마를 향해 지시를 받으려면 항상 2개월 이상, 늦어지게 되면 3개월 이상을 예상하지 않으면 안 된다. 그곳에서 조선과 절충을 한다. 바다를 건너 부산의 화관을 경유하여, 동래부에서 조선 조정에 문서를 보내고, 그것을 다시 돌려받으려면 엄청난 시간적, 물리적, 그리고 인적인 노력이 소요된다. 죽도일건의 교섭은 이러한 조건 속에서 이루어졌다.

註 7、宮城越前守

宮城越前守和澄のこと、第二九代の長崎奉行である。その在職期間は貞享四年(一六八七)から元禄九年(一六九六)までである。長崎奉行は、宮城和澄が就任した貞享四年(一六八七)から奉行三名体制になっている。すなわち二名が長崎在勤(在崎奉行)で一名が江戸在勤(在府奉行)である。この元禄六年の時点で、長崎在勤は川口摂津守宗恒と山岡対馬守景助であり、江戸在勤が宮城越前守和澄であった。

미야기 에치젠노카미

미야기 에치젠노카미 마사즈미를 말한다. 제29대 나가사키 봉행이다. 그 재직기간은 죠우쿄우 4(1687)년부터 겐로쿠 9(1696)년까지이다. 나가사키 봉행은 미야기 마사카즈가 취임한 죠우쿄우 4년부터 봉행 3인체제로 되었다. 즉 2인이 나가사키 봉행(재기봉행)이고 1인이 에도재근(재부봉행)이다. 이 겐로쿠 6년의 시점에서 나가사키 재근은 카와구치 셋쓰노카미 무네쓰네와 야마오카 쓰시마노카미 케이스케이고, 에도 재근이 미야기 에치젠노카미 마사즈미였다.

註 8、伯耆守様御領内にても無之

　元禄六年の段階で、竹嶋は鳥取藩の領地では無い。その事を対馬
藩は知っていた。それをここで、きっぱりと言い切っている。勿
論、鳥取藩にも鳥取藩領という認識は無い。では幕府はと言えば、
幕府はこのような無人の島について、その一つ一つを全て正しく認
識しているわけではない。当然、その帰属については知らなかっ
た。鳥取藩『御用人日記』元禄六年五月二十一日条に記す幕府への回
答は、次の通りである。この回答五項目の第五番目に、鳥取藩領で
はないとの記載がある。

호우키노카미 님 영내에도 없다

　젠로쿠 6년의 단계에서 죽도는 톳토리켄의 영지가 아니다. 그 일을
쓰시마번은 알고 있었다. 그것을 이곳에서 확실히 말하고 있다. 물론
톳토리번에도 톳토리번령이라는 인식은 없었다. 그러면 막부는 어떤가
라고 말하자면, 막부는 이러한 무인도에 대하여, 그 하나하나를 바르게
인식하고 있는 것이 아니다. 당연히 그 소속에 대해서는 알지 못했다.
이 회답 5개 항목의 제5번째에 톳토리번령이 아니라는 기록이 있다.

一、伯耆国米子より竹嶋へ海上凡百六十里程これ有る由に候。例
　　年米子出舟、出雲へ参り、隠岐国へ渡海致し候て、竹嶋へ渡
　　り申し候。米子より直に竹嶋へ渡り候儀、成り申さず候。

一、村川市兵衛、大屋九右衛門、御当地へ罷り越し御目見得仰せ

　　付けられ候節、竹嶋石決明献上仕り候。

一、竹嶋にて鮑取り候運上はこれ無く候。伯耆守献上鮑も右両人

之町人共へ手前より相調へ差し上げ申し候。

一、竹嶋にて海驢取り候て、彼の地にて油仕り取り帰り候て商売
　　仕り候。尤も油の運上も御座無く候。

一、竹嶋は離れ島にて人の住居は仕らず候。尤も伯耆守の支配す
　　る所にてもこれ無く候。

1. 호키노쿠니 요나고에서 죽도까지는 해상으로 대략 160리 정도라
　 고 합니다. 예년 요나고를 출선해 이즈모로 가서 오키노쿠니로
　 도해해 죽도로 건너갑니다. 요나고에서 바로 죽도로 건너갈 수는
　 없습니다.

1. 무라카와 이치베에, 오오야 큐우에몬이 당지(톳토리)에 와서 알
　 현할 때 죽도전복을 헌상합니다.

1. 죽도에서 전복을 잡는 세금은 없습니다. 호우키의 영주가 헌상
　 하는 전복도 위의 두 상인이 직접 준비하여 바치는 것입니다.

1. 죽도에서 강치를 잡아 그곳에서 기름을 짜서 돌아와 장사를 합
　 니다.

1. 죽도는 떨어진 섬으로 사람은 살고 있지 않습니다. 원래 호우키
　 의 영주가 지배하는 곳도 아닙니다.

註 9、阿部豊後守

阿部豊後守正武のこと。慶安二年(一六四九)の生れ、武蔵の忍藩主
である。延宝八年(一六八〇)寺社奉行となる。翌天和元年(一六八一)
抜擢を受け老中に就任。徳川綱吉の厚い信任を受け、宝永元年(一七
〇一)の死去に至るまで二三年間、老中の職を勤めた。阿部豊後守の

屋敷は、江戸城西の丸の東、坂下門外にあった。今の千代田区皇居外
苑である。幕閣要職にあるから、登城に便利なような位置にあった。

아베 분고노카미

아베 분고노카미 마사타케를 말한다. 케이안 2(1649)년에 태어난,
무사시 오시 번주이다. 엔안 8(1680)년에 사사봉행이 된다. 다음 텐나
원(1681)년에 발탁되어 노중에 취임, 토쿠가와 쓰나요시의 두터운 신
임을 받아, 호우에이 원(1701)년에 사망할 때까지 23년간 노중직에 재
직했다. 아베 분고노카미의 저택은 에도성 니시노마루의 동쪽, 사카
시타몬가이에 있었다. 지금의 치요타쿠 황거의 외원이다. 막각의 요
직에 있으므로 등성에 편리한 위치에 있었다.

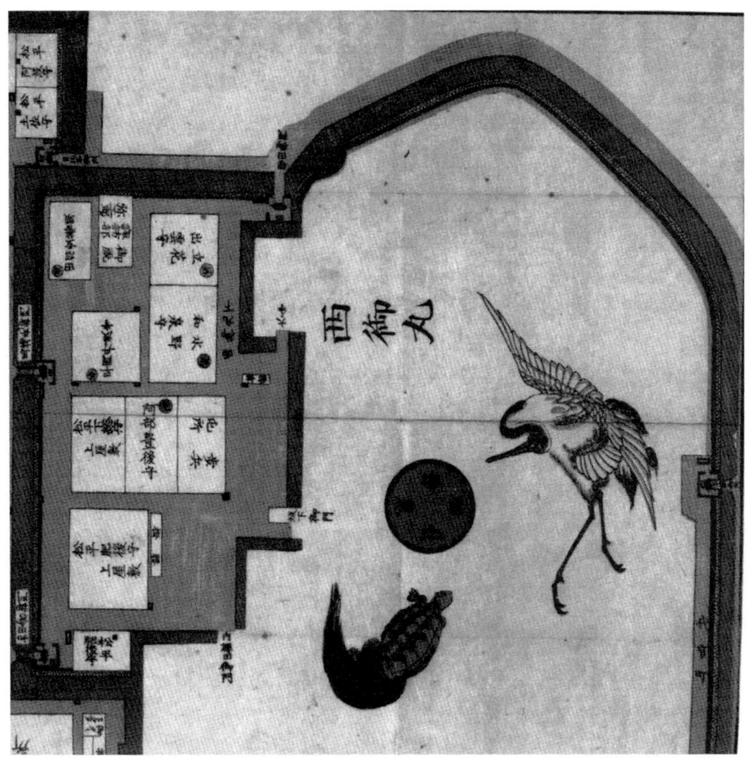

[図、阿部豊後守의 저택]

註 10、平田直右衛門

　平田直右衛門真賢のこと、対馬府中藩の老職にあった人物。貞享二年(一六八五)主命により、陶山庄右衛門、加納幸之助の両儒と共に「宗氏家譜」を編集している。この竹嶋一件勃発の時、若年ながら国元年寄を勤めていた。その後、江戸年寄を勤める。元禄八年から九年、宗義真の意向を受け幕閣と接触、竹嶋一件の方針を決定した。有能で対馬府中藩外交の切り札的存在である。元禄九年四月には帰国、再び国元年寄を勤めた。その後また再び江戸年寄を勤めた。その仕事ぶりから、終始、幕閣の信頼は篤かった。享保七年(一七二二)中風(脳卒中)となり死亡した。

히라타 나오에몬

　히라타 나오에몬 사네카타를 말한다. 쓰시마 후츄우번의 노직이었던 인물. 죠우쿄우 2(1685)년에 주군의 명으로 스야마 쇼우에몬, 카노우 코우노스케 두 유학자와 같이 「소우씨가보」를 편집했다. 죽도일건이 발발했을 때 젊은 나이에 쿠니모토의 토시요리를 지냈다. 그 후에에도 토시요리로 근무했다. 겐로쿠 8년부터 9년까지 소우 요시자네의 뜻을 받들어 막각과 접촉하여 죽도일건의 방침을 결정했다. 유능한 쓰시마 후츄우번의 외교관으로 독보적인 존재였다. 겐로쿠 9년 4월에 귀국하여 다시 쿠니모토의 토시요리가 되었다. 그 후에 또 에도 토시요리를 지낸다. 그의 일하는 태도가 막각의 깊은 신뢰를 얻고 있었다. 쿄우호우 7(1722)년에 중풍(뇌졸증)으로 사거했다.

註 11、私

　宗対馬守義倫のこと。元禄六年四月、始めてのお国入りがあり、この竹嶋一件勃発の頃、すなわち元禄六年の五月、六月の頃は対馬に居た。

나

　쓰시마노카미 요시쓰구를 말한다. 겐로쿠 6년 4월에 처음으로 쓰시마에 들어왔다. 죽도일건이 발발했을 무렵, 즉 겐로쿠 6년 5, 6월에 쓰시마에 있었다.

註 12、御奉書

　土屋相模守から宗対馬守に宛てたものは、書状の形式を取った奉書であり、阿部正武から宗対馬守に宛てたものは、そのまま老中奉書である。前者では書止文言が恐惶謹言であるのに対し、後者では恐々謹言である。また宛所は前者が様で表記されているのに、後者は殿で表記されている。また前者には脇付の「御報」があるのに対し、後者では脇付を省略した打付書きである。それゆえ前者は幕府の命令ではあるが、老中の土屋相模守からの助言、勧告と言う形を取っている。これに対し、後者は幕府の正式な命令を老中の阿部豊後守が伝えるという形式である。では前者が緩やかで後者が厳しい達しであるかと言うと、実はそうではない。宗対馬守(実際は隠居の刑部大輔)と阿部豊後守との間は、普段から親しい付き合いがあり、内々の伝達ルート(内証)が築かれていた。それゆえ非公式の打ち合わせが可能であり、その上で「お達し」が下される。そのような事情にあるので、内々に豊後守に伺いを立て、その指図を受けるようにと、江戸藩邸の田島十郎兵衛から国元への言づてがあったのである。

어봉서

　쓰치야 사가미노카미가 소우 쓰시마노카미에게 보낸 것은 서장의 형식을 취한 봉서이고, 아베 마사타케가 소우 쓰시마노카미에게 보낸 것은 노중봉서였다. 전자에는 서지문언이 공황근언인 것에 대해, 후자는 공공근언이다. 또 받는 자의 칭호를 전자는 사마(様)으로 한 것에 비해 후자는 토노(殿)로 표기했다. 또 전자는 와키즈케(脇付: 상대에 대한 경칭)의 「어보」가 있는 것에 비해 후자는 「脇付」를 생략한 우치쓰케가키(打付書)이다. 그렇기 때문에 전자는 막부의 명령이지만 노중 쓰치야 사가미노카미의 조언, 권고를 말하는 형식을 취하고 있다. 이에 대해 후자는 막부의 정식 명령을 노중 아베 분고노카미가 전한다는 형식이다. 그러면 전자가 부드럽고 후자가 엄한 전달인가 하면, 실은 그렇지 않다. 소우 쓰시마노카미(실제로는 은거한 교우부 다이유우)와 아베 분고노카미 사이에는, 보통 때부터 친한 교제가 있어, 내밀한 전달 루트(내증)가 구축되어 있었다. 그렇기 때문에 비공식의 협의가 가능하고, 그 위에 「전달」이 내린다. 그러한 사정이 있기 때문에, 은밀하게 분고노카미에게 물어서, 그 지시를 받도록 하라고, 에도 번저의 타지마 쥬우로우베에가 국원에 전하고 있는 것이다.

　註 13、在館

　朝鮮の釜山にあった草梁和館(倭館ともいう)に在住という意味。この草梁和館は、竹嶋一件の最前線で、ここに在住する和館役人(館守

や裁判)と朝鮮の役人(東莱府使、釜山僉使、そして訓導や別差)との
間で、様々な折衝が繰り広げられた。

　재관

　조선의 부산에 있었던 초량화관(왜관이라고도 한다)에 재주한다는
의미. 이 초량화관은 죽도일건의 최전선으로 이곳에 재주하는 화관역
인(관수나 재판)과 조선의 역인(동래부사, 부산첨사, 그리고 훈도나
별차) 사이에 여러가지 절충이 되풀이되었다.

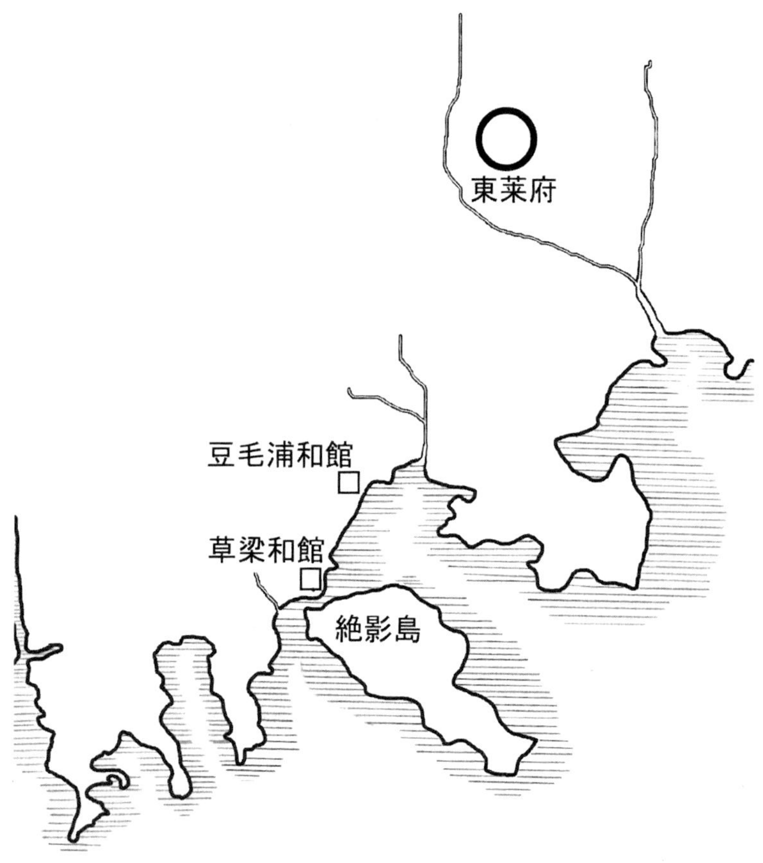

[図、和館의 위치도]

[図、和館의 상세도]

註 14、ブルンセミ

　ブルンセミのセミとは、島の意のセムから来ている。ブルンとは、おそらく武陵の事、すなわちブルンセミとは武陵嶋の音読みであろう。

부룬세미

　부룬세미의 세미는 도를 의미하는 섬에서 온 말이다. 부룬은 아마도 무릉을 의미할 것이다. 즉 부룬세미는 무릉도의 음독일 것이다.

註 15、磯竹嶋

　寛文七年(一六六七)の『隠州視聴合紀』は「竹島有り、俗に磯竹島と言う」とある。竹嶋とは磯竹嶋の事である。

이소타케시마

　칸분 7(1667)년의 『인슈우시쵸우고우키』는 「죽도가 있다. 세상에서는 이소타케시마라 한다」라고 있다. 타케시마란 이소타케시마를 말한다.

註 16、杉村采女からの疑問の1

　朝鮮では竹嶋のことをブルンセミ(武陵嶋)と言うようだがと、まず前提の話をする。その上で、欝陵嶋と言う嶋があると言うが、これをブルンセミ(武陵嶋)と言うのではないか。そして日本では欝陵嶋のことを磯竹嶋というが、磯竹嶋とは竹嶋のことであるから、結局、竹嶋も磯竹嶋もブルンセミ(武陵嶋)も欝陵嶋も、皆、同じ島ではない

のかと、そのような疑問を投げ掛ける。多数の島の名が知られてい
るが、それが同一かどうか、まだ不分明である。どうもそうでは無
いかと、その程度の認識でしかない。だから杉村采女は、そのよう
な情報はどこから、誰が語っていたものかと、その朝鮮における情
報源を尋ねたのである。この元禄六年六月の段階で、この海域に一
番詳しい対馬でさえ、この程度の島の知識であった。

스기무라 우네메가 말한 의문 1

　조선에서는 죽도를 부룬세미(무릉도)라고 말하는 것 같은데라고,
먼저 전제했다. 그리고는 울릉도라는 섬이 있다고 하는데, 그것을 부
룬세미(무릉도)라고 말하는 것 아닌가. 그리고 일본에서는 울릉도를
이소타케시마라고 말하는데, 이소타케시마가 타케시마이므로, 결국
타케시마도 이소타케시마도 부룬세미(무릉도)도 울릉도도 모두 같은
섬이 아닌가라고, 그러한 의문을 던졌다. 다수의 도명이 알려져 있는
데, 그것이 동일한 것인지 어쩐지 아직 불분명하다. 아무래도 그렇지
않은가, 그런 정도의 인식밖에 없었다. 그러므로 스기무라 우네메는
그러한 정보는 어디에서, 누가 이야기한 것인가라고, 조선에 있는 정
보원이 누구인가를 물은 것이다. 겐로쿠 6년 6월의 단계에는, 이 해역
에 대해 제일 밝다는 쓰시마조차도 이 정도의 지식이었다.

　註 17、杉村采女からの疑問の 2

　去々年(元禄四年)から朝鮮人が島に渡り出したというが、実際にそ
うなのか、采女はそのような疑問を呈している。突然、集団で島に
渡って来る筈はなく、その前段階に、少数の者だけでも渡っていた

時期がある筈である。采女の疑問は、実にまっとうである。そして
集団で島に渡って来るとは、かなりの大型船舶を必要とする。それ
は零細漁民のなしうる業ではない。それゆえ朝鮮の公儀が関わって
いるのではないかと、そのような疑問をも呈したのである。この疑
問も、すこぶるまっとうである。事業として行っているのであれ
ば、毎年継続して行う筈で、つまり今年も、そのように行ったので
はないかと、敢えて尋ねているのである。

스기무라 우네메가 말한 의문 2

재작년(겐로쿠 4년)부터 조선인이 섬에 건너오기 시작했다 하나, 실
제로 그러한가, 우네메는 그러한 의문을 제기했다. 돌연 집단으로 섬
에 건너올 리는 없어, 그 전단계에 소수의 사람들이라도 건너온 시기
가 있었기 마련이다. 우네메의 의문은 참으로 당연하다. 그리고 집단
으로 도도하여 온다는 것은 상당한 대형선박을 필요로 한다. 그것은
영세어민이 할 수 있는 일이 아니다. 그렇기 때문에 조선의 조정이 관
계한 것은 아닐까라고, 그러한 의문을 가진 것이다. 그 의문도 아주 당
연하다. 사업으로 행하고 있는 것이라면, 매년 계속해서 행할 것이므
로, 금년에도 그렇게 행한 것은 아닌가라고 일부러 묻는 것이다.

註 18、杉村采女からの疑問の 3

日本からの渡海も、そのような事業であると采女は見ている。鳥
取藩の後押しを受け、船団を組んでの渡海事業である。その事業の
広がりを、ここで采女は尋ねる。いずれの国の者どもが、これに関
わっているのかと。この段階で杉村采女は、すでに日本と朝鮮、互

いの国の関わりの深さを思っていた。互いの国が、この渡海事業に
掛ける、その背景の広がりを見据えていた。

스기무라 우네메가 말한 의문 3

일본인의 도해도 그러한 사업이라고 우네메는 보고 있다. 톳토리
한의 후원을 받아서 선단을 조직한 도해사업이다. 그 사업의 확장을
우네메가 물은 것이다. 어느 나라의 사람들이 이것에 관계하고 있는
것인가라고 물었다. 이 단계에서 스기무라 우네메는 이미 일본과 조
선, 상호의 나라가 관계한 깊이를 생각하고 있었다. 상호의 나라가 이
도해사업에 거는, 그 배경의 정도를 눈여겨보고 있었다.

註 19、杉村采女からの疑問の4

竹嶋について客観的な情報、その地理的な正確な情報が知りた
いと、ここで尋ねている。島の争論となれば、その客観的な情報
は、必ず把握しておかなければならないものである。交渉当事者
が、それを知らなくては話にならない。交渉を行う立場の対馬か
ら、その島は、どの方角にあり、どの程度の距離であるのか、そこ
に間違いがあってはならない。それゆえ再度、詳しく尋ねたのであ
る。交渉前の覚悟の程が窺える。

스기무라 우네메가 말한 의문 4

죽도에 대한 객관적인 정보, 그 지리적인 정확한 정보를 알고 싶다
고 묻고 있는 것이다. 섬의 논쟁이 되면, 그 객관적인 정보는 반드시
파악해두지 않으면 안 된다. 교섭의 당사자가 그것을 알지 못하면 이

야기가 되지 않는다. 교섭을 행하는 입장의 쓰시마가 그 섬은 어느 방각에 있고, 어느 정도의 거리인가, 그것에 잘못이 있어서는 안 된다. 그렇기 때문에 다시 자세하게 물은 것이다. 교섭 전의 각오가 엿보인다.

註 20、杉村采女からの疑問の 5

島についての情報を、できるだけ掻き集めようと、さらに聞き及んだ事を、書き送ってもらいたいと依頼している。確かな話でなくてもかまわない、下々の話であってもかまわない、それを詳しく、しかも書付にして送ってくれと言っている。この事は、島についての情報が当時、全く乏しかったからである。この海域については、当時、誰もよくわかってはいなかった。

스기무라 우네메가 말한 의문 5

섬에 대한 정보를 될 수 있는 대로 모으려고, 새로 들은 일을 기록해서 보내달라고 의뢰하고 있다. 분명한 이야기가 아니라도 상관없다, 하층민의 이야기라도 좋다, 그것을 자세하게, 그것도 서부로 해서 보내달라고 말하고 있다. 이것은 당시 섬에 대한 정보가 아주 빈약했기 때문이다. 이 해역에 대해서는 당시 누구도 잘 알지 못했다.

註 21、商売の船

島に渡った朝鮮人たちは、確かに生活費かせぎのため、船に乗り島に渡って行った。だがその船自体は商売のため、釜山浦から三艘が出て行ったという。捕らえられた朝鮮人二人の口上書からは、

三艘の一つは慶尚道の蔚山から、一つは全羅道の順天から、今一つ
は加徳島から来たと言っていた。ならば、これらの港から出船し、
釜山浦の周辺を経由し、やがて東海岸を辿り、欝陵島へ渡って行っ
たという商売船を想定しなければならない。それは海産物の採取、
加工、保管、流通に関わる商売船という事である。そのような事業
を行う組織があり、そのネットワークの上で、かれら船乗りたち、
漁民たちは動いていた。それが現実の姿である。

상매선

섬에 건넌 조선인들은 분명히 생활비 벌이를 위해 배를 타고 건넜
다. 그러나 그 배 자체는 상매를 위해 부산포에서 3척이 나갔다 한다.
붙잡힌 조선인 두 사람의 구상서는, 3척의 하나는 경상도의 울산에
서, 하나는 전라도에서, 또 하나는 가덕도에서 왔다 한다. 그렇다면
이런 항구에서 출선하여 부산포 주변을 경유한 다음에, 동해안을 따
라 울릉도로 건너갔다고 하는 상매선을 상상하지 않으면 안 된다. 그
것은 해산물의 채취, 가공, 보관, 유통에 관계하는 상매선이라는 것이
된다. 그러한 사업을 하는 조직이 있어, 그 조직망 속에서, 그 뱃사람
들이나 어민들이 움직이고 있었다. 그것이 현실의 상황이다.

註 22、ハンビチャグ

草梁和館に在留する通詞の中山加兵衛が、懇志にする朝鮮人であ
る。釜山に住み、海路の事情に精通した人物のようである。このハ
ンビチャクとは、さて、どのような人物であろうか。捕らえられ鳥
取に連れて来られた朝鮮人二人(安用卜と朴於屯)は、自分たちをアン

ビチャンとトラエと称していた。鳥取藩「控帖」ではアンビンシュンとトラへであり『竹島考』ではアンピンシャとトラへであり『竹島渡来抜書控』ではアヒチャンとトラエイである。岡嶋正義の『因府歴年大雑集』の解説は「此の書付には唐人通詞の姓名をアンヘンチウと載す。他にはアンヒンシヤ、或いはアンヒシヤンと記す。想うに、安は姓、ヘンチウは名なるべし。ヒンシヤとヒシヤンとは倶に裨将の韓音にして官名なるべきかと愚察せられ候也」と記す。すなわち安用卜は安裨将と称しており、共に行動していた朴於屯は、その帯卒(トラエイ)と言う事になる。とすれば、このハンビチャクとはハン(韓)という氏姓の人物、つまり韓裨将のことではなかったか。彼らは海路流通に関わる同グループの可能性が高い。

한비챠구

초량화관에 재류하는 통사 나카야마 카베에가 절친하게 지내는 조선인이다. 부산에 살며 해로의 정보에 정통한 인물 같다. 그런데 이 한비챠구는 어떤 인물일까. 붙집혀 톳토리로 끌려온 조선인 두 사람(안용복과 박어둔)은 자신들은 안비챤과 토라헤라고 칭했다. 톳토리번의 『히카에쵸우』에는 안빈슌과 토라헤이고, 『죽도고』에서는 안핀샤와 토라헤, 『죽도도해유래기발서공』에서는 아히챤과 토라에이였다. 오카지마 마사요시의 『인부역년대잡집』의 해설은 「이 서부에는 당인 통사의 성명을 안헨치우라고 기록한다. 그 외에는 안힌샤, 혹은 안히샨이라고 기록한다. 생각하건대 안은 성, 헨치우는 이름일 것이다. 힌샤와 히샨은 모두 비장의 한음으로, 관명일 것으로 생각된다」라고 기록했다. 즉 안용복은 안비장이라고 칭하고 있어, 같이 행동했던 박어둔은 그 대솔

(토라에이)이라고 말할 수 있다. 그렇다면 이 한비챠구란 한(韓)이라고
하는 씨성의 인물, 즉 한비장을 말하는 것이 아니었을까. 그들은 해로
유통에 관한 같은 그룹이었을 가능성이 크다.

註 23、ウルチントウ

　ウルチントウとはウルチン島のことである。蔚珍(ウルチン)の沖合
にある島で、つまり蔚珍嶋のことである。このウルチントウの北東
に、今一つ島があり、それをブルンセミというと中山加兵衛は答え
る。この両島の配置は、ダンヴィルの『高麗地図(一七三二)』に似てい
る。ダンヴィルの地図には蔚珍(ウルチン)の沖合に千山島(于山嶋の
転訛)すなわちチャンチャンタウ(Tchian-chan-tao)が記され、その北東
に羽陵島(欝陵嶋)すなわちファンリンタウ(Fan-ling-tao)が記されてい
る。中山加兵衛はウルチントウからブルンセミが見えるか見えない
かだという。これは後に安竜福が対馬で証言したことと類似する。
安竜福は蔚陵嶋の北東に于山嶋があるという。それは見えるから見
えないかという島だとする。ただ安竜福は蔚陵嶋をムルグセムと称
していた。ムルグセムとはブルンセミの語調強調を抑えた語である
から。結局、武陵嶋のことである。すると安竜福が想定する両島
は、中山加兵衛が語ったいたものと逆の配置になる。すなわち武陵
嶋の北東にウルチントウがあるとする。それはウルチャントウのこ
とで、つまり于山嶋(ウルサントウ)で、それが武陵嶋(欝陵嶋)の北東
方向にある事になる。安竜福は蔚陵嶋をムルグセム(ブルンセミ)と呼
び、その北東方向に于山嶋の存在を信じていた。

우루친토우

　우루친토우란 우루친도(島)를 말한다. 울진(우루친)의 먼바다에 있
는 섬으로, 즉 울진도라는 의미이다. 이 우루친토우의 북동에 하나의
섬이 있고, 그것을 부룬세미로 부른다고 나카야마 카베에가 답했다.
이 양도의 배치는 단뷔루의『고려지도(1732)』와 닮아 있다. 단뷔루의
지도에는 울진의 먼바다에 천산도(우산도의 전와), 즉 챤챤타우가 기
록되고, 그 북동에 우릉도, 즉 환린타우가 기록되어 있다. 나카야마
카베에는 우루친토우에서 부룬세미가 보이거나 보이지 않거나라고
말한다. 이것은 후에 안용복이 쓰시마에서 증언한 것과 비슷하다. 안
용복은 울릉도의 북동에 우산도가 있다고 했다. 그것은 보이거나 보
이지 않거나 하는 섬이라 한다. 안용복은 울릉도를 무루구세무라고
부르고 있었다. 무루구세무란 부룬세미의 어조강조를 억누른 말이므
로, 결국 무릉도를 말한다. 그렇다면 안용복이 상정하는 양도는 나카
야마 카베에가 이야기한 것과 거꾸로 위치한다. 즉 무릉도의 북동에
우루친토우가 있다고 한다. 그것은 우루친토우를 말하는 것으로, 즉
우산도(우루친토우)로, 그것이 무릉도(울릉도)의 북동에 있다는 것이
된다. 안용복은 울릉도를 무루구세무(부룬세미)로 부르고, 그 북동에
있는 우산도의 존재를 믿고 있었다.

　註: 24、かすかに見える島

　欝陵嶋から微かに見える島とは、今の観音島や竹島(竹嶼島)の事で
はない。欝陵嶋から微かに見える島とは、今で言うリアンクール岩
(竹島＝独島)以外に有り得ない。だがその島は欝陵嶋の北東に位置す
る島であるとする。元禄五年に島に渡っていた朝鮮人も、北にもう

一つ島があると、そのように語っていた。だが欝陵嶋の北あるいは北東に、そのような島は現実には無い。海を渡る民が、その方角を錯覚する筈は無い。では、この北東の島は何なのか。捕らえられた安竜福が後に対馬で供述する中、この北東にあると言う島について、少しばかり語っている。「この度参った島より北東に当たり、また大きな島が有るという。彼の島に逗留の間、二度ほど、その島影を見たという。その島は于山嶋と言うのだという」という箇所である。だがその島に安竜福らは渡っていない。だから定かな話ではない。安竜福が日本人に捕えられた場所は島の北海岸である。

희미하게 보이는 섬

울릉도에서 희미하게 보이는 섬이란 지금의 관음도나 죽도(죽서도)의 일이 아니다. 우릉도에서 희미하게 보이는 섬이란 지금 말하는 리안쿠우루암(죽도=독도) 이외에는 있을 수 없다. 그러나 그 섬은 울릉도의 북동에 위치하는 섬이라 한다. 겐로쿠 5년에 섬에 건너간 조선인도, 북에 또 하나의 섬이 있다라고, 그렇게 이야기했었다. 그러나 울릉도의 북, 혹은 북동에 그러한 섬은 실제로 없다. 바다를 건너는 인민이 그 방향을 착각할 리가 없다. 그러면 이 북동의 섬이란 무엇인가. 붙잡힌 안용복이 후에 쓰시마에서 공술하는 도중에 북동에 있다고 하는 섬에 대해 조금 이야기했다. 「이번에 간 섬의 북동쪽에 또 큰 섬이 있다고 한다. 그 섬에 두류하는 사이에 두 번 정도 그 섬을 보았다 한다. 그 섬은 우산도라고 말한다 한다」라는 곳이다. 그러나 그 섬에 안용복 등은 건너가지 않았다. 그러므로 분명한 이야기가 아니다. 안용복이 일본인에게 붙잡힌 곳은 섬의 북해안이다.

そこに小屋掛けをして、日々の漁労活動を行っていた。そこから北や北東の海は毎日望み見る事ができる場所である。しかし南東にある今の竹島＝独島が見える筈は無い。北あるいは北東に、また一つ大きな島があると信じていた彼は、遥かな彼方に見える雲か霞を、あるいは島と見誤ったかもしれない。この海域は暖流と寒流が混じり合う海域で、よく霧や霞が掛かってくる。地平線の彼方に雲があり、そこに島があると信じていれば、それは島にも見えてくる。毎日、眺め暮らしているうち、二度ほど、そのように見えたという事であろう。彼が蔚陵嶋の南側に移動し、そこで竹島＝独島を見ている可能性も、また否定はできない。彼が南東方向に島影を見たとしても、毎日済み暮らした北岸から北東方向に見たように、記憶の中で、あるいは修正が行われたかもしれない。だが一旦、小屋を構え、潜水漁を始めれば、そう遠くへは、その漁場を移動はしない。だから南側から見たとする可能性は少ない。また、たとえ見たとしても、北東方向に于山嶋があると信じている安竜福である。この南東方向の島は、名も無い未知の島、第三の島として記憶され、新たな島として発言する筈である。

그곳에 소옥을 짓고 날마다 어로활동을 하고 있었다. 그곳에서 북이나 북동의 바다는 매일 망견할 수 있는 장소이다. 그러나 남동에 있는 지금의 죽도=독도가 보일 리가 없다. 북 혹은 북동에 또 하나의 큰 섬이 있다고 믿고 있었던 그들은 멀고 먼 저쪽에 보이는 구름이나 안개를, 어쩌면 섬으로 착각했을지도 모른다. 이 해역에는 난류와 한류가 만나 섞이는 해역으로 안개나 아지랑이가 잘 낀다. 지평선 저쪽에

구름이 있고, 그곳에 섬이 있다고 믿고 있으면 그것은 섬으로도 보인다. 매일 바라보며 살고 있는 사이에 두 번 정도 그렇게 보였다고 말하는 것일 것이다. 그가 울릉도의 남측으로 이동하여 그곳에서 죽도=독도를 보았을 가능성도 역시 부정은 못한다. 그가 남동방향에 있는 섬을 보았다고 해도 매일 살았던 북안에서 북동 방향에 본 것처럼, 기억 속에, 어쩌면 수정이 이루어졌는지도 모른다. 그러나 일단 소옥을 준비하고 잠수어렵을 시작하면, 그렇게 멀리는, 그 어장을 이동하지 않는다. 그러므로 남측에서 보았다고 할 가능성은 적다. 또 가령 보았다 해도 북동 방향에 우산도가 있다고 믿고 있는 안용복이다. 이 남동 방향의 섬은 이름도 없는 미지의 섬, 제3의 섬으로 기억되어, 새로운 섬으로 해서 발언했기 마련이다.

註 25、ウルチントウの大きさ一日半廻り程

島の有様は、まさに欝陵島の事である。高山があり、島の中には田畑大木が有る。

우루친토우의 크기와 1일 반 돌 정도

섬의 상황은 그야말로 울릉도이다. 고산이 있고, 섬 가운데에는 논밭 거목이 있다.

註 26、エグハイ

エグハイあるいはヨグホイと言うことで、朝鮮半島の東海岸、江原道にある寧海のことである。西風に乗れば追風で欝陵嶋は直ぐであるが、まともに風を受け過ぎ、煽られ転覆の危険性がある。南風

に乗って出帆するというのは、横風を受け、風を流しながら進むことができ、穏やかな航海となる。安用卜の足跡を辿れば、東莱から釜山港、蔚山と辿り、その後、ブイカイ(おそらく興海)と言う所を経由し、寧海に至り、ここから欝陵嶋へ渡った。そのような海路を図示しておく。

에구하이

에구하이 혹은 요구호이라고도 하는 것으로, 조선반도의 동해안, 강원도에 있는 영해를 말한다. 서풍을 타면 미는 바람으로 울릉도는 금방이나, 너무 바로 받아 전복될 위험성이 있다. 남풍을 타고 출범한다는 것은 횡풍을 받아 바람을 흘리면서 앞으로 나갈 수가 있어 평온한 항해가 된다. 안용복의 족적을 더듬으면 동래에서 부산항, 울산을 거쳐서, 부이가이(아마도 흥해)라는 곳을 경유하여 영해에 이르러, 이곳에서 울릉도로 건너갔다. 그러한 해도를 도시해 둔다.

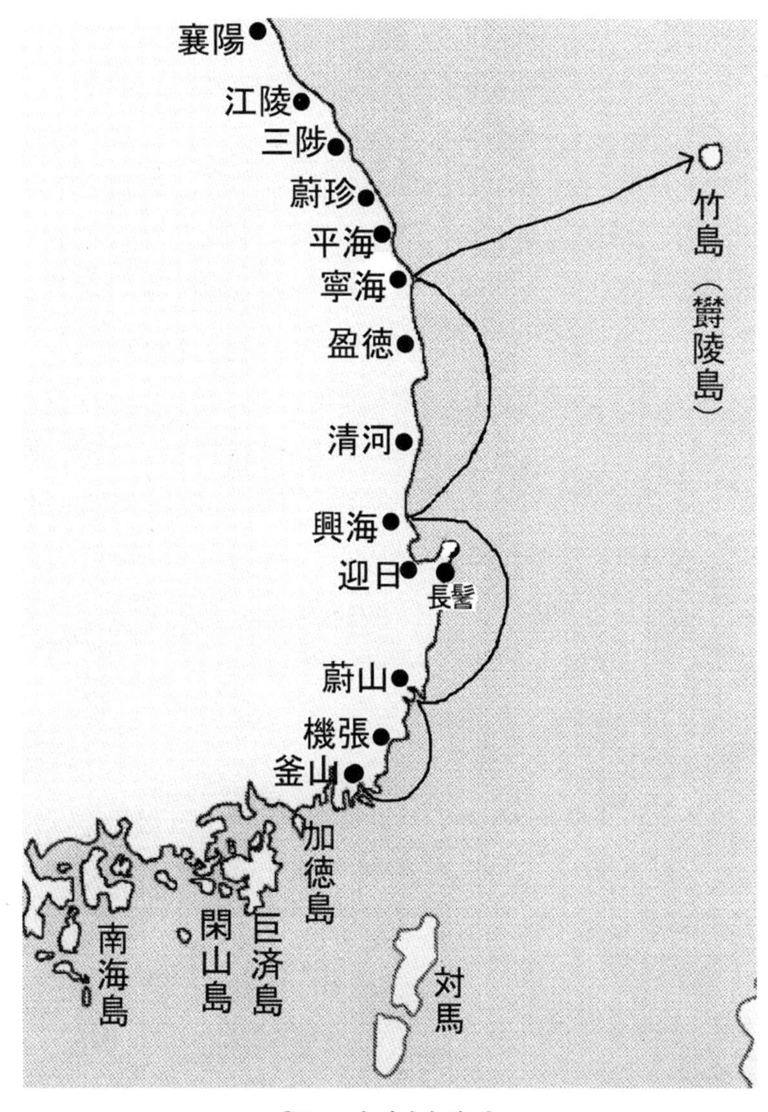

[図、조선 어민의 항로]

註 27、去々年(元祿四年)からの渡海

　船団を組んで大規模な体制で島に渡ったのが、去々年(元祿四年)か
らと言う事である。零細漁民たちが細々と渡っていたのは、もっと
以前からであろう。そのような彼らを、改めて雇い、去々年から船
に乗せた人物が居る。その船を保有し、適宜運用し、得た海産物を
流通網に乗せ、売りさばいていた組織がある。島で日本人と遭遇し
た漁民たちは、ただ自分たちの稼ぎのため、この大船に乗り込んだ
だけのことで、それを纏め上げた組織と、特別な関わりを持ってい
たわけではない。単なる漁民であった朴於屯が、帯卒(トラエイ)と紹
介されたのは、そのような一労働者としての立場にあったのが理由
である。だがこの渡海船団のリーダーと目される人物は、その背景
組織と少しばかり関わりを持っている。安用卜が安裨将(アンピシャ
ン)と自称したのは、そのような理由からである。

재작년(겐로쿠 4년)부터의 도해

　선단을 짜고 대규모의 체제로 섬에 건너간 것이 재작년(겐로쿠 4
년)부터라고 말하는 것이다. 영세어민들이 조금씩 건너간 것은 훨씬
이전부터였을 것이다. 그러한 그들을 본격적으로 고용하여 재작년부
터 배에 탄 사람이 있다. 그 배를 보유하고 적절히 운용하여 얻은 해
산물을 유통망에 올려 팔아 해치우는 조직이 있다. 섬에서 일본인과
조우한 어민들은 그저 자신들의 돈벌이를 위해, 이 대선에 탔을 뿐으
로, 그것을 관리하는 조직과 특별한 관계를 가졌던 것은 아니다. 단순
한 어부였던 박어둔이 대솔(토라에이)로 소개되는 것은, 그러한 한 노
동자로서의 입장이었던 것이 이유이다. 그러나 이 도해선단의 리더로

지목되는 인물은, 그 배후조직과 약간은 관계를 가지고 있다. 안용복이 안비장(안피샨)이라고 자칭한 것은 그러한 이유에서였다.

註 28、渡海船団

渡海船団を動かしていた組織は、朝鮮の公儀と直接的な関わりは無い。公儀の役人の命令によって、この渡海を行ったというわけのものではない。政治的すなわち行政的な管理のため、この島に渡ったわけではない。全く経済的な理由から、すなわち利を求め、この島に渡ったのである。船乗りたちも、船主たちも、そして商取引を行うものたちも、全てが利益を求め、この欝陵嶋への航海に関わっていた。

조정이 아는 일은 아니다.

도해선단을 움직이고 있었던 조직은 조선의 조정과 직접적인 관계가 없다. 조정 역인의 명령으로 이 도해를 행하고 있었던 것은 아니다. 정치적, 즉 행정적인 관리를 위해, 이 섬에 건넜던 것은 아니다. 오로지 경제적인 이유에서, 곧 이익을 찾아 이 섬에 건넌 것이다. 뱃사람들도 선주들도, 그리고 상거래를 하는 자들도 모두 이익을 찾아 울릉도의 도해에 관계하고 있었다.

○日六年六月竹嶋ゟ乃銀ゟ捕要相鑓
訴人迯反としてつ以使吉濟維墓ハ長濟
ゟゟ銚ツ墓乃而ニ 以信老ハハ高〇行濟

【大綱二段（元禄六年六月）】

(02-00)

○ 同六年六月竹嶋江罷越被捕置候朝鮮人弐人迎護として御使者嶋
雄菅右衛門長崎江被差越御奉行所江被仰遣候ハ当年竹嶋与

○ 元禄六年六月の事である。竹嶋へ渡り、そこで捕えられた朝鮮
人二人に対し、迎護の使者として嶋雄(しま(お)菅右衛門が[対馬
府中から]長崎へと派遣された。その長崎奉行所<註1>に於いて
[御奉行から嶋雄が]申し渡されことは、今年、竹嶋と

○ 겐로쿠 6년 6월의 일이다. 죽도에 건너, 그곳에서 붙잡힌 조선인
두 사람에 대해, 영호의 사자로 시마오 스가에몬이 [쓰시마후츄
우에서] 나가사키로 파견되었다. 그 나가사키 봉행소에서 [봉행
한테 시마오가] 들은 것은, 금년에 죽도라는

申所江朝鮮人四十人罷越漁いたし候を　松平伯耆守殿より被見届右之
内弐人被召捕　公儀江及御案内候付其元江被送遣候条各様より請取候
様ニ委細ハ各より可被仰渡之旨於江戸去ル五月十三日土屋相模守殿よ
り家来被召寄被仰渡候依之使者差越候間具ニ可被仰聞由被仰遣也

言う所へ朝鮮人四十人が罷り越した。そこで漁をしていた所、松平
伯耆守殿の御支配下にある者に見とがめられ、右の内、二人が召し
捕らえられた。この件は公儀へ御報告ということになり、其元すな
わち対馬藩を介し、朝鮮へ、この二人が送り返されることになっ
た。[護送して来る鳥取藩の]各役方から、この二人を請け取るように
と命じられた。委細は、その各役方から直接に話があろうと、その
ように御奉行からの仰せがあった。このような趣旨は、すでに江戸
に於いて、去る五月十三日[月番老中の]土屋相模守殿から[対馬藩江
戸屋敷の]家来方が召し寄せられ、申し渡されたことである。そのよ
うな公儀の御命令に依り[嶋雄菅右衛門]が使者として[この度、対馬
から長崎へと]差し遣わされた。そして、こうして[長崎奉行から、今
一度、確認のため、直々に]詳しい話があった。

곳에 조선인 40인이 건너왔다. 그곳에서 어렵을 하고 있는 곳에, 마쓰
타이라 호우키노카미 님의 지배 하에 있는 자가 발견하여, 그중 두
사람을 붙잡았다. 이 사건은 막부에 보고하는 일이 되어, 그곳 즉 쓰
시마를 매개로 하여 조선에 이 두 사람을 돌려보내는 일로 되었다.
[호송해 온 톳토리번의] 각 역할을 맡은 맡은 분들한테, 이 두 사람을
인수하라는 명을 받았다. 자세한 것은 그 담당자분들이 직접 이야기

할 것이라고, 그러한 봉행소의 지시가 있었다. 이러한 취지는 이미 에도에서, 지난 5월 13일에 [월번 노중] 쓰치야 사가미노카미님이 [쓰시마번 에도 저택의] 부하를 불러들여 지시한 일이다. 그러한 막부의 명령에 따라 [시마오 스가에몬]이 사자로 [이번에 쓰시마에서 나가사키로] 파견되었다. 그래서 이렇게 [나가사키 봉행한테 지금 다시 확인하기 위해 직접] 자세한 이야기를 했다.

(02-01)

• 右御使者江相附被差越候長崎御奉行所江之御状左ニ記之

一筆令啓上候竹嶋与申所江朝鮮人四十人程罷越致猟候付松平伯耆
守殿より右之内弐人被留置被遂案内候付其元江被送遣候間各より拙
子方江請取之彼国江可送返之旨御老中より被仰渡候依之差越使者候
条委曲口上申含候恐惶謹言

• 右の御使者[嶋雄菅右衛門]に附けて持参された[対馬からの]御状
　が、長崎御奉行所へ差し出された。その御状を左に記す。

一筆啓上致します。竹嶋と申す所へ、朝鮮人が四十人程罷り越
し、漁を致しておりました。それゆえ松平伯耆守殿の御家中の方に
て、右の[朝鮮人四十人の]内二人が留め置かれ、御公儀へ報告がござ
いました。その二人が其元様(長崎奉行所)へ送り遣わされることにな
りました。その後、各役方から私共の方へ[連絡があり]この二人を請
け取ることになりました。[すなわち]彼の朝鮮国へ送り返すよう、御
老中から御命令をいただきました。この御命令に従い[こうして対馬
から長崎へ]使者[として嶋雄菅右衛門]を遣わす事になりました。委
曲は[この使者の]口上に申し含め置きました。恐惶謹言

• 위의 사자[시마오 스가에몬]가 지참한 [쓰시마의] 서장이 나가사
　키 봉행소에 제출되었다. 그 서장을 아래에 기록한다.

일필 계상합니다. 죽도라는 곳에 조선인 40인 정도가 와서 어렵을
하고 있었습니다. 그래서 마쓰타이라 호우키노카미 님 쪽에서, 위의

[조선인 40인] 중 2인을 붙잡아 두고, 막부에 보고하였습니다. 그 2인이 그곳(나가사키 봉행소)으로 보내지게 되었습니다. 그 후에, 각 담당자분들이 우리들에게 [연락을 주어] 이 2인을 인수하게 되었습니다. [즉] 조선국에 돌려보내라는, 노중의 명령을 받았습니다. 그 명령에 따라 [이렇게] 쓰시마에서 나가사키에] 사자[로 시마오 스가에몬]을 보내게 되었습니다. 자세한 것은 [이 사자의] 구상에 포함시켰습니다. 삼가 말씀드립니다.

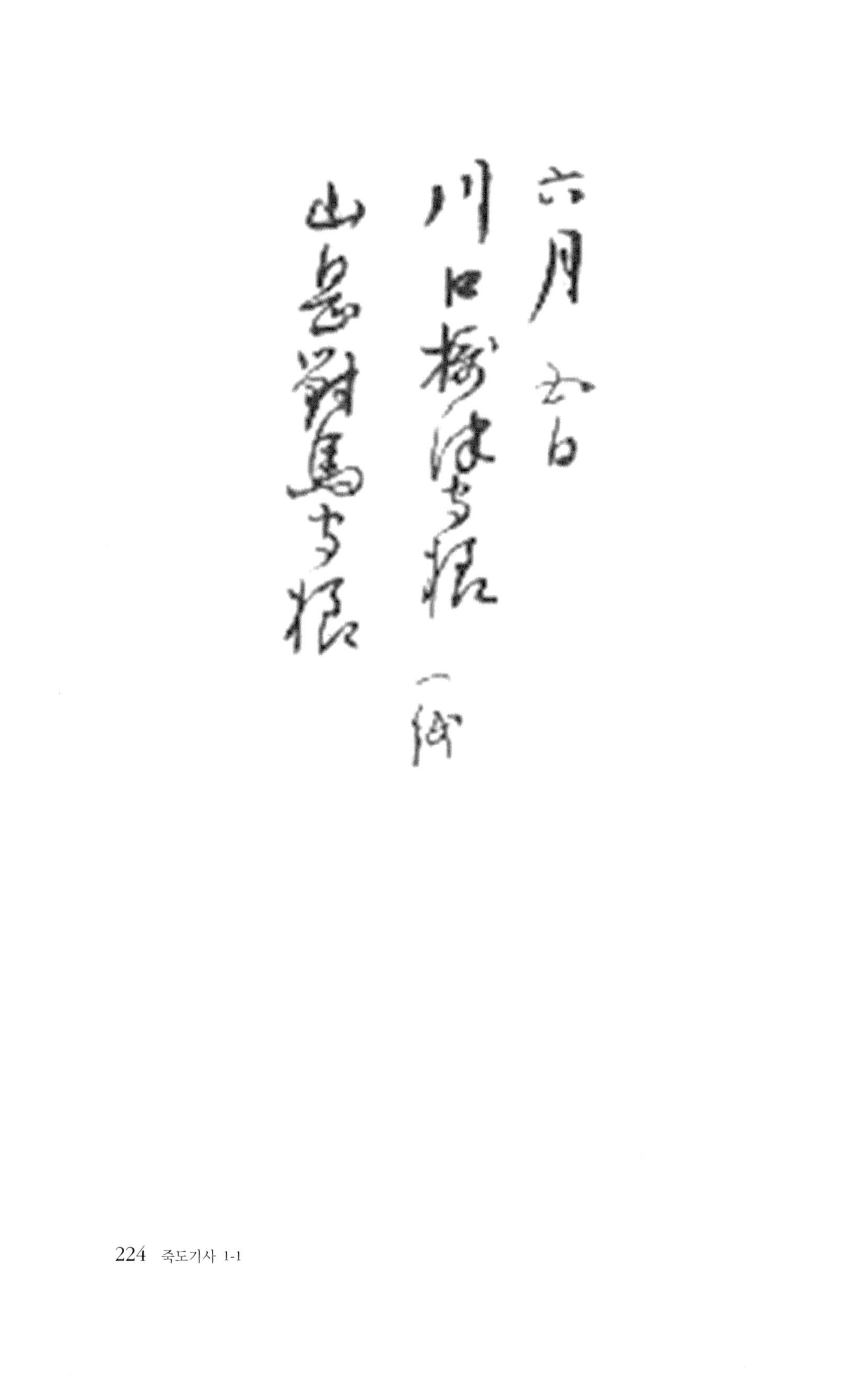

六月廿日

川口楳は雲州

山㠀𧶠𧶠根

一便

六月五日

川口摂津守様　　一紙

山岡対馬守様

六月五日

川口摂津守様　　御一紙(御両所様へ御一通の御状)<註 2>

山岡対馬守様<註 3>

6월 5일

가와구치 셋쓰노카미 님 어일지(두 곳의 분에게 보내는 한 통의 어장)

야마오카 쓰시마노카미 님

朝鮮人罷帰候ハ、為組〳〵

相附芳地へ

朝鮮人五月七日

海江長滞候ニ付、同晩差越

使者松平伯耆守書付根

平井基右衛門救九十人

相附帰朝鮮人駕籠ニ

(02-02)

- 朝鮮人警固之為組之者四人菅右衛門江相附差越之

(02-03)

- 朝鮮人弍人五月七日因幡発足六月晦日長崎江到着因幡より護送
  之御使者松平伯耆守様御家来山田兵右衛門平井甚右衛門惣人数
  九拾余人相附尤朝鮮人駕籠にて被相送候

(02-02)

- 朝鮮人を警固する為、組の者四人<註4>を、嶋雄菅右衛門に附け
  [対馬から長崎に]派遣した。

(02-03)

- 朝鮮人二人は、五月七日に因幡を発ち、六月晦日に長崎へ到着
  した。因幡からの護送の使者は、松平伯耆守様の御家来で山田
  兵右衛門と平井甚右衛門という方々である。一行に附けられた
  惣人数は、凡(おおよそ)九十余人<註5>であった。もっとも朝鮮
  人は駕籠にて[厳重に警備され]送られてきた。

- 조선인을 경호하기 위해 조직의 4인을 시마오 스가에몬에 딸려
  [쓰시마에서 나가사키에] 파견했다.
- 조선인 2인은 5월 7일에 이나바를 떠나 6월 그믐에 나가사키에
  도착했다. 이나바의 호송 사자는 마쓰타이라 호우키노카미 님의
  부하로 야마다 효우에몬과 히라이 진에몬이라는 분들이다. 일행
  에 딸린 총인수는 대개 90여 인이었다. 원래 조선인은 가마로
  [엄중히 경비되어] 보내져 왔다.

(02-04)

- 七月朔日御奉行川口摂津守様江此方御留守居浜田源兵衛通詞召連罷出候所両御奉行御同座ニ而朝鮮人被召出様子御尋被成則朝鮮人中分口上書相認差出候様ニ与被仰出則下書仕り入御覧候所因幡ニ而之口上書与相違無之様ニ与之御事ニ而少々文句御改被成請書いたし明日差上候様ニ与被仰渡

(02-04)

- 七月朔日、御奉行の川口摂津守様のところへ、こちら[対馬藩の長崎]御留守居役<註6>たる浜田源兵衛が、通詞を召し連れ参上した。[奉行所では、川口様のみならず山岡様までも出御があり]両御奉行が同座し、朝鮮人を召し出し尋問を成された。そして朝鮮人の申し述べる分を、口上書にしたため、それを差し出すようにと[源兵衛に]御命令があった。そこで[準備となる]下書きを記し、御覧に入れたところ、因幡にて聴取された口上書<註7>と[内容に相違なければ、その記載にも]相違の無いようにとの[ご注意があり、その上で]少々文言を御改めに成られた。そこで請書を致し、明日[清書した口上書を改めて]差し出すようにと申し渡された。

- 7월 초하루에 어봉행 카와구치 셋쓰노카미 님의 곳에, 우리 [쓰시마번의 나가사키] 루스이역인 하마다 겐베에가 통사를 거느리고 참상했다. [봉행소에서는 카와구치 님만이 아니라 야마오카 님까지도 나오시어] 어봉행이 동좌하여 조선인을 불러 심문하셨

다. 그리고 조선인이 진술하는 것을 구상서로 기록하여, 그것을 제출하도록 하라고 [겐베에에게] 명령하셨다. 그리고 [준비가 되는] 초벌 기록을 보시고는, 이나바에서 청취한 구상서와 [내용에 틀림이 없으면, 그 기재에도] 틀림이 없도록 하라는 [주의가 있어, 그 위에] 약간 문언을 고치셨다. 그곳에서 청서하여, 내일 [청서한 구상서를 다시] 제출하라는 지시를 받았다.

胡鮮人與周情……招書相連

於胡鮮人與人……濱田漢學

四……歲……師傅

胡鮮人已上書其道眞尤起……

胡鮮人即人申口

(02-05)

- 朝鮮人申分因幡ニ而之口書ニ相違無之候故朝鮮人弐人ハ浜田源
  兵衛江御預ケ被成候由被仰渡

(02-06)

- 朝鮮人口上書并道具左ニ記之

(02-05)

- 朝鮮人の申し述べる分は、因幡にての口上書と相違無いため、
  この朝鮮人二人を浜田源兵衛へ預けとすると、このように[この
  折、御奉行から]申し渡された。

(02-06)

- 朝鮮人の口上書ならびに道具[の書き上げ]を左に記す。

- 조선인이 진술하는 것은, 이나바에서의 구상서와 다름이 없기
  때문에 이 조선인 둘을 하마다 겐베에에게 맡기기로, 이렇게 [이
  때 봉행소에서] 지시받았다.
- 조선인의 구상서 및 도구[의 기록]을 아래에 기록한다.

一　胡鮮國慶尚道ニ南東寧ニ

　邪谷山佛ニ安ヨクさき蔚山ニ

　胡鑼人ニ人申ド

朝鮮人弐人申口

一　朝鮮国慶尚道之内東莱之郡釜山浦之安ヨクホキ蔚山之

朝鮮人二人の申す口上

一　[我々二人は]朝鮮国慶尚道の内、東莱(トンネ)郡、釜山(プ(サン)

　　浦の安ヨクホキ(安用卜)<註8>と、蔚山の

조선인 두 사람의 진술

1. [우리 두 사람은] 조선국 경상도 안의 동래군 부산포의 안요쿠호

　　키(안용복)과 울산의

朴トラヒ老ニ付以岸維舻後

舟山ニ付浙江竹灣ニ付不ㇾ蛇

和布棒、三月十一日、出帆仕候處

寧海ニ付不ㇾ多着仕所ヲ日ニ着候

辰ノ刻ニ出帆仕有ㇾ別竹灣ニ罷越

仕候蛇ヲ卿棒遍邑仕孫ト

不ㇾ日本人四月十七日ニ我ㇾ又五日

不ㇾ死分ヲ西杯入ㇾ卿ニ罷ㇾ

包ヲ枛ㇾ我ㇾ有人彼方ㇾ航ニ

朴トラヒ与申者ニ而御座候我々儀蔚山与申所より竹嶋与申所江鮑若
布挊ニ三月十一日ニ出帆仕同廿五日ニ寧海与申所江参着仕其所を同
廿七日辰之刻ニ出帆仕酉之刻竹嶋江参着仕右之鮑若布挊逗留仕居申
候所ニ日本人四月十七日ニ我々罷在候所ニ罷出則着物杯入置申候ひ
ら包をおさゑ我々両人彼方之船ニ

朴トラヒ(朴於屯)<註9>と申す者で御座います。我々は蔚山(ウルサン)と申す所
から、竹嶋と申す所へ向け、鮑や若布を[採取して]かせぎとするた
め、三月十一日に出帆いたしました。同二十五日に寧海と申す所に
参着し、その所を同二十七日の辰の刻(午前八時頃)に出帆し、酉の刻
(午後六時比頃)に竹嶋へ参着いたしました。そして右の鮑や若布かせぎ
の為に、この島に逗留して居りました。すると四月十七日に、日本
人が我々の逗留している所に[突然]現れ、着物など入れ置いていた平
包を押収し、我々二人を日本の船に

박토라히(박어둔)라는 자입니다. 우리들은 울산이라는 곳에서 죽도라
는 곳에 가서, 전복이나 미역을 [채취하여] 돈을 벌기 위해, 3월 11일
에 출범하였습니다. 동 25일에 영해라는 곳에 도착하여, 그곳을 동 27
일의 진시(오전 8시경)에 출범하여, 유시(오후 6시경)에 죽도에 도착
하였습니다. 그리고 위의 전복이나 미역을 따기 위해 이 섬에 두류하
고 있었습니다. 그러자 4월 17일에 일본인들이 우리들이 두류하고 있
는 곳에 [갑자기] 나타나 옷가지 등을 넣어둔 보따리를 압수하고, 우
리 둘을 일본 배에

乗せ即刻午之刻ニ出帆仕取鳥江五月朔日未刻罷着申候、常ニ竹嶋之
儀蚫若布大分御座候段承及申候ニ付船壱艘ニ十人乗組寧海与申所迄
罷越候処右拾人之内壱人ハ相煩申ニ付寧海江残置九人乗組右之竹嶋
江罷越申候、拾人之内九人ハ蔚山之者同壱人ハ釜山浦之者ニ而御座
候御事

乗せ、即座に、午の刻(午前十二時頃)出帆してしまいました。そして
五月朔日の未の刻(午後二時頃)に鳥取に到着いたしました。竹嶋には
蚫や若布が豊富にあると、常々聞き及んでおりましたので、船一艘
に十人が乗り組み[航海に出ました]寧海という所まで来たところで、
右の拾人の内一人が煩いを訴え出たので、その寧海へ残し置き、残
る九人が乗り組み、右の竹嶋へやって来ました。拾人の内九人は蔚
山の者で、一人は釜山浦の者で御座います<註１０>。

태워 곧바로 오시(오전 12시경)에 출범하였습니다. 그리고 5월 초하
루의 미시(오후 2시경)에 톳토리에 도착하였습니다. 죽도는 전복이
나 미역이 많이 있다고 항상 듣고 있었기 때문에, 배 1척에 10인이 타
고 [항해에 나서] 영해라는 곳까지 왔는데, 위의 10인 중 한 사람이
아프다고 말했기 때문에, 그 영해에 남겨두고, 나머지 9인이 타고 위
의 죽도에 갔습니다. 10인 중 9인은 울산 사람이고 한 사람은 부산포
사람입니다.

一、某船舶船長、三艘、内一艘ハ

今々慶道之船之並及中ニ

某日之艘之十五人某号中ニ　別人救七人

加徳と申前之者之並及中ニ　　那之級

リ船之振之　之誠以付波之者

後印列胡解之　　海以其何方

　　　　　前後之後之　　　　　　　　　

一　我々乗船類船共ニ三艘之内一艘ハ全羅道之船与承及申候、則人
　　数十七人乗同壱艘者十五人乗慶尚道之内加徳与申所之者与承及
　　申候、我々儀日本之様ニとらゑ被越候付彼者共儀即刻朝鮮江罷
　　帰候共何方ニ参候共前後之儀不奉存候御事

一　我々の渡船と同じ類の渡船が[他に]あり、共に合わせれば、三艘が
　　島に渡っていたのでございます。その内の一艘は全羅道の船と聞
　　き及んでおります。この船に乗る人数は十七人でございます。ま
　　た今一艘の船には十五人が乗り、彼らは慶尚道の内、加徳と申す
　　所の者たちと聞き及んでおります。我々二人が日本人に捕らえら
　　れ、海を越えて連れて行かれたことで、彼の者たちは[恐れを成し
　　て]即刻朝鮮へ罷り帰ったものか、また何方に向かったものか、そ
　　の前後の様子は[私ども二人には]分かりません。

1. 우리들이 타고 건넌 배와 같은 종류의 도선이 [따로 또] 있어, 모
　 두 합하면 3척이 섬에 건너갔습니다. 그중의 1척은 전라도의 배라
　 고 들었습니다. 이 배에 탄 인수는 17인입니다. 또 1척의 배에는
　 15인이 탔는데, 그들은 경상도 내의 가덕이라는 곳의 사람들이라
　 고 들었습니다. 우리들 두 사람이 일본인에게 붙잡혀, 바다를 건
　 너 끌려간 일로, 그들은 [무서움을 느끼고] 즉시 조선으로 돌아간
　 것인지, 아니면 다른 방향으로 간 것인지, 그 전후의 상황을 [우리
　 두 사람은] 알지 못합니다.

一　此度我々共蚫取ニ参候嶋之儀常ニ朝鮮国にてハムルグセム与申
　　候日本之内竹嶋与申所之由ハ此度承申候御事

一　このたび、私どもが蚫取りに渡った島のことですが、常々朝鮮国
　　ではムルグセム<註１１>と申しておりました。日本の内にある竹
　　嶋であると言うのは、このたび始めて知らされたことです。

1. 이번에 우리들이 전복을 잡으로 건너간 섬의 일입니다만, 보통
　 조선에서는 무루구세무라고 말하고 있습니다. 일본 안에 있는
　 섬이라고 말하는 것은 이번에 처음으로 알게 되었습니다.

一 今度京都之儀銘々内警固
　京都ニ付地売々々候而銘々布末候
　夜軽ホもと下々江清以壽細同情き
　書上々可遊候毋々候覆
　々事
一 我々并常々祝着を念々候
　々事

一　今度爰許迄罷越候内警固之衆より御馳走ニ而罷越候布木綿衣類
　　等も被下申請候委細因幡ニ而之口書ニ申上候通相違無之御座候
　　御事
一　我々共常ニ祝着を念し申候御事

一　今度この[長崎まで]連れられ参ったのですが[その旅の間]警固の衆
　　から御馳走になりました。布、木綿、衣類なども差し下され、そ
　　れを[嬉しく]申し請けました。ことの委細は、因幡にての口上書
　　に申し上げました通りで、その事に間違いはありません。
一　私ども[には罪は無く]祝着[の結果に至ること]を常に願っており
　　ます。

1. 이번에 이 [나가사키까지] 끌려 왔습니다만 [그 여행 기간] 경호
　　하는 자들한테 대접을 잘 받았습니다. 베, 목면, 의류 등을 내려
　　주시어 그것을 [기쁘게] 받았습니다. 일의 자세한 것은 이나바에
　　서의 구상서에 진술한 대로로, 그 일에 틀림이 없습니다.
1. 우리들[에게는 죄가 없고] 무사히 도착하는 [결과가 될 것을] 항
　　상 기원하고 있습니다.

朴トラヒ歳三十四安ヨリ大キ歳罕ニ

夛欹ん従而ニ周幡ニゟ歳四十三年

上ニ津ニ州蘆ル均免星又亏紫稷ヲ應ニ

宇ニ研竹通毛可了達龕莠絲

箪

右一座竹遇ニ年ん胡鮮人下上扁付

屶付芳名上トニ州上

一 朴トラヒ歳三拾四安ヨクホキ歳四拾ニ罷成候、然所ニ因幡ニ而
　歳四拾三与申上候由ニ御座候得共足又言葉聢与通シ不申候故聞
　違茂可有御座哉与奉存候御事
　　右之通竹嶋江参候朝鮮人申上候付書付差上申候以上

一 朴トラヒの歳は三十四歳、安ヨクホキの歳は四拾歳で御座います。然し因幡にて[の取り調べでは安ヨクホキの]歳は四拾三歳と申し上げておりました。これは言葉が、しっかりと通じていなかったからのことでございます。あるいは聞き違いのようなことも有ったかと思います。

　　右の通りに、竹嶋へ渡って来た朝鮮人の申す分を、書き付けました。ここに[口上書として]差し上げます。以上でございます。

1. 박토라히의 나이는 34세, 안요쿠호키의 나이는 40세입니다. 그러나 이나바에서의 [취조에서는 안요쿠호키]의 나이는 43세라고 진술했습니다. 이것은 언어가 잘 통하지 않았기 때문입니다. 또는 잘못 알아들은 일이 있었다고 생각합니다.

　위와 같이 죽도에 건너온 조선인이 말한 것을 기록하였습니다. 여기에 [구상서로 해서] 바칩니다. 이상과 같습니다.

元禄六年癸酉七月碧空

宗崇七応御本下

一大浦揚之三御下

一加勝友宗御下

宗對馬守内

濱田原三来下

247

元禄六年癸酉七月朔日　　　　　　　　宿主 末次七郎兵衛　　印

　　　　　　　　　　　　　　　　　　通詞 大浦格兵衛　　　印

　　　　　　　　　　　　　　　　　　　　加勢藤五郎　　　印

　　　　　　　　　　　　宗対馬守内

　　　　　　　　　　　　　　浜田源兵衛　　　　印

元禄六年癸酉七月朔日　　　　　　　　宿主 末次七郎兵衛　　印

　　　　　　　　　　　　　　　　　　通詞 大浦格兵衛　　　印

　　　　　　　　　　　　　　　　　　　　加勢藤五郎　　　印

　　　　　　　　　　宗対馬守内

　　　　　　　　　　　　浜田源兵衛　　　　印

겐로쿠 6년 계유 7월 초하루　　　　숙주 스에지 시치로우베에　인

　　　　　　　　　　　　　　　통사 오오우라 카쿠베에　　인

　　　　　　　　　　　　　　　　　카세 토우고로우　　　　인

　　　　　　　　소우 쓰시마노카미 내

　　　　　　　　　　　　하마다 겐베에　　　인

一　櫈　　一　風呂番　　一　陽か　　一　布帽子　　覺

空雨　　卦　　之　　七

覚

一　布帷子　　　　　七
一　湯かた　　　　　壱
一　風呂敷　　　　　弐
一　鏡　　　　　　　壱面

覚

一　布帷子　　　　　七
一　湯かた　　　　　壱
一　風呂敷　　　　　弐
一　鏡　　　　　　　壱面

각

1. 베장막　　　　　7
1. 홑옷　　　　　　1
1. 보자기　　　　　2
1. 거울　　　　　　1면

一　唐笠　　　　　　　　壹本
一　布　　　　　　　　　三ツ
一　煙管　　　　　　　　壹本
一　皮多葉粉入　　　　　一卦
一　帯帯
一　本綿布子
一　布
一　かや
右堀伯耆守殿預期鮮人

一　唐笠　　　　　　　　壱本

一　布手拭　　　　　　　三ツ

一　煙器　　　　　　　　弐本

一　皮多葉粉入　　　　　弐

一　布帯　　　　　　　　壱筋

一　木綿布子　　　　　　壱

一　布足袋　　　　　　　弐足

一　かや　　　　　　　　壱張

右之段伯耆守様朝鮮人ニ被下之候分

一　唐笠　　　　　　　　壱本

一　布手拭　　　　　　　三ツ

一　煙器　　　　　　　　弐本

一　皮多葉粉入　　　　　弐

一　布帯　　　　　　　　壱筋

一　木綿布子　　　　　　壱

一　布足袋　　　　　　　弐足

一　かや　　　　　　　　壱張

右の段は、伯耆守様から朝鮮人に差し下された分でございます<註12>。

1. 갓　　　　　　　　　2본

1. 손수건　　　　　　　셋

1. 담뱃대　　　　　　　2본

1. 담배쌈지　　　　　　2

1.	허리띠	1줄
1.	모자	1
1.	버선	2족
1.	띠방석	2장

위의 건은 호우키노카미 님이 조선인에게 내려주신 것입니다.

一 本綿裕 又

一 布帽子 따

一 말~금 ᄂ 卦

一 本綿昌上年 ᄒᆞ

一 本綿綿今斗 ᄒᆞ

一 步帶 卦編

一 本綿帶 卦編

一 笠立 卦

一 本綿呂㒇裳 ᄒᆞ온

一　木綿袷　　　　　　　五

一　布帷子　　　　　　　四

一　まんきん　　　　　　弐

一　木綿単物上斗　　　　壱

一　木綿綿入下斗　　　　壱

一　打帯　　　　　　　　弐筋

一　木綿帯　　　　　　　弐筋

一　笠　　　　　　　　　弐

一　木綿足袋　　　　　　壱足

1. 목면 겹옷　　　　　　5

1. 목면 홑옷　　　　　　4

1. 소화제　　　　　　　2

1. 목면 겉옷 상의만　　1

1. 목면 겉옷 하의만　　1

1. 실로 짠 허리띠　　　2줄

1. 목면 허리띠　　　　2줄

1. 갓　　　　　　　　2개

1. 목면버선　　　　　1족

一　さすが　　　　　　　　　ニ三本

一　虎のきをから擂　　　しと

一　舩手形　　　　　　　辰

一　木札　　　　　　　　製

右壺銅鉾人數溜ら分　何為立遇偉丸

ヤいゝ上

宗對馬守内
濱田源之丞

一　さすか　　　　　　　　壱本
一　虎のきはか之指　　　　壱
一　船手形　　　　　　　　三枚
一　木札　　　　　　　　　弐枚

右者朝鮮人持渡候分何茂無違請取申候以上

　　　　　　宗対馬守内

　　　　　　　　浜田源兵衛　印

一　さすか　　　　　　　　壱本
一　虎のきはか之指　　　　壱
一　船手形　　　　　　　　三枚
一　木札　　　　　　　　　弐枚

右は、朝鮮人が自ら持参した分でございます<註１３>。[差し下された分と、自ら持参した分とを、それぞれ]いずれも間違い無く、ここに[記載し]請け取りました。以上でございます。

　　　　　　宗対馬守内

　　　　　　　　浜田源兵衛　印

1.　호신용 단도　　　　　　1본
1.　虎のきはかの指　　　　1
1.　선박 통행증　　　　　　3매
1.　목찰　　　　　　　　　2매

위는 조선인이 스스로 스스로 지참한 것입니다. [내려준 것과 자기가 지참한 것을 제각각] 모두 틀림없이, 이곳에 [기재하여] 받았습니다. 이상과 같습니다.

소우 쓰시마노카미 내

하마다 겐베에　　　　(인)

宇宙間無主人，君子義下無兄弟

表兄弟上에 建源無兄方正誠

(02-07)

此書付源兵衛壱人之名ニ而差上申候是も江戸表江被差上候由源兵
衛方より申越

(02-07)

此の[お請けの]書付は、源兵衛一人の名にて差し上げた。足と同じ
ものを江戸表の[対馬藩邸]へ差し上げた。その事を源兵衛の方から
[対馬の府中へ]申し送ってきた。

이 [받았다는] 서부는 겐베에 한 사람의 이름으로 올렸다. 이것과
같은 것을 에도의 [쓰시마 번저]에 올렸다. 그 일을 겐베에 쪽에서
[쓰시마후츄우에] 알려왔다.

≪解説≫

註1、長崎奉行所

長崎奉行所は、寛文から天和の頃、長崎博多町(現、万才町)の長崎奉行所と外浦町の長崎奉行所西役所(現在は長崎県庁がある)の二ヵ所体制であった。しかし、この二箇所は場所が近いという事で、博多町の長崎奉行所は火災後の延宝元年(一六七三)東方の立山(現在は長崎歴史博物館がある)に移った。これが長崎奉行所立山役所(東役所)で、元禄の頃は、この東役所と西役所の、東西二ヵ所体制で、その機能を果たしていた。在崎奉行の先任奉行が東役所に移り、在崎奉行の新任奉行が西役所に入る慣わしであった。そして朝鮮人二人の取り調べは、この先任・新任、二人の奉行の立合の下に行われた。おそらく新任奉行が先任奉行の役所に出向いたろうから、その取り調べがあったのは東役所すなわち立山御役所である。一般には西役所で貿易に関する業務が執り行われ、東役所ではそれ以外の業務が執り行われていたから、安竜福ら二人の取り調べは、この東役所であったことが、その業務面からも裏付けられる。

나가사키 봉행소

나가사키 봉행소는 칸분에서 텐나 무렵까지 나가사키 하카타쵸우(현 만자이마치)의 나가사키 봉행소와 소토우라마치의 나가사키 봉행소 서역소(현재는 나가사키켄쵸우가 있다)의 2개소 체제였다. 그러나 이 2개소는 장소가 가깝기 때문에, 하카타쵸우의 봉행소는 화재가 있은 후 엔호우 원(1673)년에 동방의 타테야마(현재는 나가사키 역사박물관이 있다)로 옮겼다. 이것이 나가사키 봉행소 타테야마 역소(동역소)로, 겐로쿠 기에는 이 동역소와 서역소의 동서 2개소 체제로 그 기능을 수행했다. 재나가사키 봉행의 선임봉행이 동역소로 옮기고, 재나가사키 봉행의 신임봉행이 서역소로 들어가는 것이 관례였다. 그리고 두 조선인의 취조는 이 선임·신임 두 봉행의 입회 하에 이루어졌다. 아마도 신임봉행이 선임봉행의 역소로 찾아갔을 것이므로, 그 취조가 있었던 것은 동역소, 즉 타테야마 역소였을 것이다. 일반적으로는 서역소에서 무역에 관한 업무가 집행되고, 동역소에서는 그 이외의 업무가 집행되었으므로, 안용복 등 두 사람의 취조는 동역소에서 이루어졌다는 것을 그 업무면으로도 알 수 있다.

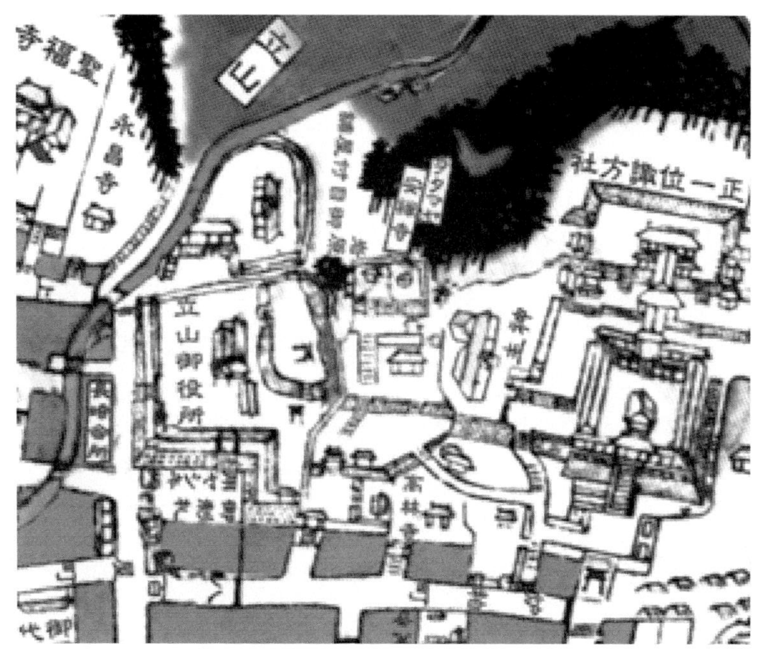

［図、長崎奉行所（立山御役所）］

註2、川口摂津守

川口摂津守宗恒、江戸の旗本、長崎奉行在任は延宝八年(一六八〇)〜元禄六年(一六九三)、この後、江戸北町奉行を勤めた。

카와구치 셋쓰노카미

카와구치 셋쓰노카미 무네쓰네는 에도의 하타모토, 나가사키 봉행소 재임은 엔호우 8(1680)년, 이후에는 에도 키타쵸우 봉행으로 근무했다.

註3、山岡対馬守

山岡対馬守景助、長崎奉行在任は貞享四年(一六八七)〜元禄七年(一六九四)

야마오카 쓰시마노카미

야마오카 쓰시마노카미 카게스케로, 나가사키 봉행 재임은 죠우쿄우 4(1687)년부터 겐로쿠 7(1694)년이다.

註4、迎護使者

対馬藩の国元から長崎に向け、嶋雄管右衛門が、迎護の使者として派遣された。嶋雄には、四人の従者が附けられていた。御鉄砲役の伝兵衛、御筒持役の加左衛門、御簾役の勘兵衛、そして御馬屋の伊兵衛である。このうち伝兵衛は朝鮮人二人の賄役も兼ねていて、他のそれぞれにも諸事役が命じられていた(対馬藩記録『国元表札方毎日記』六月五日条)

영호사자

쓰시마번의 국원에서 나가사키로 시마오 스가에몬이 영호의 사자로 파견되었다. 시마오에게는 4인의 종자가 딸려 있다. 철포역의 덴베에, 통을 드는 역의 카자에몬, 깃발을 드는 칸베에, 그리고 미마야의 이베에이다. 이 중에 덴베에는 두 조선인의 경비역도 겸하고 있어, 다른 자들에게도 여러가지 역할이 명령되었을 것이다(쓰시마한 기록 『国元表札方毎日記』6월 5일조).

註5、凡十四人

六月七日、いよいよ長崎へ向け出発する。朝鮮人一行を警固する責任者は、山田平左衛門と平井甚右衛門の二人である。それに御徒方が五人、暑さの時期、病人が出ても対応できるよう医師の竹間玄碩を同道させた。朝鮮人のための料理人を一人、また朝鮮人一人に付き足軽四人を同道させた(『御用人日記』元禄六年六月十日条)。また『因府年表』にも「今日陸路肥前国長崎へ発程す。外に御医師竹間玄碩、御徒五人、軽率、御小人若干、並に脚力、料理人をも附属せらる(元禄六年六月七日条)」とある。総勢十余人の一行で、多くても二十人に足りない一行が、辰の下刻(午前九時頃)に鳥取を出発した。『竹島紀事』の両写本は一行の総数を九十余人としている。朴炳渉氏は、この「九」の文字を「凡」の誤写として「おおよそ十四人」と解釈された(朴炳渉『安竜福事件と鳥取藩』北東アジア文化研究、第二十九号、二〇〇九)。妥当な解釈である。朴炳渉氏の御教示に従い、この九を凡の誤写として、凡(おおよそ)十四人と修正を行っておく。

대개 14인

6월 7일에 드디어 나가사키로 향해 출발한다. 조선인 일행을 경호하는 책임자는 야마다 히라자에몬과 히라이 진에몬 두 사람이다. 그리고 보졸 5인, 더운 시기에 병자가 생겨도 대응할 수 있도록 의사 타케마 겐세키를 동도시켰다. 조선인을 위한 요리인을 1인, 또 조선인 한 사람에게 붙는 일꾼 4인을 동도시켰다(『고요우닌잇키』 겐로쿠 6년 6월 10일조). 또 『인푸넨표우』에도 「오늘 육로로 히젠노쿠니 나가사키로 출발했다. 그 외에 의사 타케마 겐세키, 오카치 5인, 경졸, 오코비토 약간, 각력, 요리인도 딸려 보냈다(겐로쿠 6년 6월 7일조)」라고 있다. 총세 10여 인의 일행으로, 많아도 20인이 안 되는 일행이 진시 하각(오전 9시경)에 톳토리를 출발했다. 『죽도기사』 겐로쿠 6년 6월 10일조의 두 사본은 총수를 90여 인으로 하고 있다. 박병섭 씨는 이 「九」의 문자를 「凡」의 오사로 보고 「凡十四人」으로 해석했다(박병섭 『안용복사건과 톳토리한』 북동아시아문화연구, 제29호, 2009). 타당한 해석이다. 박병섭씨의 교시에 따른다. 이 「九」를 「凡」의 오사로 해서, 대개(凡) 14인으로 수정해 둔다.

註6、御留守居

　対馬藩長崎屋敷の御留守居役のこと。浜田源兵衛である。この長崎屋敷は出島の横にあった。

오루스이

쓰시마번 나가사키 저택의 오루스이역을 말한다. 하마다 겐베에를 말한다. 이 나가사키 저택은 데지마의 옆에 있었다.

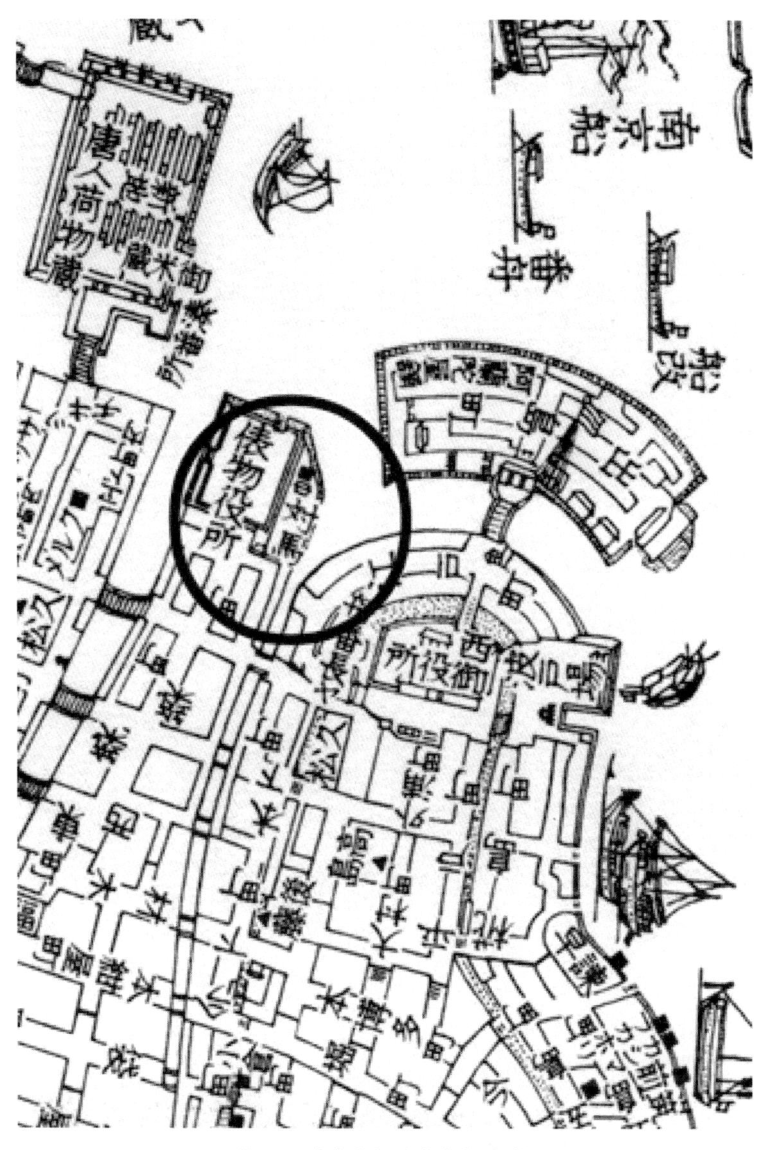

[図、쓰시마번의 나가사키 저택]

註 7、因幡口上書

　朝鮮人への取り調べは、日本では合計五回、行われている。第一回目は隠岐の福浦、第二回目は伯耆の米子、第三回目は因幡の鳥取、第四回目が、この肥前の長崎、そして第五回目が対馬の府中である。そのような口上書の流れがある。隠岐の福浦での口上書を、次に示しておく。これが日本における最初の口上書である。『因府歴年大雑集』に載る。

　唐人弐人之内通じ申口

　通詞の名はアンヘンチウ、年齢は四十三、その在所は朝鮮のうちトンネンギと申す所である。下人の名はトラヘ、その在所は同じく朝鮮で、ウルサンの者である。三界のシヤクワンからアワビを採取して来るようにと申しつかった。何国からと申す指図は無かったが、去年あわび採取に出掛けた者は、竹嶋に出掛けたと聞いたので、この竹嶋に渡り、ワカメやアワビを採っていた。

　朝鮮人口述書

　竹嶋に渡って来た船の数は三艘である。唐人二人のうち通詞と申す者が前に出て語った。北浦に停泊した船は十人乗りである。[その十人の名は次の通りである。]

　船頭　　アンヘンチウ

　船子　　ヨチェンギ

　所　　　ウルサンの者(トラヘ)

　同一人　トクセンギ

同一人　テンツウェン

鍛冶　　バタイ

大工　　セホテキ

去年、この島に渡った者の名

一人　　ヤガイ

一人　　イハンニン

一人　　名不覚人

[他の二艘のうち一艘は]その停泊した浦の名は不明であるが、十七人乗りである。[二艘のうち残る一艘は]右と同様に停泊した浦の名は不明であるが、十五人乗りである。この十五人の中に、昨年島に渡った者が一人いる。右三艘とも、その乗組員は朝鮮の者であるが、確かな名前は覚えていない。そのようにアンヘンチウは言った。

[一艘に]十人が乗っていた船の二人[アンヘンチウとトラヘ]が伯州へ行くことになった。この十人の一行は朝鮮の内のトウネンキという所の前方、すなわち釜山屋から、酉の年三月二十七日に出船し、同二十七日の夜に竹嶋に着岸した。船には往来[に要する食糧の備蓄]は有るという。

一、飯米は十俵ある。但しこの一俵は五斗三升入りである。

一、塩は三俵ある。三人して一俵持ちである。但し一石余である。

　　右の通りに唐人は申した。船頭と私どもは、この通りに聞き、相違は無い。

以上

元禄六年　酉　四月二十八日

南方村　年寄　与三左衛門

同村　庄屋　九左衛門
北方村　庄屋　甚八
同村　年寄　佐之助
田辺甚九郎様
三好平左衛門様

이나바에서의 구서

조선인의 취조가, 일본에서는 합계 5회 이루어졌다. 제1회는 오키의 후쿠우라, 제2회는 호우키의 요나고, 제3회는 이나바의 톳토리, 제4회가 히젠의 나가사키, 그리고 제5회가 쓰시마의 후츄우이다. 그러한 구상서의 흐름이 있다. 오키의 후쿠우라에서의 구상서를 다음에 소개한다. 이것이 일본에서 이루어진 최초의 구상서이다.『인푸레키넨다이잣슈우』에 실려 있다.

당인 두 사람 중에서 통사의 공술

통사의 이름은 안헨치우, 연령은 43세, 그 재소는 조선 안의 톤넨기라는 곳이다. 하인의 이름은 토라헤, 그 재소는 같은 조선으로, 울산 사람이다. 삼계의 샤쿠완이 전복을 채취해 오도록 하라고 명령했다. 어느 나라라는 지시는 없었으나, 거년에 전복 채취에 나갔던 자가, 죽도에 갔다고 들었기 때문에, 이 죽도에 건너와 전복을 채취하고 있었다.

조선인의 구술서

죽도에 건너 온 배의 수는 3척이다. 당인 두 사람 중 통사라고 하는

자가 앞에 나와 이야기했다. 키타우라에 정박한 배는 10인승이었다. [그 10인의 이름은 다음과 같다.]

선두	안헨치우
선자	요치엔기
소	텐쓰우엔
대장장이	바타이
목수	세호테키

거년에 이 섬에 건너온 자의 이름

1인	야가이
1인	이한닌
1인	이름을 모르는 사람

[다른 2척 중 1척은] 그 정박한 포구의 이름은 불명이지만 17인승이다. [2척 중 남은 1척은 위와 마찬가지로 정박한 포구의 이름이 불명이지만 15인승이다. 이 15인 중에 작년에 섬에 건너온 자가 1인 있다. 위 3척 모두, 그 승조원은 조선 사람이나 확실한 이름은 알고 있지 않다. 그렇게 안헨치우가 말했다.

[1척에] 10인이 타고 있던 배의 두 사람 [안헨치우와 토라헤]이 하쿠슈우에 가기로 했다. 이 10인의 일행은 조선 내의 토우넨키라고 하는 곳의 전방, 즉 부산옥에서 유년 3월 27일에 출범하여, 동 27일의 밤에 죽도에 착안했다. 배에는 왕래[에 필요한 식량의 비축]이 있다 한다.

1. 반미는 10표 있다. 단 이 1표는 5두 3승들이다.

1. 소금은 3표 있다. 3인이 1표를 가진다. 단 1표가 남는다.

위와 같이 당인이 진술했다. 선두와 우리들은 이대로 들어, 틀림이 없다.

註8、安ヨクホキ

安用卜のことである。あるいは安竜福とも書き記す。

안요쿠호키

安用卜을 말한다. 安龍福이라고도 쓴다.

註9、朴トラヒ

朴於屯のことである。トラヒとは帯卒のことで、安竜福の従者の
ような形で、この度、付き従っていたからであろう。

박토라히

박어둔을 말한다. 토라히란 대솔이라는 것으로, 안용복의 종자와
같은 형식으로, 이번에 따라왔기 때문일 것이다.

註10、蔚山と釜山浦

　欝陵島に向かった第一船十人の乗組員は、そのうち九人が蔚山の出
身の者で、ただ一人安竜福(安用卜)のみが釜山浦の出身である。この
航海を計画した安竜福が、蔚山で船を仕度し、船乗りを集めたのであ
る。この図式は元禄九年(一六九六)安竜福の第二回目の航海と類似す
る。『粛宗実録』二二年九月戊寅条「東莱の人安竜福は、母を見舞うた
め蔚山に行き、そこで僧侶の雷憲らに出会った。先年渡海した欝陵嶋
の話をし、そこが物産豊かな島であることを告げると、雷憲らは利欲
心が沸き、寧海の人劉日夫らを誘い、共に島に渡ることになった」と
いう部分である。すなわち蔚山港で船を準備し、その航海に利を以て

誘ったのである。安竜福は、船を準備できる立場にあった。

울산과 부산포

　울릉도에 간 제1선, 10인의 승조원은, 그중의 9인이 울산 출신이고 단 한 사람 안용복(安龍福, 安用卜)만이 부산포 출신이다. 이 도해를 계획한 안용복이 울산에서 배를 준비하여 뱃사람을 모집한 것이다. 이 도식은 겐로쿠 9(1696)년에 있었던 안용복의 제2회의 도해와 유사하다.『숙종실록』22년 9월 무인조의「동래인 안용복은 어머니를 위문하기 위해 울산에 가서, 그곳에서 승려 뇌헌 등을 만났다. 선년에 도해한 울릉도의 이야기를 하며, 그곳에 물산이 풍부하다는 것을 설명하자 뇌헌 등은 이익에 대한 욕심이 생겨, 영해 사람 유일부 등을 권유하여 같이 섬에 건너가기로 했다」라는 부분이다. 즉 울산항에서 배를 준비하여, 항해의 이점으로 유혹한 것이다. 안용복은 배를 준비할 수 있는 입장에 있었다.

註１１、ムルグセム

　セムとは島のこと。ムルグ島ということで、ムとは武、ルグとは陵ということで、結局、武陵嶋のことであろう。ムルンセムのムが強く発音されればブルンセムとなる。そしてブルンセミとなる。この島は様々に呼び慣わされていた。朝鮮ではムルグセム、ブルンセミ、ウルチントウ、そして日本では竹嶋、磯竹嶋である。

무루구세무

「세무」란 섬을 말한다.「무루구도」라는 의미이고,「무」란「武」,「루구」란 「陵」이라는 것으로, 결국 무릉도일 것이다. 무룬세무의 「무」가 강하게 발음되면 「부룬세무」가 된다. 그래서 「부룬세미」가 된다. 이 섬은 여러가지로 불리고 있었다. 조선에서는 「무루구세무」, 「부룬세미」, 「우루친토우」 그리고 일본에서는 죽도(타케시마), 의죽도(이소타케시마)로 불렸다.

註 12、下賜品

布帷子とは服の下に着る単衣のもので、一種の下着である。換えを入れて二人分で七着である。二人分とすれば一着分足りないか、一着分多いかであるが、それは次の「湯かた」壱で補う形になっている。布足袋は二人分、葉煙草入れとキセルも二人分ある。木綿布子が壱とあるのは、自分たちが持っていた木綿袷が五着分あり、あと一つを加え、数の調整をしたのである。鏡や唐笠そして蚊帳までも差し下しており、夏旅の心配りが感じられる。

하사품

누노카타비라란 옷 아래에 입는 홑옷으로, 일종의 내복이다. 예비품을 넣으면 2인분에 7착이다. 2인분으로 하면 1착이 모자라거나, 1착분이 많거나 한다. 이것은 다음에 「유카타」가 하나 있는 것은, 자신들이 가지고 있는 목면방한복이 5착분 있어, 뒤의 하나를 더해, 수의 조정을 한 것이다. 거울이나 갓 그리고 모기장까지 내리고 있어, 여름 여행에 대해 걱정하는 것을 알 수 있다.

註１３、所持品

　身に着けていた衣類などは、二人合わせてのものである。着の身、着のまま、連行されたから、持参するものは僅かである。ただ木綿の裕が五、布帷子が四とある部分は、少し多い。これは平包の中に入れ置いていた着物であろう。それが所持品として、このリストの中に載せられた。彼らが捕らえられた時、僅かに武器となるようなものを持っていた。それが腰に差していた「さすが(刺刀)」であり、手持ちの「虎の牙掻の指(手持ちの熊手)」である。二人の内、どちらがどちらを持っていたかは分からないが、これらは岩からのアワビ起こしに使用するものである。さしたる威力は無いが、それでも刃物である。船中で、これは取り上げられてしまった。この「さすが(刺刀)」は後に江戸へ証拠物件として提出されている。「米子迄参り候唐人の口書並に所持候書三通さすが壱本江戸に七日割之御飛脚を以て差遣候事」とある(鳥取藩『控帳』元禄六年四月晦日条)。

소지품

　몸에 걸치고 있던 의류 등은 두 사람 것을 합한 것이다. 몸에 걸친 것, 입은 대로 연행되었으므로 지참한 것은 별로 없다. 그저 목면의 방한복이 5, 속옷이 4개 있다는 것은 조금 많다. 이것은 보따리 속에 넣어 두었던 의복일 것이다. 그것이 소지품으로 해서, 그 목록에 기록되어 있다. 그들이 붙잡혔을 때, 약간의 무기가 될 수 있는 것을 가지고 있었다. 그것이 허리에 차고 있던 「찌르는 칼」이고, 손에 드는 「손갈퀴」였다. 두 사람 중 어느 쪽이 어느 것을 가지고 있었는가는 알 수 없으나, 이것들은 바위에서 전복을 따는 데 사용하는 것이다. 그렇게 위력은 없으나 그래도 칼이다. 선중에서 이것은 빼앗기고 말았다. 이 「찌르는 칼」은 후에 에도에 증거물건으로 제출되었다. 「요나고까지 간 당인의 구서 및 소지한 서 3통, 단도 1본을 에도에 7일 걸리는 비각 으로 보냈다」라고 있다(톳토리번 『히카에쵸우』 겐로쿠 6년 4월 그믐조).

　そして同じく江戸へ送られた「所持候書三通」とは、リストに載る船手形三枚のことである。それは彼らが航海の間、肌身離さず大切に懐中に入れていたもので、浦々を渡り行くための通交手形である。それが二人の安全な旅を保証する。アンヘンチウの所持していた手形は釜山からのもの、トラへの所持していた手形は蔚山からのものであろう。万一漂流した場合でも、流された先で提示すれば、即座に身元を証明し、必要な救援を受けることができる。通行証であるから大切に懐中に入れ保存していた。そしてもう一通の手形が航海船の手形、船荷運搬の許可証であったろう。これが業務を任されたアンヘンチウの懐中にあったことは確実である。都合三枚の船手形とは、彼らにとって何よりも大切な書付であった。但し彼らが海に入る時、この書付の手形が懐中にあれば、たちまち濡れてしまう。だからその大切なものは、あるいは平包みの中に保存されていたかもしれない。そのような結果、所持品として、このリストの中に載せられた。所持品の最後に、木札が弐枚と記されている。これは彼らの認識票(身分証)のことで、すなわち戸牌(号牌)である。居住地、姓名、身分、年齢などを、明らかにするものである。その記載内容は『因府歴年大雑集』にも『竹島考』にも載っている。おそらく同一資料からの書き写しであろう。

그리고 같이 에도에 보낸 「소지한 서 3통」이란 목록에 실린 수표 3매를 말한다. 그것은 그들이 항해하는 동안에 몸에서 떼어 놓지 않고 품 안에 소중히 간직하고 있었던 것으로, 여러 포구를 통과하기 위한 통행 수표이다. 그것이 두 사람의 안전한 여행을 보증한다. 안헨치우가 소지했던 수표는 부산의 것이고 박토라헤가 소지했던 수표는 울산 것이었을 것이다. 만일 표류했을 경우에도 표류한 곳에 제시하면 즉석에서 신원을 증명하여, 필요한 구원을 받을 수 있다. 통행증이므로 소중히 품에 간직하고 있었다. 그리고 또 1통의 수표가 항해선의 수표, 선하운반의 허가증이었을 것이다. 이것이 업무를 위임받은 안헨치우의 품안에 있었다는 것은 확실하다. 도합 3매의 선수표란 그들에게 있어 무엇보다도 중요한 서부였다. 단 그들이 바다에 나갈 때, 이 서부의 수표가 품안에 있으면 금방 젖어버린다. 그래서 그 중요한 것은, 어쩌면 보따리 속에 보존되어 있었는가도 모른다. 그러한 결과 소지품으로 해서, 이 목록에 기재되었다. 소지품의 최후에 목찰 2매라고 기록되어 있다. 이것은 그들의 인식표(신분증)로, 말하자면 호패(戶牌, 号牌)이다. 거주지, 성명, 신분, 연령 등을 분명히 하는 것이다. 그 기재 내용은 『인푸레키넨다이잣슈우』에도, 『타케시마코우』에도 실려 있다. 아마 동일자료에서 서사했을 것이다.

○同六年七月近海ヲ以使去湾雅菶ヲ

長崎ㇸ海若去竹浦ㇸ長播ㇸ相雑人

六月晦日長潟ㇸ彼等若何編朝鮮人

戸分疫気ㇸ只去相違言ㇸ品盍

此服戸表以渡ㇸ及以別浮

以下知況分相雑人使去可相侑

夫ㇸ使去返当ㇸ候ㇸ追ㇸ言ㇸ者

【大綱三段（元禄六年七月①）】

(03-00)

○ 同六年七月迎護之御使者嶋雄菅右衛門長崎より帰着在之竹嶋ニ
而被捕候朝鮮人六月晦日長崎江致到着勿論朝鮮人申分取鳥ニ而
之口書ニ相違無之候得共此段江戸表江御注進ニ被及候故江戸御
下知次第朝鮮人御使者へ可被相渡候、夫迄御使者逗留之儀如何
ニ被思召候間

【大綱三段（元禄六年七月①）】

(03-00)

○ 同六年七月、迎護の御使者として[派遣された]嶋雄菅右衛門が
長崎から[対馬府中へ]帰って来た。[嶋雄の報告によれば]竹嶋
で捕えられた朝鮮人は、六月晦日に長崎へ到着した<註1>。勿
論朝鮮人の話す内容は、鳥取にて[聴取された]口上書と相違は
無かった。しかしこの[取り調べの]結果は、江戸表へ報告され
なければならず[その御承認の後]江戸からの御指示があり、そ
れが到着次第、朝鮮人を[対馬藩の]使者へ引き渡すことにな
る。それまで[対馬藩の]使者が[長崎に]逗留し続けるのも如何
かと[長崎奉行は気の毒に]思われ[使者すなわち嶋雄に対し]

【대강3단 (겐로쿠 6년 7월①)】

○ 동 6년 7월에 영호의 사자로 [파견된] 시마오 스가에몬이 나가사키에서 [쓰시마 후츄우로] 돌아왔다. [시마오의 보고에 의하면] 죽도에서 붙잡힌 조선인은 6월 그믐에 나가사키에 도착했다. 물론 조선인이 말하는 내용은, 톳토리에서 [청취한] 구상서와 다름이 없었다. 그러나 이 [취조의] 결과는 에도에 보고하지 않으면 안 된다. [그 승인 후에] 에도에서 지시가 있고, 그것이 도착하는 대로 조선인을 [쓰시마의] 사자에게 넘기기게 된다. 그때까지 [쓰시마번의] 사자가 계속해서 두류하는 것도 큰 일이라고 [나가사키 봉행은 그렇게] 생각하고 [사자 시마오에게]

帰国候様ニ与御奉行より被仰渡朝鮮人不相受取帰国在之也

(03-01)

• 長崎御奉行川口摂津守様山岡対馬守様より之御返書左ニ記之
　去月五日之覚書同廿日到来拝見仕候然者竹嶋与申所江朝鮮人四
　十人程罷越致猟候付松平伯耆守殿より右之内弐人被留置其段御
　老中江被仰上候処当地江被差送候之様ニ与

帰国して支障なしと、お話し下さったという。そこで朝鮮人を受
取らぬまま[嶋雄は、対馬に一旦]帰国することになった。

(03-01)

• 長崎御奉行たる川口摂津守様と山岡対馬守様からの御返書を左
　に記す。
　先月(六月)五日付の[貴方様からの]覚書が、同月二十日に到来い
　たし、拝見いたしました。その件でありますが、竹嶋という所
　へ朝鮮人四十人程が罷り越し漁を致していたと言うので、松平
　伯耆守殿の方で、右の内の二人を留め置かれ、そのことを御老
　中へ報告なさいました。すると二人を当地[長崎]へ差し送る様に
　との御指示があり

귀국해도 상관없다고 말씀하셨다 한다. 그래서 조선인을 인수하지
않은 채 [시마오는 쓰시마로 일단] 귀국하게 되었다.

(03-01)

• 나가사키 봉행인 카와구치 셋쓰노카미 님과 야마오카 쓰시마노
카미님의 반서를 다음에 기록한다.

선월(6월) 5일부의 [귀하의] 각서가 동 20일에 내착하여 배견하
였습니다. 그건에 대해서 말합니다만, 죽도라는 곳에 조선인 40
인 정도가 건너와 어렵을 하였다고 말하기 때문에, 마쓰타이라
호우키노카미 님이, 위 사람 중에서 두 사람을 붙잡아 두고, 그
일을 노중에게 보고하셨습니다. 그러자 두 사람을 당지 [나가사
키]로 보내도록 하라는 지시가 있어

与被仰渡候間本国江可被差返旨従御老中被仰渡候、依之御使者被差
遣委曲御口上之趣致承知候朝鮮人一昨晦日伯耆守殿より送来請取之
則召出遂穿鑿候処於江府従伯耆守殿御老中江被仰上候趣相違無御座
候右朝鮮人御使者之衆江可相渡候得共江戸江及注進御下知到来次第
相渡可申候夫迄ハ当地ニ被差置候御家来衆江預置申候御使者

[さらに]本国の朝鮮へ二人を差し返すようにとの趣旨の御命令が、御
老中からありました。この御趣旨を承け、それに沿い、当地[長崎]へ
[対馬から]御使者を差し遣わして下さいました。その委曲御口上の趣
意は[充分に]承知致しました。朝鮮人は一昨晦日(六月末日)に、伯耆
守殿[の鳥取]から[当地へ]送られて参りました。これを請け取り、直
ぐに召し出し[吟味]穿鑿を致したところ、江戸に於いて伯耆守殿から
御老中へ報告なさった御趣意と、相違は無い[と言うのが明らかにな
りました。]右の朝鮮人[を受け取るため、対馬から来られた]御使者
の衆へ[この二人を直ちに]お渡ししたいと思ったのでございますが、
すでに江戸へ御報告を行っており、その御指示の到来を待った後[そ
の御指示が当地へ]着き次第、お渡ししようと思っております。それ
迄は当地[長崎]に差し置かれた[対馬藩御留守居役たる]御家来衆へ[こ
の朝鮮人二人を]預け置くことに致します。[この度、派遣された]御
使者の

[또] 본국 조선으로 두 사람을 돌려보내도록 하라는 취지의 명령이
노중한테 있었습니다. 이 취지를 받고, 그것에 따라, 당지 [나가사키]
로 [쓰시마에서] 사자를 보내주셨습니다. 그 자세한 구상의 취지는

[충분히] 알았습니다. 조선인은 그저께(6월 말일)에 호우키노카미 님 [의 톳토리]에서 [당지로] 보내어 왔습니다. 이것을 인수하여, 바로 불러내어 [심문] 조사하였더니, 에도에서 호우키노카미 님이 어노중에게 보고하신 내용과 다름이 없[다고 말하는 것이 분명하였습니다.] 위의 조선인[을 인수하기 위해, 쓰시마에서 오신] 사자 일행에게 [이 두 사람을 즉시] 건네주고 싶다고 생각했습니다만, 이미 에도에 보고를 하였기 때문에, 그 지시가 도래하는 것을 기다린 후에 [그 지시가 당지에] 도착하는 대로, 건네려고 생각하고 있습니다. 그때까지는 당지 [나가사키]에 설치된 [쓰시마번 루스이역인] 부하들에게 [이 조선인 둘을] 맡겨두는 것으로 합니다. [이번에 파견된] 사자의

宗對馬守様

七月二日

山口對馬守

川口攝津守

之衆御下知到来仕迄被相待候儀如何ニ存候間被罷帰候共勝手次第ニ
被仕候様ニ与申達候恐惶謹言

　　　七月二日　　　　　　　　　　　山岡対馬守景助　御在判
　　　　　　　　　　　　　　　　　　川口摂津守宗恒　御在判

　　宗対馬守様
　　　　　尊報

衆へは[江戸からの]御指示の到来まで[今しばらく]ここで待って頂くの
も如何かと思い、御国へ帰られるのもよし、帰られぬのもよし、御勝手
次第になさって結構であると、そのように申し伝えました。恐惶謹言

　　　七月二日　　　　　　　　　　　山岡対馬守景助　御在判
　　　　　　　　　　　　　　　　　　川口摂津守宗恒　御在判

　　宗対馬守様
　　　　　尊報

사자들에게는 [에도에서의] 지시가 도래할 때까지 [잠시] 이곳에서
기다리게 하는 것도 좀 어려운 일이라고 생각하고, 본국으로 돌아가
시는 것도 좋고, 돌아가시지 않는 것도 좋으니, 알아서 편하신 대로
하셔도 좋습니다라고, 그렇게 말씀하셨습니다. 두렵게 삼가 말씀드립
니다.

　　　7월 2일　　　　　　　　　야마오카 쓰시마노카미 카게스캐 어재판
　　　　　　　　　　　　　　　카와구치 셋쓰노카미 무네쓰네 어재판

　　쓰시마노카미 님
　　　　　존보

(03-02)

- 是より前七月朔日此方御使者菅右衛門長崎逗留之内川口摂津守
  様より罷出候様ニ与之儀ニ付菅右衛門罷出候処両御奉行御対面
  被成朝鮮人因幡ニ而之口書之趣爰元ニ而御尋被成候趣相違無之
  候、然とも江戸表江御案内被仰上候御返事到来次第朝鮮人御渡
  被成事候御下知到来迄使者相待候とも又者国元江罷帰候而重而
  罷越候茂

(03-02)

- 是より前の七月朔日、こちらの御使者の嶋雄菅右衛門が長崎逗
  留する所に、川口摂津守様から[奉行所へ]罷り出るように御指示
  があった。そこで菅右衛門が罷り出たところ[川口様、山岡様の]
  両御奉行がお会い下された。[その折に申し伝えられたことは]朝
  鮮人の因幡での口上書の趣旨と、この長崎で尋問を受けた内容
  の趣旨との間に、全く相違は無かった。しかし江戸表へ報告を
  上げ、その御返事の到来を待たねばならない。その到着次第、
  朝鮮人を[御使者たる貴殿に]渡す手筈に成る、ということであっ
  た。その御指示の到来まで、使者[たる貴殿]は長崎で待っていて
  もよし、国元へ一旦帰ってもよし、いずれでも構わない。また
  再度罷り越すのも

- 이보다 이전의 7월 초하루에, 우리의 사자 시마오 스가에몬이 나
  가사키에 두류하는 곳에, 카와구치 셋쓰노카미 님이 [봉행소에]
  나오도록 하라는 지시가 있었다. [그때 말씀하신 것은] 조선인의

이나바에서의 구상서의 취지와, 나가사키에서 심문 받은 내용의 취지 사이에 전혀 다름이 없었다. 그러나 에도에 보고를 올려, 그 답이 도래하는 것을 기다리지 않으면 안 된다. 「그것이 도래하는 대로 조선인을 [사자인 귀하에게] 건네줄 것입니다」라고 말하는 것이었다. 그 지시가 도래할 때까지, 사자[인 귀하]는 나가사키에서 기다리고 있어도 좋고, 국원으로 일단 귀국해도 좋다. 어느 쪽도 상관없다. 또 오는 것도

大儀之事候兎角使者江ハ御暇被遣候間勝手次第帰国仕候様ニ朝鮮人
者浜田源兵衛ニ御預被成与之御事ニ而翌二日御返書御渡被成

大儀ではあるが、ともかく使者へは御暇を遣わすので、勝手次第に
帰国して構わない。[その間]この朝鮮人は[長崎留守居役の]浜田源兵
衛方に預け置くことにする。このような事をお話し下さり、翌二日
に[右の宗対馬守様への]御返書を[当方へ]御渡し下さった。

큰일이나, 어쨌든 사자에게는 시간을 주니, 편리한 대로 귀국해도 상
관없다. [그 사이에] 이 조선인은 [나가사키 루스이] 하마다 겐베에에
게 맡겨두기로 한다. 이러한 일을 말씀하시고, 다음 2일에 [위의 소우
쓰시마노카미 님에게 보내는] 반서를 [우리 쪽에] 건네주셨다.

註1、長崎着

　朝鮮人護送の使者は、六月七日に鳥取を発ち、六月晦日、長崎に到着した。都合二十四日間に亙る旅であった。これより先、元禄六年五月十六日、幕府は既に捕らえ置いた朝鮮人二人を、鳥取から長崎へ送るよう、正式に鳥取藩へ文書で指示を下している(『鳥取藩史』第六巻、殖産商工志、事変志)。この指示を伝達する文書中に、鳥取藩の要望に、同意を与える旨の返答が含まれていた。すなわち「朝鮮人が再び罷り来ぬよう、彼の国に申し渡す」というもので、その旨の公儀の「御聞き届け」があった。松平伯耆守(鳥取藩主の池田綱清)から長崎奉行宛の書簡に、そのような幕府の了解があったことを記している(『御用人日記』元禄六年五月十五日条)。この幕府了解の情報、そして朝鮮人移送の指示が、飛脚によって五月二十六日、鳥取藩の国元へ伝えられていた(『控帳』五月二十六日条)。鳥取藩には渡海漂着の朝鮮人に対する、以前からの取り決めがある。その前例は、幕府によって指示された送還命令に基づくものである。すでに寛永十六年(一六三九)公儀浦触で、異国船漂着の際は、異国人の上陸を許さず、長崎へ回送する方針が打ち出されている(『御触書寛保集成』二一)。また寛永十八年(一六四一)の布達は、唐船・オランダ船・朝鮮船は、何れの国へ漂着しても、そこから曳き船により長崎へ送り届けるよう命じるものであった(『通交一覧』第八巻)。しかし漂流民が病気や怪我、その他で憔悴し切っていれば、介抱の後、陸路で長崎へ送り出され、船や積荷は、別途、海路で送り届けられた。すなわち朝鮮人は、長崎奉行所に引き渡され、取り調べの後、対馬藩の手を経て朝鮮本国へ送還されるという運びである。その送還費用は、漂流先の地元負担だった。

나가사키착

　조선인을 호송하는 사자는 6월 7일에 톳토리를 떠나 6월 그믐에 나가사키에 도착했다. 도합 24일간에 걸친 여행이었다. 이보다 앞선 겐로쿠 6년 5월 16일에 막부는 이미 붙잡아 둔 조선인 둘을 톳토리에서 나가사키로 보낼 것을 정식으로 톳토리에 문서로 지시했다(『톳토리한시』 제6권, 식산상공지, 사변지). 이 지시를 전달하는 문서 중에 톳토리번의 요망에 동의한다는 내용의 답이 포함되어 있다. 즉 「조선인이 다시 오지 않도록 그 나라에 요구하라」는 것으로, 그 내용의 막부의 연락이 있었다. 마쓰타이라 호우키노카미(톳토리번주 이케다 쓰나키요)가 나가사키 봉행에게 보내는 서간에, 그러한 막부의 이해가 있었다고 기록하고 있다(『고요우닌잇키』 겐로쿠 6년 5월 15일조). 이 막부 양해의 정보, 그리고 조선인 이송의 지시가 비각으로 5월 26일에 톳토리에 전해졌다(『히카에쵸우』 5월 26일조). 톳토리번에는 도해 표착의 조선인에 대한, 이전부터의 결정이 있다. 그 전례는 막부가 지시한 송환명령에 근거하는 것이다. 이미 칸에이 16(1639)년에 막부의 우라부레로, 이국선이 표착했을 때는 이국선의 상륙을 허가하지 않고 나가사키로 회송한다는 방침이 내렸다(『오후레가키쇼 칸호우슈우세이』 21). 또 칸에이 18(1641)년의 포달은 당선·오란다선·조선선은 어느 나라(지방)에 표착해도 예인선으로 끌고 나가사키로 보낼 것을 명하는 것이었다(『쓰우코우이치란』 제8권). 그러나 표류민이 병이나 부상, 그 외에 극히 초췌해 있으면, 간호한 후에 육로로 나가사키에 보내고 배나 짐은 해로로 따로 보냈다. 즉 조선인은 나가사키 봉행소

에 인도하고, 취조한 후에, 쓰시마한의 손을 거쳐 조선국으로 송환된
다는 것이다. 그 송환비용은 표류한 지역의 부담이었다.

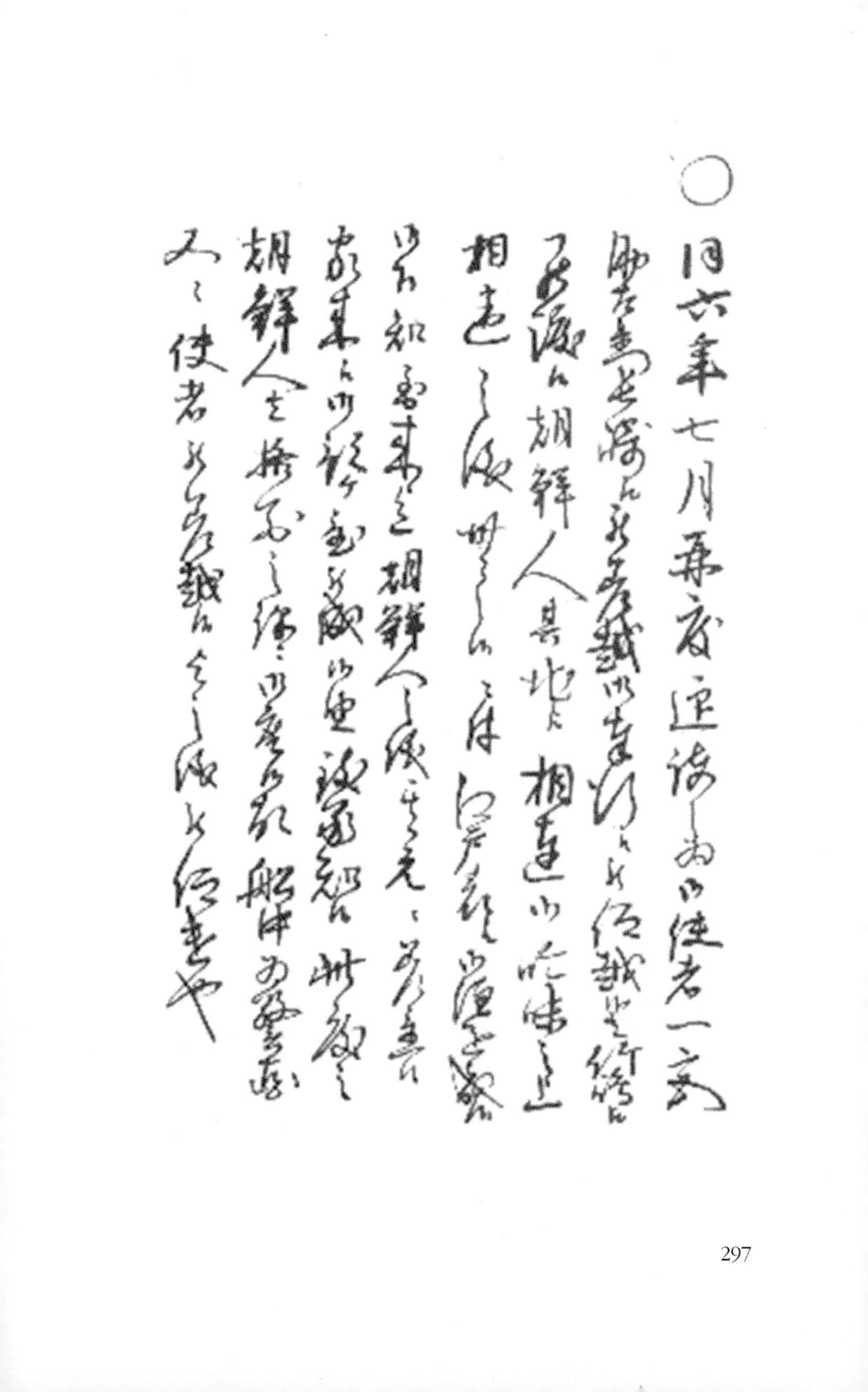

〇一六年七月晦夜逆徒一両日使者一両

胡鮮人を搆ふ不之得不使者かと報にて候て候や

【大綱四段（元禄六年七月②）】

(04-00)

○ 同六年七月再度迎護之為御使者一宮助左衛門長崎江被差越御奉
　行江被仰越候者竹嶋江罷渡候朝鮮人其地江相達御吟味之上相違
　之儀無之候ニ付江戸表江御注進被成候御下知到来迄朝鮮人之儀
　其元江差置候家来江御預ケ置被成候由致承知候此度之朝鮮人者
　格別之訳ニ御座候故船中為警固又々使者被差越候与之儀被仰遣
　也

○ 同六年七月[嶋雄菅右衛門が対馬に帰着したため]再度、迎護の
　ための御使者として一宮助左衛門が長崎へ派遣された。長崎奉
　行への赴任の挨拶は次のようなものであった。すなわち、竹嶋
　へ罷り越した朝鮮人は[因幡鳥取から]この地長崎へ、送られて来
　ました。ここでの御吟味の結果、その口上に[因伯での取り調べ
　と]相違は無く、江戸表への御報告が成されました。江戸からの
　御指示の到来まで、朝鮮人は対馬藩に差し置かれ、対馬藩の家
　来へ預け置かれることに成りました。このことを承知致してお
　ります。この度の朝鮮人の送還には、また格別の理由<註1>がご
　ざいます。それゆえ移動のための船中も、また警固が必要とな
　ります。そこで再度の使者として[拙者が]差し遣わされました。

○ 동6년 7월에 [시마오 스가에몬이 쓰시마에 귀착했기 때문에] 다
　시 영호를 위한 사자로 이치노미야 스케자에몬이 나가사키로

파견되었다. 나가사키 봉행에 대한 부임인사는 다음과 같은 것이었다. 즉 죽도에 건너온 조선인은 [이나바의 톳토리에서] 이곳 나가사키로 보내져 왔습니다. 이곳에서 심문한 결과 그 구상이 [인하쿠에서 취조한 것과] 다름이 없어, 에도에 보고를 하였습니다. 에도에서 지시가 도래할 때까지 조선인은 쓰시마번에 두고, 쓰시마번의 부하에게 맡겨두는 것으로 했습니다. 이 일을 알고 있습니다. 이번의 조선인의 송환에는, 또 각별한 이유가 있습니다. 그렇기 때문에 이동하는 선중에도 경고가 필요합니다. 그래서 두번 째의 사자로 [졸자를] 파견한 것입니다.

(04-01)

- 右御使者助左衛門江相附被差越候長崎御奉行江之御状左ニ記之

  乍御報去二日之御廻札令拝見候竹嶋江罷越候朝鮮人去月晦日従
  松平伯耆守殿被送越則被遂御吟味候処於江府御老中江伯耆守殿

- 右御使者たる助左衛門へ附けて差し出された長崎奉行への書状
  を、左に記す。

  御報告を致します。去る七月二日付けの[川口、山岡、御両所様
  からの]御廻札を拝見致しました。竹嶋へ罷り越した朝鮮人は、
  去月晦日(六月末日)に松平伯耆守殿から[長崎へ]送り出され[御両
  所様により]御吟味を遂げられたとのこと、また江戸に於いて御
  老中へ伯耆守殿から報告<註2>があったとの趣旨を承りました。
  [その鳥取での御吟味と長崎での御吟味とに]相違は無いと、江戸
  表へ御報告成さったとのことを、さらに承りました。[公儀から]
  御指示

- 위의 사자 스케자에몬에 주어서 나가사키 봉행에 보내는 서장을
  아래에 기록한다.

  보고를 합니다. 지난 7월 2일부의 [카와구치, 야마오카 두 분이
  보낸] 회찰을 배견하였습니다. 죽도에 건너온 조선인은 지난달
  그믐(6월 말일)에 마쓰타이라 호우키노카미 님이 [나가사키로]

보내어 [두 곳의 분들이] 심문을 수행하셨다는 것, 또 에도의 노
중에게 호우키노카미 님이 보고했다는 것의 취지를 들었습니다.
[그 톳토리에서의 심문과 나가사키의 심문에] 다름이 없다고, 에
도에 보고하셨다는 것을 들엇습니다. [막부의] 지시를

被送越則被遂御吟味候処於江府御老中江伯耆守殿より被申上候趣相
違無之候付江戸表江御注進被成候御下知到来迄者其元江差置候家来
江御預置候之間使者之儀者勝手次第罷帰候様ニ与被仰渡候由御紙面
之通具ニ与承知候定而今程江戸より御左右御到来可有御座与察存候
此度之朝鮮人者格別之儀ニ御座候船中為警固

[長崎へ]送り出され[御両所様により]御吟味を遂げられたとのこと、
また江戸に於いて御老中へ伯耆守殿から報告<註2>があったとの趣旨
を承りました。[その鳥取での御吟味と長崎での御吟味とに]相違は無
いと、江戸表へ御報告成さったとのことを、さらに承りました。[公
儀から]御指示の到来まで[朝鮮人二人を]そちらの長崎へ差し置くこ
と、[私どもの]家来へ御預け置き下さったこと、[こちらが派遣致し
た迎護の]使者についても、罷り帰るも勝手次第と仰せ下さったこ
と、そのいずれもが[罷り帰った使者から承りました。そして使者が
持ち帰った]御紙面の通りに[この間の事情を]詳しく伺うことができ
ました。このような事を、こちらは了承致しました。おそらく今時
分、江戸からの御左右(便り)の御到来が有るのではないかと推察致し
ます。この度の朝鮮人[の送還]は格別の事情の下にあるので、船中
(船旅の間)の警固のため、

[나가사키에] 보내어져 [두 곳의 봉행님이] 심문을 수행하셨다는 것,
또 에도의 노중에게 호우키노카미님이 보고했다는 내용을 들었습니
다. [그 톳토리에서의 심문과 나가사키에서의 심문 사이에] 차이가 없
다고, 에도에 보고하셨다는 것을 다시 들었습니다. [막부의] 지시가

도래할 때까지는 [조선인 둘을] 그쪽의 나가사키에 둔다는 것, [우리들의] 부하에게 맡겨두신 것, [이쪽이 파견했던 영호의] 사자에 대해서도, 돌아가는 것도 편리하도록 말씀해주신 것, 그 모든 것을 [돌아온 사자한테 들었습니다. 그리고 사자가 가지고 돌아온] 지면을 통하여 [그 동안의 사정을] 자세히 알 수 있었습니다. 이러한 일을 이쪽은 이해하였습니다. 아마도 지금쯤은 에도에서의 연락이 도래하지 않았을까라고 추찰됩니다. 이번의 조선인[의 송환]은 각별한 사정이 있기 때문에 선중(배 여행의 기간)의 경호를 위해

御使者差登被成候口上之趣申上候

澤之丞

七月十八日

川口橋津兵衛書状

山口對馬書状

又々使者差越候委曲口上申含候恐惶謹言

七月十八日

川口摂津守様

山岡対馬守様

又々使者を差し遣すことに致しました。委曲については[この使者の]
口上に申し含めることに致しました。恐惶謹言

七月十八日

川口摂津守様

山岡対馬守様

또 사자를 파견하는 일을 합니다. 자세한 것은 [이 사자의] 구상으로
말씀드리기로 합니다. 삼가 말씀드립니다.

7월 18일

카와구치 셋쓰노카미 님

야마오카 쓰시마노카미 님

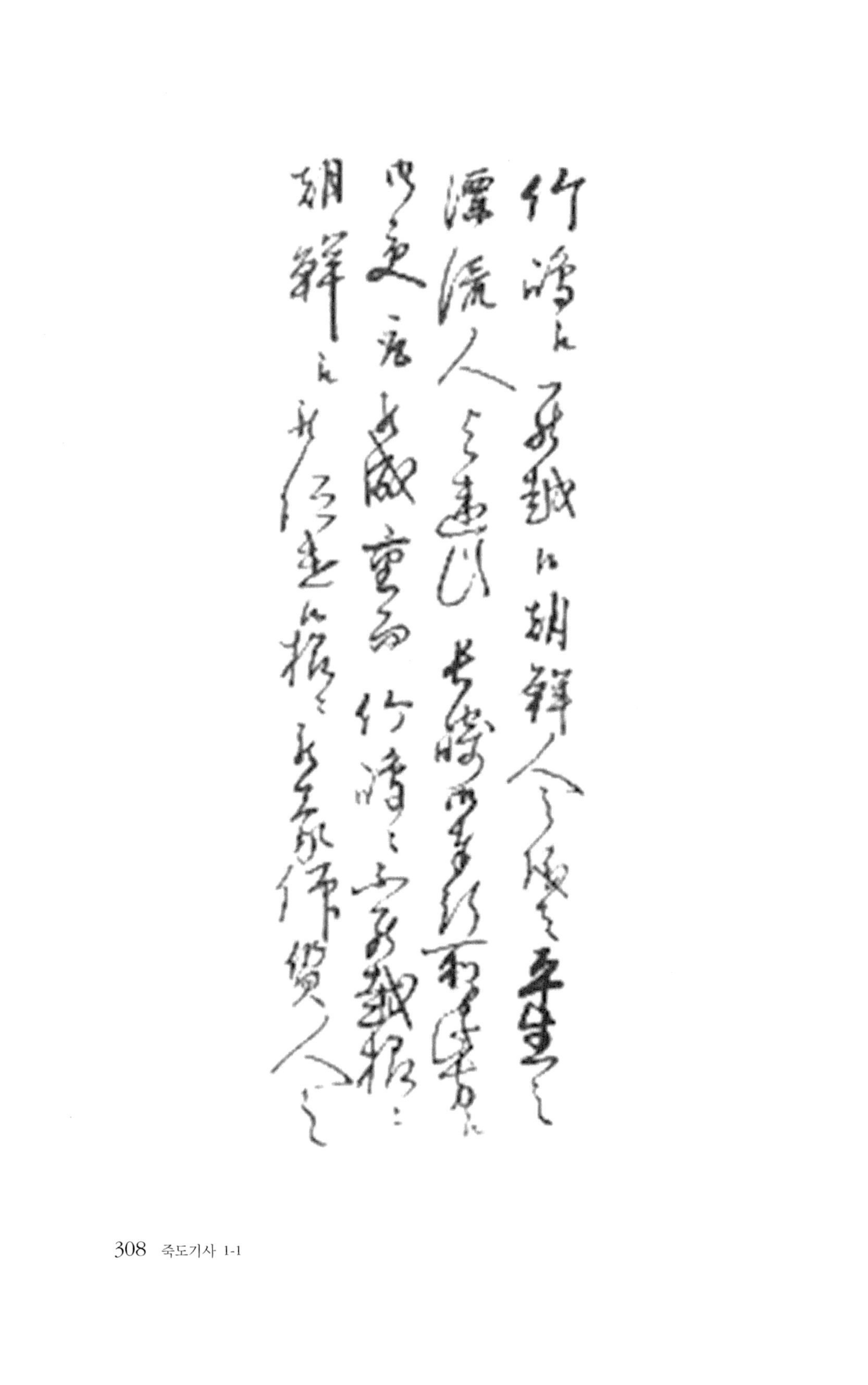

(04-02)

- 竹嶋江罷越候朝鮮人之儀者平生之漂流人与違ひ長崎御奉行所より此方江御受取被成重而竹嶋江不罷越様ニ朝鮮江被仰遣候様ニ被蒙仰質人之

- 竹嶋へ罷り越した朝鮮人の件は、平生の漂流人と違い[格別の事情の下にある。]長崎御奉行所から[二人を]受け取り、こちら[の対馬]へ移送し[さらに朝鮮国へ送り返す必要がある。その折]再び竹嶋に[漁民が]罷り越さぬよう、朝鮮[の朝廷]へ向け、申し入れを行うよう[公儀から]御命令があった。[朝鮮人二人は、その折の証拠となる]質人であり、

- 죽도에 넘어 온 조선인 건은 평소의 표류인과 달리 [각별한 사정 하에 있다.] 나가사키 봉행소에서 [두 사람을] 인수하여, 이쪽 [쓰시마]로 이송하여 [다시 조선국에 보낼 필요가 있다. 그때] 다시는 죽도에 [어민이] 건너오지 않도록, 조선[의 조정]에 요구하도록 하라는 [막부의] 명령이 있었다. [조선인 둘은, 그때의 증거가 되는] 인질이므로,

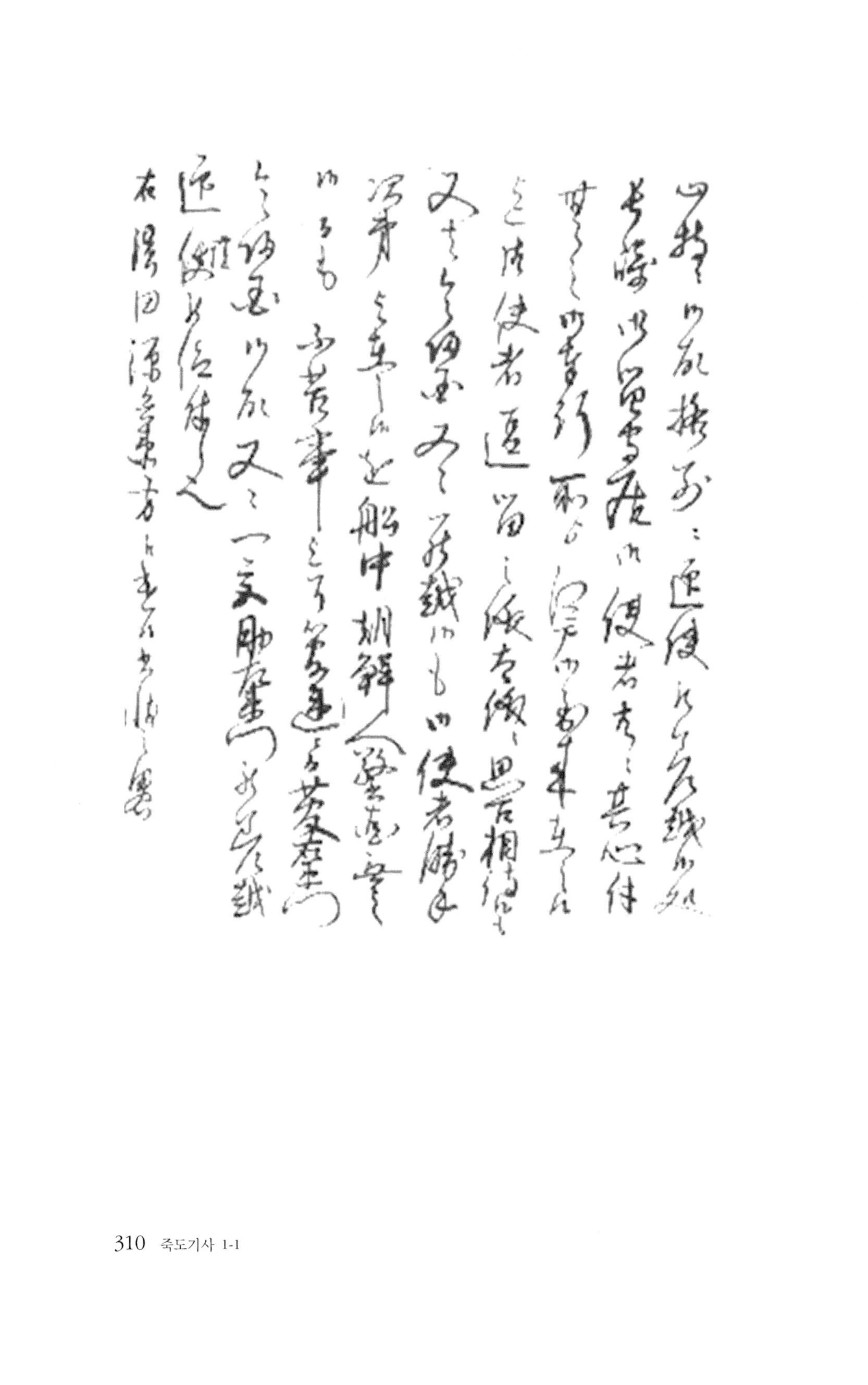

心持ニ候故格別ニ迎使被差越候処長崎御留守居御使者共ニ其心付
無之御奉行所より江戸御到来在之候迄御使者逗留之儀太儀ミ思召相
待候も又者令帰国又々罷越候も御使者勝手次第与在之候を船中朝鮮
人警固無之候而も不苦事与了簡違ニ而菅右衛門令帰国候故又々一宮
助左衛門被差越迎護被仰付也
　右浜田源兵衛方江遣候書状之略

　その事を心得て[対州から]格別に迎えの使者を派遣した。しかし長
崎御留守居[の浜田源兵衛]と御使者[の嶋雄菅右衛門]どもに、このよ
うな心配り、心掛けは無かった。御奉行所から、江戸からの御指示
到来まで、御使者の逗留も太儀、相待っても、帰国し再び罷り越し
ても、それは御使者の勝手次第、との思し召しを受けた。だが、こ
れを船中の朝鮮人警固は無くても構わないと[勝手に]了簡違いをして
しまった。[迎護の使者たるの役目を全うすることなく]嶋雄菅右衛門
を帰国させてしまった。それゆえ再度、一宮助左衛門を差し遣わ
し、迎護の使者たるを命じたのである。
　右は[長崎御留守居役の]浜田源兵衛方へ[対馬から]遣した書状の略
である。

　이것을 명심하고 [다이슈우에서] 각별히 영접하는 사자를 파견했
다. 그러나 나가사키 루스이[인 하마다 겐베에]와 사자[인 시마오 스
가베에]는 모두, 이러한 배려, 마음이 없었다. 봉행소에서, 에도의 지
시가 도래할 때까지, 사자가 두류하는 것도 큰일이므로, 계속해서 기
다려도, 귀국했다 다시 와도, 그것은 사자의 마음대로 라는 지시를 받

았다. 그러나 이것을 선중의 조선인을 경고하지 않아도 괜찮다라고 [멋대로] 착각하고 말았다. [영호의 사자라는 역할에 만전을 기하지 않고] 시마오 스가에몬을 귀국시키고 말았다. 그래서 다시 이치노미야 스케자에몬을 차견하여, 영호의 사자로 명한 것이다.

위는 [나가사키 루스이역의] 하마다 겐베에에게 [쓰시마에서] 보낸 서장을 요약한 것이다.

≪解説≫

註一、幕府の竹島認識

公儀は竹嶋について、当時どれほどの情報を握っていたのだろう。海の彼方の無人の島について、それを幕府担当者が詳しく知っていた筈はない。いや、ほとんど知らない島、全く知らない島であったに違いない。それゆえ前年の元禄五年の折は「何の構えもこれ無し」と、ただ回答するばかりであった。そもそも、この島が幕領だなどとは、つゆ思ってもいない。どこの国のものとも知らない島、幕領かどうかも知らない島、ただ鳥取藩が関わる島、伯耆商人が関わる島と、その程度の理解でしかない。だから鳥取藩の提出する報告書、大谷村川船の船頭口上書、朝鮮人口上書などを、そのありのままに信用した。そして対馬藩を介し朝鮮国へ、彼の国の漁民の渡島を、以後禁止するよう要請した。確かに鳥取藩の報告書は、根拠に基づくものであった。因伯の太守・松平新太郎(池田光政)宛の竹嶋渡海免許状が、ここに確かに存在する。その写しが、この折、幕府に提出された。次のようなものである(『竹島渡海由来記抜書控』)。

막부의 죽도인식

막부는 죽도에 대해 어느 정도의 정보를 가지고 있었을까. 바다 저쪽에 있는 무인도에 대해, 그것을 막부의 담당자가 자세히 알고 있었을 리 없다. 아니 거의 알지 못하는 섬, 전혀 알지 못하는 섬이었음에 틀림없다. 그렇기 때문에 전년의 겐로쿠 5년에는 「아무런 조치도 필요없다」라고 회답했을 뿐이다. 원래 이 섬이 막령이라는 것은 조금도 생각하고 있지 않았다. 어느 나라의 것인지도 몰랐던 섬, 막령인가 아닌가도 몰랐던 섬, 그저 톳토리번이 관계하는 섬, 호우키 상인이 관계하는 섬이라고, 그 정도의 이해밖에 없었다. 그래서 톳토리번이 제출한 보고서, 오오야 무라카와선 선두의 구상서, 조선인의 구상서 등을 있는 그대로 신용했다. 그리고 쓰시마번을 매개로 하여 조선국에 그 나라 어민의 도해를, 이후로는 금지시켜 달라고 요청했다. 분명히 톳토리번의 보고서는 근거가 있는 것이었다. 인하쿠의 태수 마쓰타이라 신타로우(이케다 미쓰마사) 앞으로 보낸 죽도도해면허장이 여기에 분명히 존재한다. 그 사본이, 이때 막부에 제출되었다. 다음과 같은 것이다(『죽도도해유래기발서공』).

竹嶋渡海免許状

伯耆国米子より竹嶋へ、先年、船相渡の由に候、然らば其の如く今度、渡海致し度の段、米子町人村川市兵衛、大谷甚吉、申し上げしに付きては、上聞に達し候の処、異議有るべからずの旨、仰せ出され候間、彼に其の意を得させ渡海の儀、仰せ付けられ候、恐々謹言。

五月十六日

永井信濃守(尚政)

井上主計守(正就)

土井大炊守(利勝)

酒井雅楽頭(忠世)

松平新太郎殿

호우키노쿠니에서 죽도에 선년부터 선박이 도해한다 한다. 그래서 그처럼 이번에도 도해하고 싶다는 걸을, 요나고 정인 무라카와 이치베에와 오오야 진키치가 신청한 것에 대해서는 위에 여쭌 결과 이의가 없다는 내용의 명을 내리셨기 때문에 그에게 그 뜻을 얻게 하여 도해의 건은 명할 수 있게 되었습니다. 삼가 말씀드립니다.

5월 16일

나가이 시나노노카미　　나오마사

이노우에 카즈에노카미　마사나리

도이 오오이노카미　　　토시카쓰

사카이우타노카미　　　　타다요

마쓰타이라 신타로우 토노

註 2、伯耆守殿の報告

鳥取藩主松平伯耆守<池田綱清>から老中へ、この度、様々な報告が上げられていた。その核となる書類は「竹嶋之書附」三通である。その第一は元禄五年伯耆商人村川市兵衛船頭の口上書である。その第二は元禄六年伯耆商人大屋九右衛門船頭の口上書である。その第三は、竹嶋の物産を具体的に示す覚書である。前二者はすでに呈示しているので、ここでは第三の書附を示しておこう(塚本孝『竹島関係旧鳥取藩文書および絵図(上)』レファランス、昭和六十年四月号)。

호우기노카미 님의 보고

톳토리번주 마쓰타이라 호우키노카미(이케다 쓰나키요)가 노중에게 이번에 여러가지 보고를 했다. 그 핵이 되는 서류는 「죽도지서부」의 3통이다. 그 제1은 겐로쿠 5년 호우키 상인 무라카와 이치베에의 배에 타는 선두의 구상서이다. 제2는 겐로쿠 6년 호우키의 상인 오오야 큐우에몬의 배에 타는 선두의 구상서이고, 제3은 죽도물산을 구체적으로 소개하는 각서이다. 전자 둘은 이미 제시했으므로, 여기서는 제3의 서부를 소개한다(쓰카모토 타카시 『죽도관계구톳토리번문서및회도(상)』 레화란스, 쇼우와 60년 4월호).

覚

一、竹嶋に在る物の事は、古来、渡海の船頭や水主たちに尋ね、見知っているもの、その品々を書き留めて置きました。海驢、その他の鳥獣、竹木草の類で、左の通りのものでございます。

竹木の類では、五葉の松、きわだ、椿、とが、けやき、桐がございます。竹、これは日本に有るものと格別に変わったものではありません。栴檀、これは木の葉が黒赤く実はクチナシのように白いものでございます。たいたら、葉はばんの木のようで、大木がございます。楠に似ております。まの竹、これは矢にする竹のようで、大きさ三、四寸廻りのものでございます。柊、葉は日本の樅のようで、葉先は手に立つので前々から水主どもは、これを柊と言い習わしています。がび、これは駕籠の類にしたり、唐紙にしたりします。

오보에

1, 죽도에 있는 것은 고래로 도해하는 선두나 수주들에게 물어 알고 있는 것, 그것들을 기록해 두었다. 강치와 그외의 해수, 죽목초의 종류로 아래와 같은 것입니다. 죽목류는 오엽송, 황벽나무, 동백, 솔송나무, 느티나무, 오동나무, 대, 이것은 일본에 있는 것과 각별히 다른 것이 아닙니다. 전단(멀구슬나무). 나뭇잎이 검붉고 열매는 치자나

무의 하얀색이다. 다이타라(잎은 오리나무와 같고 거목도 있다. 녹나무와 비슷하다). 참대(화살로 쓰는 대나무와 같이 크기는 3, 4촌 둘레의 것도 있다). 종(호랑가시나무: 잎은 일본의 전나무와 같이 잎 끝이 서 있기 때문에 오래전부터 선원들이 호랑가시나무라고 불렀다), 가비(닥나무, 이것은 가마를 닮아 있다. 조선지를 만들었다).

草の類では、ふき、みょうが、うど、ゆり、ごぼう、あおき葉、ぐみ、いちごがございます。いたどり、これは日本に有るものと変わりません。にんじん、日本の料理で用いる人参で、葉のきれは細かく、花の凝り固まった形は菜の花に似ています。にんにく、これは日本のにんにくとは違い、葉は擬宝珠のようでございます。

초류는 머위, 양하, 땅두릅, 백합, 우엉, 갓, 수유나무, 딸기가 있습니다. 감제풀은 일본에 있는 것과 다름이 없습니다. 당근(일본요리에 사용하는 홍당무로 잎이 가늘고 꽃이 뭉친 모양은 유채꽃과 닮아 있습니다). 인삼(이것은 일본의 당근과 다르다, 잎은 파의 꽃 같습니다.

鳥獣の類では、海驢、、ねこ、鼠、山雀、雀、ひよどり、河原ひわ、四十雀、かもめ、鵜、つばめ、鷲、くまたか、そのほかの鷹類がございます。鮑、これは日本に有るものと変わりありません。あな鳥、これは毎朝七つ時から何処かへ飛び立ってしまい、暮の六つ時から五つ時までに戻り、その時、鳴き音を立てます。水主共が言うことには、鳥は夜に入ると穴に入っておりますので、捕る事は容易です。この鳥の大きさは烏くらいで、羽根は鼠色で腹は白く見えます。なちこ、これを水主どもに尋ねますが、唯今のものは形がよく分からないのですが、前々から、このように[鳥の名を]申し伝えております。この他、辰砂の岩、緑青のような物が御座いますが、漁労のみを心懸けておりますので、この事は定かではありません。その他、珍しいものも有りそうですが、深い山でございますので、山奥へは足を踏み入れるのも難しく、よくわかりません。

조수류로는, 강치, 고양이, 쥐, 곤줄박이, 참새, 비둘기, 직박구리, 방울새, 박새, 갈매기, 가마우지, 제비, 독수리, 뿔매, 그외의 매 종류, 전복(이것은 일본에 있는 것과 다름이 없다), 구멍새(이것은 매일 아침 7시부터 어디에서 오는 건지, 돌아오는 것은 저녁 6시부터 5시까지 돌아오는 소리가 난다고 선원들이 말한다. 위의 새는 밤이 되면 구멍에 들어가 있기 때문에 잡기 쉽다. 새의 크기는 까마귀 정도, 날개는 쥐색으로 배는 하얗게 보입니다), 나치코(이것은 선원들에게 물었더니, 현재는 생김새를 알 수 없지만 오래전부터 이렇게 새의 이름이 전해오고 있습니다). 이외에 진사(辰砂)의 바위, 청녹색을 띠고 있는 것이 있습니다만, 어렵에만 신경을 쓰고 있기 때문에 이것은 확실하지 않습니다. 그 외에도 진기한 것도 있을 것 같으나 깊은 산이므로, 산 속 깊이는 발을 딛는 것도 어려워 잘 모릅니다.

一、竹嶋の広さについては、竹や木が生い茂っていて、よく分かりません。島を[船で]廻って見ますと、おおよそ十里ばかりも有るように思います。そのように渡海の水主どもは申しておりました。絵図は別紙にして差し出し致し置きます。

一、朝鮮人が渡ってきた時節については知りません。伯耆国米子からは二、三月頃に出船し、出雲国に向かい、そこから隠岐国へ渡海致し、そこからまた海を越え竹嶋へと着岸致します。七月の上旬、米子へ帰港いたします。伯耆国から竹嶋へ直に渡海する事は出来ません。彼の島には、此方から小屋掛けをし諸道具や漁船などを囲い置き、年々渡海の節、吟味致しておりましたが、少しも乱れているような事はございませんでした。そのようでございましたので、朝鮮人どもが前々から渡海を致していたような様子はありませんでした。それゆえ元禄五年に、朝鮮人は初めて渡海を遂げたのだと、そのように思っております。

一、伯耆国から竹嶋まで、海上百五六十里、竹嶋から朝鮮国へは四十里ほどは有ると、そのように渡海の水主どもが申しておりました。

以上でございます。

1. 죽도의 넓이에 대해서는 대나 나무가 우거져 있어 잘 알 수 없습니다. 섬을 [배로] 돌아보면, 대개 10여 리 정도 있는 것으로 생각합니다. 그렇게 도해하는 수주들이 말하고 있습니다. 회도는 별지로 해서 제출하여 둡니다.

1. 조선인이 건너오는 시기는 잘 알지 못합니다. 호키노쿠니 요나고에서는 2, 3월경에 출선하여 이즈모노쿠니로 가서, 그곳에서 오키노쿠니로 도해하여, 그곳에서 다시 바다를 건너 죽도에 착안합니다. 7월 상순에 요나고로 귀항합니다. 호우키노쿠니에서

죽도로 직접 도해하는 일은 할 수 없습니다. 그 섬에 이쪽에서 소옥을 세우고 제 도구나 어선 등을 넣어두고 매년 도해할 때 조사하였습니다만, 흩어진 것을 조금도 볼 수 없었습니다. 그렇기 때문에 조선인들이 이전부터 도해하고 있었다고 볼 만한 일은 없었습니다. 그렇기 때문에 겐로쿠 5년에 조선인이 처음 도해한 것이라고, 그렇게 생각하고 있습니다.

1. 호우키노쿠니에서 죽도까지 해상으로 150~160리, 죽도에서 조선국에는 40리 정도 될 것이라고, 그렇게 도해하는 수주들이 말하고 있습니다.

이상입니다.

○同六年八月十七日長崎......朝鮮人

迎使一......朝鮮人

......源......川口橋......山......

......馬......川......今......

......以......竹......朝鮮人

......馬......相......源......

......朝鮮人......迎使相......

【大綱五段(元祿六年八月)】

(05-00)

○　同六年八月十四日長崎御奉行所江朝鮮人迎使一宮助左衛門并此
　　方御留守居浜田源兵衛被召寄御奉行川口摂津守様山岡対馬守様
　　御同座ニ被仰渡候ハ今日江戸表より御到来在之竹嶋江罷越候朝
　　鮮人対馬守殿江相渡候様被仰付候間源兵衛江御預ケ置被成候朝
　　鮮人弐人迎使相受取

【大綱五段(元祿六年八月)】

(05-00)

○　同六年八月十四日、長崎御奉行所へ、朝鮮人迎使の一宮助左衛
　　門、ならびに此方[長崎]御留守居役の浜田源兵衛が召し寄せら
　　れた。御奉行の川口摂津守様、山岡対馬守様が御同座して[当
　　方へ]仰せ渡されたことは、今日、江戸表から御公儀の御指示
　　<註1>が到来した。竹嶋へ罷り越した朝鮮人を、宗対馬守殿へ
　　御渡しするように、とのことである。すでに源兵衛へ預け置い
　　た朝鮮人二人を[対馬から来た]迎使が受け取り[対馬へ連れ帰
　　り、さらに朝鮮へ]

【대강 5단(겐로쿠 6년 8월)】

(05-00)

○ 동 6년 8월 14일, 나가사키 봉행소에 조선인을 맞이하기 위한 영사 이치노미야 스케자에몬 및 이쪽(나가사키)에 주재하는 루스이역 하마다 겐베에가 불려왔다. 봉행인 카와구치 셋쓰노카미 님, 야마오카 쓰시마노카미 님이 동석하시고 [우리 쪽에] 지시하시기를, 오늘 에도에서 장군의 지시가 도래했다. 죽도에 건너온 조선인을 소우 쓰시마노카미 님에게 건네주도록 하라는 것이다. 이미 하라다 겐베에에게 맡겨 두었던 조선인 둘을 [쓰시마에서 온] 영사가 인수하여 [쓰시마로 데리고 돌아가, 다시 조선에]

令帰国候様ニ与被仰渡則助左衛門請取候也

(05-01)

- 右同日浜田源兵衛江御奉行所より被仰渡候者平生之朝鮮漂人江
  者長崎逗留中公儀より御賄被仰付候得とも今度竹嶋江罷越候朝
  鮮人者御賄不被仰付候との儀被仰渡候

帰国させるようにとの御命令であった。そこで一宮助左衛門が[そ
の御命令を]お請けした。

(05-01)

- 右の同日(八月十四日)浜田源兵衛へ御奉行所からお達しがあっ
  た。平生の朝鮮からの漂流人へは、長崎に逗留中、公儀から[不
  憫ゆえ慰労の]御賄料が給付される。だが今度、竹嶋へ罷り越し
  た朝鮮人へは[かせぎの為の越境という事で]この[慰労の]御賄料
  は給付されない。そのような[内容の]お達しであった。

귀국시키도록 하라는 명령이었다. 그래서 이치노미야 스게자에몬
이 [그 명령을] 받았다.

(05-01)

- 위의 동일(8월 14일)에 하마다 겐베에에게 봉행소에서 연락이 있
  었다. 보통 때의 조선 표류인에게는 나가사키에 두류하는 동안,
  막부가 [불쌍하기 때문에 위로의] 물품을 하사한다. 그러나 이번

에 죽도에 건너온 조선인은 [돈을 벌기 위해 월경했다 하므로] 이
[위로의] 물품은 하사하지 않는다. 그러한 [내용의] 전달이었다.

(05-02)

• 同日源兵衛御奉行所江申上候ハ朝鮮人対州迄之船中若難風ニ逢
候事茂可在之哉左様之節難義不仕様ニ御証文御渡被下候様ニ申
上候所添御証文可被仰付旨被仰渡

(05-02)

• 同日(八月十四日)源兵衛が御奉行所へ申し上げたことは、朝鮮人
を対州まで[移送する折]その船中(船旅の間)で、もしも難風など
に逢えば[あるいは漂流、あるいは遭難など、困難な事態にも立
ち到ります。]そのような時、難義を蒙らぬよう[浦々に向けた]
御証文を御渡し下さるようにと申し上げた。すると[お聞き届け
いただき]添えの御証文を下し置くと、仰せられた。

(05-02)

• 동일(8월 14일)에 겐베에가 봉행소에 보고한 것은, 조선인을 다
이슈우까지 [이송할 때] 그 선중(배여행의 기간)에, 혹시 난풍 등
을 만나 [어쩌면 표류, 혹은 조난 등의 곤란한 사태가 되고 맙니
다.] 그러할 때, 어려움을 당하지 않도록 [각 포구에] 증문을 보
내주실 것을 요구했다. 그러자 [들으시고] 소지하는 증문을 내려
둔다고 말씀하셨다.

≪解説≫

註1、鳥取藩の意図

　米子商人の村川と大谷からの訴えは、その米子から鳥取へ、そして江戸へ、その江戸藩邸から月番老中の土屋相模守へと達していった。大谷、村川の両家、および鳥取藩が行った申し入れとは、朝鮮人漁民のこの島への出漁禁止である。そして鳥取藩領に住む米子商人が、竹嶋産アワビを排他的に確保する権利を、なおも継続させて貰いたいと、そのような希望であった。具体的には「向後、彼の島へ朝鮮人が参らぬようにして頂きたい。そして竹嶋アワビを以前の通り幕府へ献上も致したい」と言うものであった(鳥取藩『御用人日記』元禄六年五月十日条)。そしてその要望の通りが認められ、以後、朝鮮人の竹島渡海を禁ずるよう、朝鮮政府へ申し入れるよう、対馬藩へ命令があった。

톳토리번의 의도

　요나고 상인 무라카와와 오오야의 소송은 요나고에서 톳토리로, 그리고 에도로, 그 에도 번저에서 월번 노중인 쓰치야 사가미노카미에게 전달되었다. 오오야, 무라카와 양가 및 톳토리번이 같이 요구한 것은, 조선 어민이 이 섬(죽도)에 출어하는 것을 금지시키는 일이었다. 그리고 톳토리 번령에 사는 요나고 상인이 죽도산 전복을 배타적으로 확보하는 권리를 계속해서 행사하고 싶다는, 그러한 희망이었다. 구체적으로는 「향후 그 섬에 조선인이 오지 않도록 해주었으면 합니다. 그리고 죽도전복을 이전처럼 막부에 헌상도 하고 싶습니다」라고 말하는 것이었다(톳토리번 『고요우닌잇키』 겐로쿠 6년 5월 10일조). 그리고 그 요망이 인정되어, 이후, 조선인의 죽도도해를 금할 것을 조선정부에 요구하도록 쓰시마번에 명령했다.

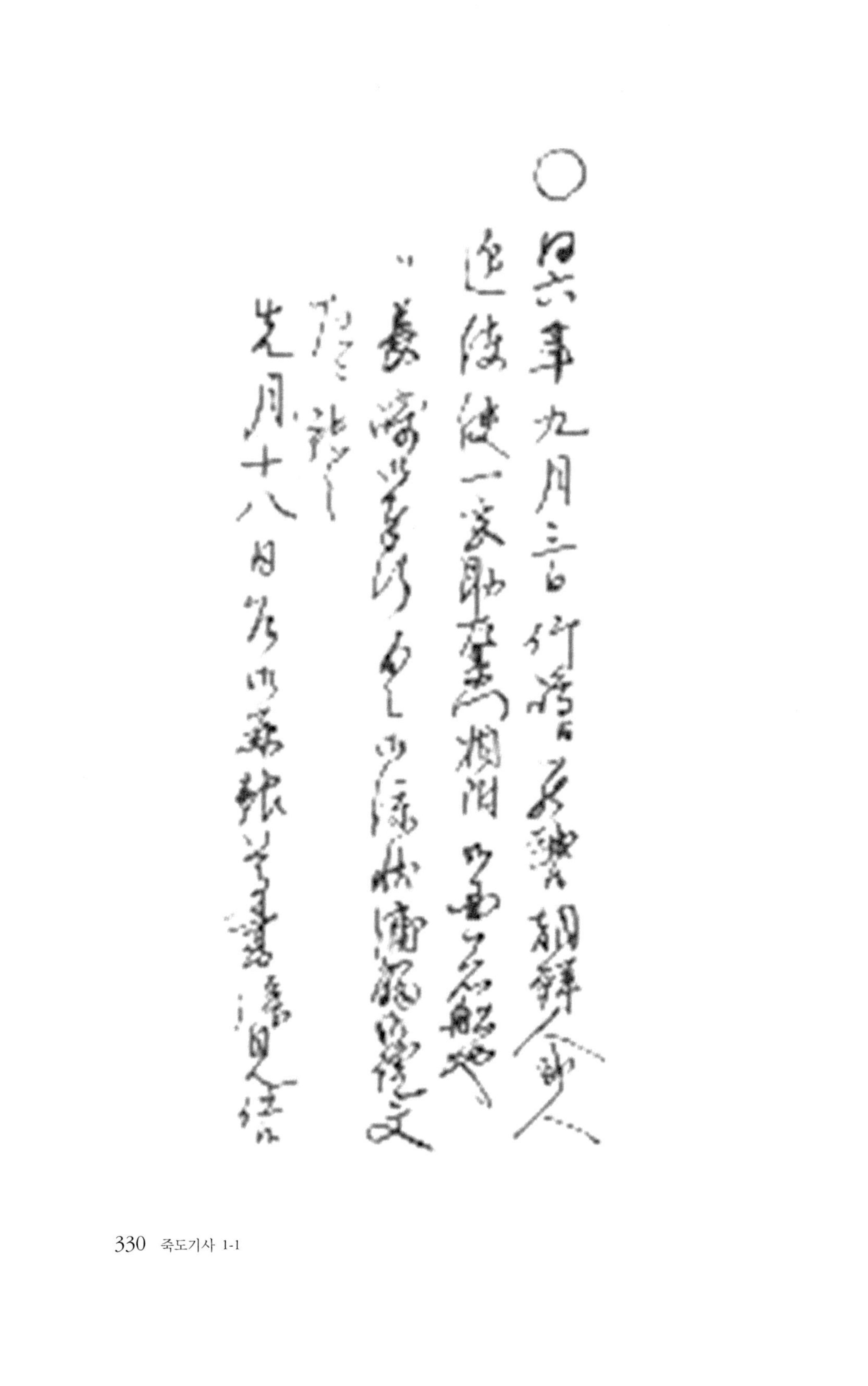

○日英事九月三日行漕...

【大綱六段(元祿六年九月①)】

(06-00)

○　同六年九月三日竹嶋江罷越候朝鮮人弐人迎護使一宮助左衛門相

　　附御国着船也

(06-01)

・長崎御奉行より之御添状浦触御証文左ニ記之

　先月十八日㕦御再報尊書拝見仕候

○　同六年九月三日(実は九月二日)(註１のことである。竹嶋へ罷り

　　越した朝鮮人二人に対し、迎護使の一宮助左衛門を[長崎に派

　　遣し、その航海中の警護の役に]附けておいた。[その一行が、

　　この日、無事]御国(対馬国)へ着船となった。

(06-01)

・長崎御奉行から[宗対馬守に宛てた]御添状、および浦触れの御証

　文を、左に記す。

　先月十八日(七月十八日)付の御再報の尊書を拝見致しました。

(06-00)

○　동6년 9월 3일(실은 9월 2일)의 일입니다. 죽도에 건너온 조선인

　　두 사람에 대한 영호사로 이치노미야 스케자에몬을 [나가사키

　　에 파견하여, 그 항해 중의 경호역으로] 붙여 두었다. [그 일행

이 이날 무사히] 오쿠니(쓰시마노쿠니)에 착선했다.

(06-01)

• 나가사키 봉행소에서 [소우 쓰시마노카미에게 보낸] 첨서 및 우
라부레의 증문을 아래에 기록한다.

지난달 18일(7월 18일)부로 다시 보내주신 존서를 배견하였습니다.

然者竹嶋江罷越候朝鮮人従松平伯耆守殿先頃当地江送来候付委細
其節御使者江申進候通被聞召右朝鮮人船中為警固一宮助左衛門方被
差越御紙面致承知候今日従江戸御継飛脚到来朝鮮人其許江差遣向後
竹嶋江渡海不仕候様可被仰付之由従拙者共可相達旨従御老中被仰下
候委曲助左衛門方江申含則朝鮮人両人相渡之候恐惶謹

竹嶋へ罷り越した朝鮮人が、松平伯耆守殿[の鳥取]から、先だって
当地[長崎]へ送られて来ました。その節、委細は御使者[嶋雄菅右衛
門]へ、お話しを致しました。その通りにお聞きになられたようで、
右の朝鮮人に対する船中警固<註 2>の為[再度]一宮助左衛門を差し遣
わしなさいました。そのことを記した御紙面[を拝見し]承知致しまし
た。今日、江戸から御継の飛脚が到来致しました。この朝鮮人を貴
方様へ差し遣し、向後[朝鮮人漁民が]竹嶋へ渡海致さぬよう[朝鮮の
朝廷に向けて]お話し下さるよう、それを拙者どもから[貴方様へ]伝
達するよう、御老中から御命令がございました。委曲は助左衛門へ
申し含めて置く事に致します。以上により朝鮮人二人を[御使者の一
宮助左衛門に]お渡し致します。恐惶

죽도에 건너온 조선인을 마쓰타이라 호우키노카미 님[의 톳토리]
에서, 앞서 당지 [나가사키]로 보내었습니다. 그때 자세한 것은 사자
[시마오 스가에몬]에게 이야기하였습니다. 그대로 들으신 것 같아, 위
의 조선인에 대한 선중 경고를 위해 [다시] 이치노미야 스케자에몬을
차견하셨습니다. 그것을 기록한 지면[을 배견하고] 알았습니다. 오늘
에도에서 비각이 도래했습니다. 이 조선인을 귀하에게 보내어, 향후

에 [조선인 어민이] 죽도에 도해하지 않도록 [조선 조정에] 요구하여
주실 것을, 그것을 졸자들이 [귀하에게] 전달하라는, 노중의 명령이
있었습니다. 자세한 것은 스케자에몬에게 말하여 두도록 하겠습니다.
이상과 같이 조선인 두 사람을 [사자 이치노미야 스케자에몬에게] 인
도합니다, 삼가

催之

八月十三日

宗對馬守　義倫

山﨑對馬守との

川口攝津守との

謹言

八月十三日　　　　　　　　　　　山岡対馬守

　　　　　　　　　　　　　　　　　　景助　御在判

　　　　　　　　　　　　　　　　川口摂津守

　　　　　　　　　　　　　　　　　　宗恒　御在判

宗対馬守様

　　　尊報

謹言

八月十三日　　　　　　　　　　　山岡対馬守

　　　　　　　　　　　　　　　　　　景助　御在判

　　　　　　　　　　　　　　　　川口摂津守

　　　　　　　　　　　　　　　　　　宗恒　御在判

宗対馬守様

　　　尊報

말씀드립니다.

8월 13일　　　　　　　　　　　　야마오카 쓰시마노카미

　　　　　　　　　　　　　　　　　카게스케　어재판

　　　　　　　　　　　　　　　　카와구치 셋쓰노카미

　　　　　　　　　　　　　　　　　무네쓰네　어재판

소우 쓰시마노카미 님

　　　존보

朝鮮国慶尚道之内東莱之郡釜山浦之者壱人蔚山之者壱人当三月竹
嶋与申所江罷渡候付右弐人之朝鮮人宗対馬守方家来江相渡之警固船
ニ為乗対州江差越朝鮮国江送戻候間浦々相違有之間敷候自然水薪無
之風波烈悪敷所繋候節者無滞様に可被相通候以上

　朝鮮国の慶尚道の内、東莱郡、釜山浦の者が一人、また蔚山の者
が一人、当三月(元禄六年三月)に竹嶋と申す所へ罷り渡ってきた。右
二人の朝鮮人を宗対馬守方の家来へ引き渡す。警固の船に乗せ、対
馬へ渡し、さらに朝鮮国へ送り還す予定である。浦々[の衆には、こ
の御方針に]違うことなく[送致船の運行に協力し]自然の水や薪が欠
乏すれば[これを提供し]風波烈しく[操船に]悪敷き場所に[船を]繋ぎ
留めた節には、滞りの無いよう[誘導助力し、その航海に際しては]適
切に対処するよう命じる。以上である。

　조선국 경상도 내의 동래군 부산포의 사람 1인, 또 울산 사람 1인이,
당 3월(겐로쿠 6년 3월)에 죽도라는 곳에 건너왔다. 위 2인의 조선인을
소우 쓰시마노카미 측의 부하에게 인도한다. 경고의 배에 태워 쓰시마
로 건너가, 다시 조선국에 송환할 예정이다. 각 포구[의 사람들은 이
방침을] 어기는 일 없이 [송치선의 운행에 협력아여] 자연의 물이나
땔감이 결핍하면 [이것을 제공하고] 풍파가 심하여 [배를 움직이는 데]
나쁜 장소에 [배를] 계류했을 경우에는, 지체하지 않도록 [유도 조력하
고, 항해에 임해서는] 적절히 대처할 것을 명한다. 이상이다.

文綠六年酉八月十三

所

番宗守

山長
對馬守

川長
橋陳守

元禄六年酉八月十六日　　　　　山岡対馬守　印

　　　　　　　　　　　　　　　川口摂津守　印

　　　　　　　　　　　　所々浦

　　　　　　　　　　　　番衆中

元禄六年酉八月十六日　　　　　山岡対馬守　印

　　　　　　　　　　　　　　　川口摂津守　印

　　　　　　　　　　　　所々の浦の

　　　　　　　　　　　　番衆中へ

겐로쿠 6년 계유 8월 16일　　　　야마오카 쓰시마노카미　　인

　　　　　　　　　　　　　　　카와구치 셋쓰노카미　　　인

　　　　　　　　　　　　곳곳의 포구의

　　　　　　　　　　　　번중들에게

(06-02)

- 朝鮮人宿御使者屋江被仰付宿番御徒士四人組之者四人被仰付朝
  鮮人門外江出入不仕様申渡

(06-03)

- 長崎より彼地在役之通詞壱人加勢伝五郎朝鮮人江相附来候

(06-04)

- 朝鮮人御国着船ニ付長崎御奉行所より被相附候浦触御証文被差
  返候ニ付御奉行所江御状被差越候

(06-02)

- 朝鮮人の[対馬での]宿は、御使者屋(朝鮮からの御使者用の宿舎)
  でとの仰せ付けがあった。宿番する御徒士四人組の者の内、四
  人総てに[この警固が]命じられた。二人の朝鮮人については、門
  外への出入りはならぬと、ここで申し渡しがあった。

(06-03)

- 長崎からは、彼の地(長崎)に在住する御役目の通詞一人、すなわち加
  勢藤五郎が、この朝鮮人に付き添って[乗船し、対馬に]やって来た。

(06-04)

- 朝鮮人が御国(対馬国)に[無事]着船したので、長崎御奉行所から
  [宛てがい]附けられていた浦触の御証文を返却することになっ
  た。そのため長崎奉行所への書状が差し遣わされる。

(06-02)

- 조선인의 [쓰시마에서의] 숙소는 사자옥(조선에서오는 사자용의

숙사)로 하라는 지시가 있었다. 숙번을 하는 보초 4인조 중에서, 총 4인에게 [이 경고를] 명했다. 2인의 조선인에 대해서는 문외의 출입은 안 된다고, 이곳에서 지시했다.

(06-03)

• 나가사키에서는 그곳(나가사키)에 재주하는 담당자 통사 1인, 즉 가세 토우고로우가 이 조선인을 따라 [승선하여 쓰시마에] 왔다.

(06-04)

• 조선인이 국원(쓰시마노쿠니)에 [무사히] 착선했기 때문에, 나가사키 봉행소에서 [편리를 도모하기 위해] 붙여준 우라후레(공고)의 증문을 반납하게 되었다. 그 때문에 나가사키 봉행소에 서장을 보낸다.

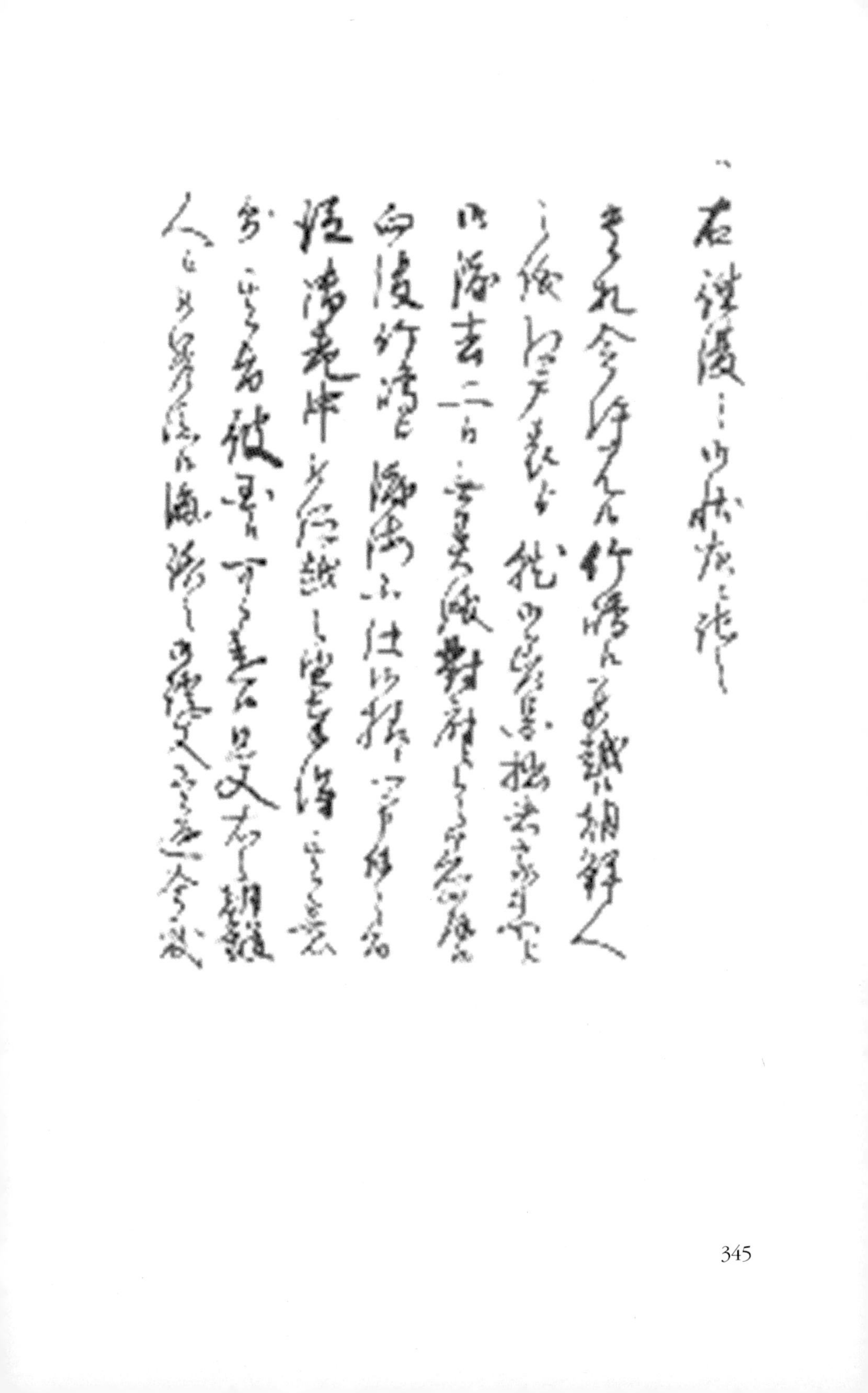

(06-05)

- 右往復之御状左ニ記之

貴札令拝見候竹嶋江罷越候朝鮮人之儀江戸表より就御差図拙者
家来江御渡去二日無異儀対府江令着岸候向後竹嶋江渡海不仕候
様ニ可申付之旨従御老中被仰越之由奉得其意則其旨彼国江可申
遣候且又右之朝鮮人江被差添候海路之御証文壱通今度

(06-05)

- 右の[長崎奉行所への書状と、その返答となる書状の]往復書状の
  写しを、左に記しておく。

貴職[御両所]様方の御書簡を拝見致しました。竹嶋へ罷り越した
朝鮮人のことでございますが、江戸表からの御差図にもとづき
[二人を]拙者の家来へ御渡し下さいました。去る二日(九月二日)
無事に対府(対馬の府中)へ着岸致しました。向後[朝鮮人漁民が]
竹嶋へ渡海せぬよう[朝鮮の朝廷へ]申し伝えることに致します。
これは御老中からの御命令であり、その御命令を受け、その御
趣旨を彼の国へ申し伝える事に致します。また右の朝鮮人の[送
致の折、当方の護衛の者どもに]差し添えられた海路の御証文一
通を、この度

- 위의 [나가사키 봉행소에 보내는 서장과 그 반답서의] 왕복서장
  사본을 아래에 기록해 둔다.

귀직 [두 곳의] 봉행의 서간을 배견하였습니다. 죽도에 넘어온 조
선인에 관한 일입니다만, 에도의 지시에 의거하여 [두 사람을] 졸
자의 부하에게 양도하여 주셨습니다. 지난 2일(9월 2일)에 무사
히 타이후(쓰시마의 후츄우)에 착안했습니다. 향후 [조선 어민이]
죽도에 도해하지 않도록 해줄 것을 [조선의 조정에] 전달하도록
하겠습니다. 그것은 노중의 명령으로, 그 명령을 받아, 그 취지를
그 나라에 전달하도록 하겠습니다. 또 위의 조선인을 [송치할 때,
우리 측의 호위자들에게] 첨부시켰던 해로의 증문 1통을, 이번에

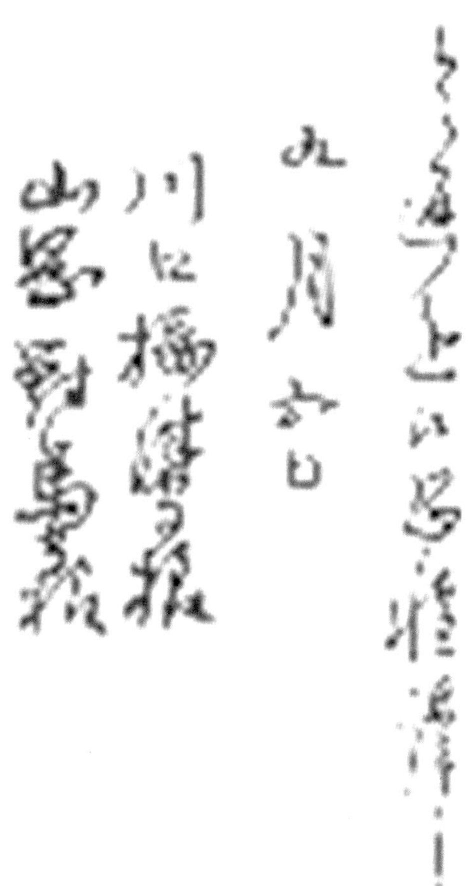

令返進候　恐惶謹言

　　九月五日

　　　　　　　　川口摂津守様

　　　　　　　　山岡対馬守様

[そちらに]返却致します。恐惶謹言

　　九月五日

　　　　　　　　川口摂津守様

　　　　　　　　山岡対馬守様

[그쪽에] 반납합니다. 삼가 말씀드립니다.

　　9월 5일

　　　　　　　　카와구치 셋쓰노카미 님

　　　　　　　　야마오카 쓰시마노카미 님

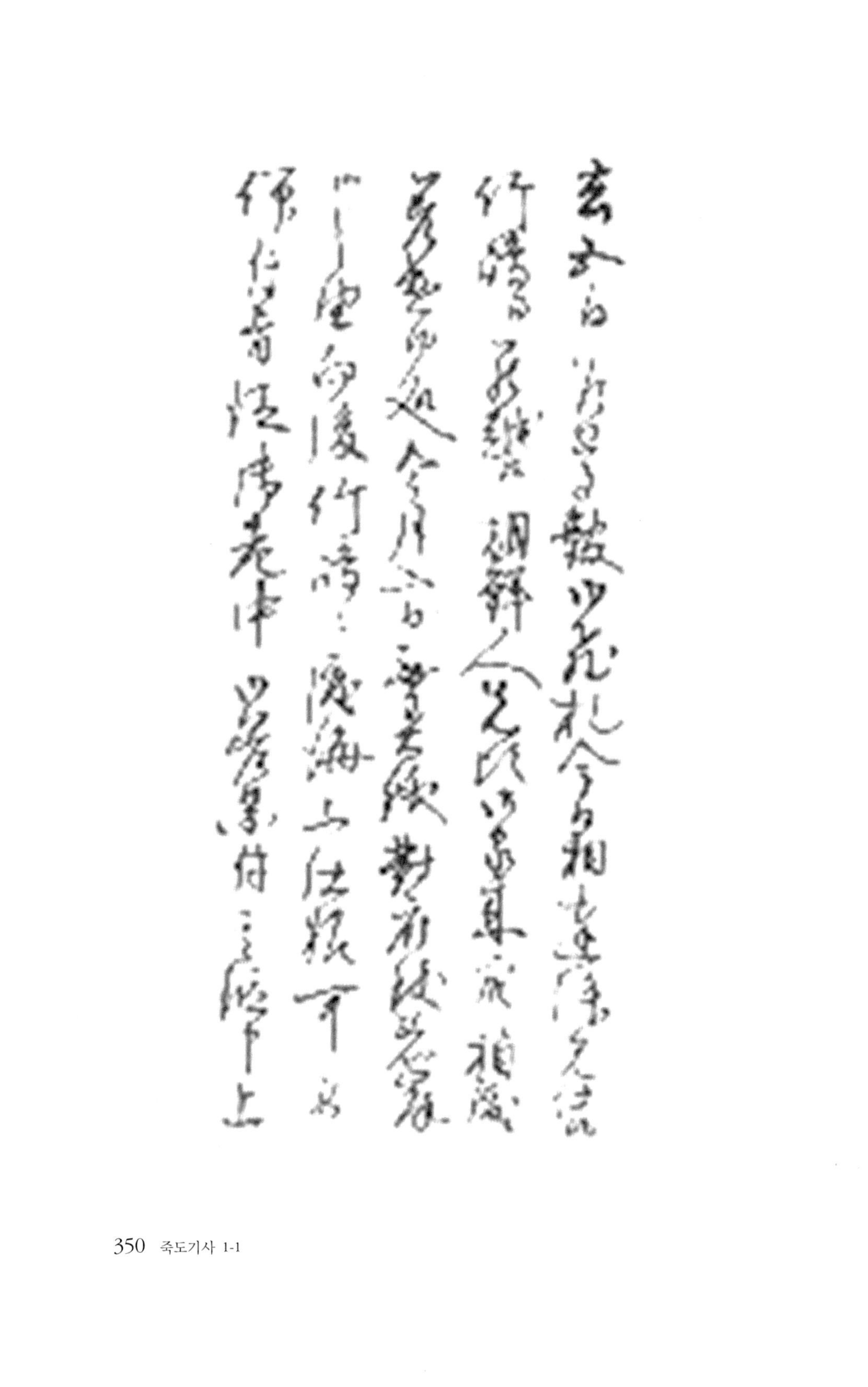

去五日午尊報御飛札今日相達拝見仕候竹嶋江罷越候朝鮮人先頃御家
来衆ニ相渡差遣候処今月二日無異儀対府致着岸候之由向後竹嶋江渡
海不仕様可被仰付旨従御老中御差図付其段申上

去る五日(九月五日)付けの貴方様からの御書簡が、御飛札(飛脚便)に
て今日届き、拝見致しました。竹嶋へ罷り越した朝鮮人二人を、先
頃、貴方様の御家来衆へ、お渡し致しました。そして[対馬の府中へ]
送り届けるよう指示を致しました。すると今月二日、対馬府中に無
事到着された由[の御連絡をいただきました。]何よりのことで御座い
ます。向後、朝鮮人漁民が竹嶋に渡海致さぬよう、彼の国に申し出
をなさるよう、御老中からの御差図が御座います。そのことに付
き、そのように貴方様へ申し上げたところ

지난 5일(9월 5일)부의 귀하께서 보낸 서간이, 어비찰(비각편)로 오늘
도착하여 배견하였습니다. 죽도에 건너온 조선인 2인을 지난 번에 귀
하의 부하들에게 양도하였습니다. 그리고 [쓰시마 후츄우에] 송환하
라고 지시를 하였습니다. 그러자 금월 2일에 쓰시마 후츄우에 무사히
도착했다는 내용[의 연락을 받았습니다.] 무엇보다 잘된 일입니다. 향
후 조선인 어민이 죽도에 도해하지 않도록, 그 나라에 요구하시라는
노중의 지시가 있습니다. 그 일에 붙여, 그렇게 귀하님에게 말씀드렸
더니

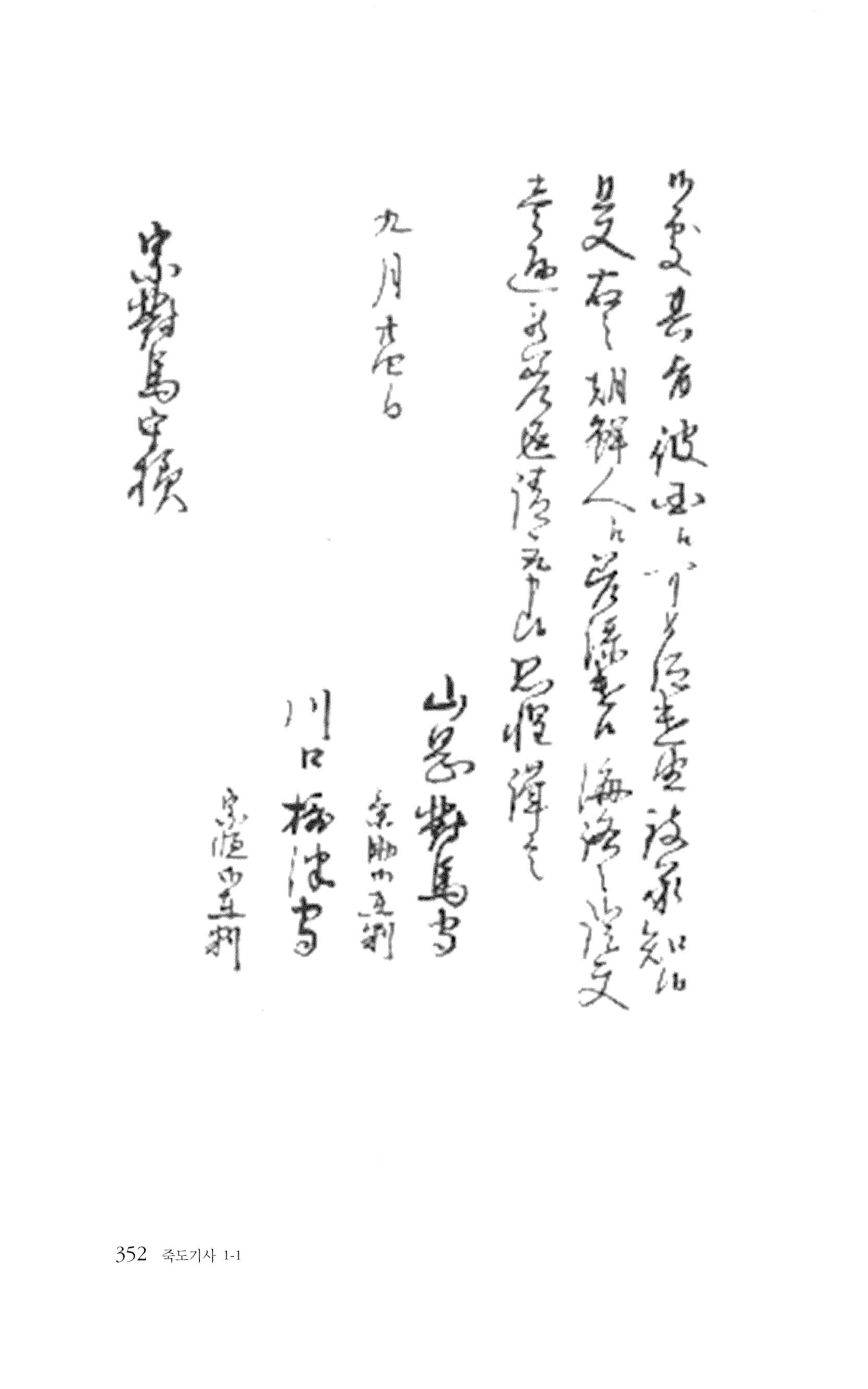

九月十七日

山県某　書
宗□□五判

川口梅澤　書
宗□四五判

宗對馬守殿

候処其旨彼国江可被仰遣由致承知候且又右之朝鮮人江差添遣候海路
之証文壱通被差返請取申候恐惶謹言

　　　九月廿四日　　　　　　　　山岡対馬守

　　　　　　　　　　　　　　　　　　景助　御在判

　　　　　　　　　　　　　　　川口摂津守

　　　　　　　　　　　　　　　　　宗恒　御在判

　　宗対馬守様

申し上げたところ、その旨の御承知があり、彼の国へ申し遣わすと
のことで御座いました。以上について、当方は承知を致しておりま
す。また右の朝鮮人の移送の折、差し添えておいた海路の証文一通
を、ご返却下さいました。[確かに、ここに]請け取り置きました。恐
惶謹言

　　　九月二十四日　　　　　　　山岡対馬守

　　　　　　　　　　　　　　　　　　景助　御在判

　　　　　　　　　　　　　　　川口摂津守

　　　　　　　　　　　　　　　　　宗恒　御在判

　　宗対馬守様

말씀드렸더니, 그 뜻을 아시고, 그 나라에 말하여 보낸다는 것이었습
니다. 이상에 대하여, 우리 측은 잘 알고 있습니다. 또 위의 조선인을
이송할 때, 첨부해준 해로의 증문 1통을 반납하여 주셨습니다. [분명
히 이곳에] 받아 두었습니다. 삼가 말씀드립니다.

9월 24일   야마오카 쓰시마노 카미
                                  카게스케 어재판
                              키와구치 셋쓰노카미
                                  무네쓰네 어재판

소우 쓰시마노카미사마

註1、書簡文の日附

警固の一行が対馬の府中に着いたのは九月二日である。続く二つの書簡文に「去る二日」そして「今月二日」とあるからである。これが三日となったのは迎護使の一宮助左衛門が、正式に藩庁に復命したのが翌三日であったからであろう。

서간문의 일부

경고의 일행이 쓰시마 후츄우에 도착한 것은 9월 2일이다. 계속되는 2통의 서간문은 「지난 2일」 그리고 「금월 2일」이라고 있기 때문이다. 그것이 3일로 된 것은 영호사 이치노미야 스케자에몬이 정식으로 번청에 복명한 것이 다음 3일이었기 때문일 것이다.

註2、船中警固

航海中の警固のことである。長崎から対馬までの海路とは、以下のような経路を辿る。長崎を出発し、角力灘を北に向かう。松島、大島を経て、平戸島に至る。平戸の瀬戸を抜け、鷹島を過ぎれば、東松浦半島である。その呼子の港から北進すれば壱岐に至る。壱岐から対馬へと渡る。そのような海の道である。その間の浦々に対する触れ状が手渡されていた。

선중의 경고

항해 중의 경고를 말한다. 나가사키에서 쓰시마까지의 해로란, 이하와 같은 해로를 간다. 나가사키를 출발하여, 스모우나타를 북으로 향한다. 마쓰시마, 오오시마를 거쳐 히라토에 이른다. 히라토의 세도를 빠져 타카시마를 지내면 히가시마쓰우라 반도이다. 그 요부코항에서 북진하면 이키에 이른다. 이키에서 쓰시마로 건넌다. 그러한 바다의 길이다. 그 사이의 여러 포구에 대한 후레장(통행증) 을 건네준 것이다.

[図、나가사키에서 쓰시마로 가는 해로]

○同六年九月四日　大月付内昭九　所□□□朝鮮

人間情之ヲ伝□□也

朝鮮人口書

一　我々人々内之人々釜浦之者アンヨト
ト申ス人ハウヲサン之者バクタウヒトヲ者ら
ツ我我一艘ニ十人乗組内□□人相乗
申ニ付寧海之中而残五九人乗付帳

　　　船頭
　　　　　キムシ千ヤキ

【大綱七段(元禄六年九月②)】

(07-00)

○ 同六年九月四日大目付内野九郎左衛門を以朝鮮人問情被仰付也

(07-01)

朝鮮人口書

一 我々両人之内壱人者釜山浦之者アンョグト申候壱人ハウルサン
　　之者バクトラビト申者ニ而御座候我々一艘ニ十人乗組候処内壱
　　人相煩申ニ付寧海(ヨグホイ)与申所ニ残置九人乗竹嶋ニ罷渡候
船頭　キムヨチヤキ

(07-00)

○ 同六年九月四日[対馬藩の]大目付たる内野九郎左衛門に、朝鮮
　　人の問情(取り調べ)の御役目が仰せ付けられた。

(07-01)

[その問情の結果は、次の通りである。]

朝鮮人の口上書

一 我々両人の内、一人は釜山浦の者でアンョグと申します。もう一
　　人はウルサン(蔚山)の者でバクトラビと申します。我々[の航海
　　は]一艘に十人<註1>が乗り組んでおりましたが、その内の一人
　　が[病気を]煩うことになり、寧海(ヨグホイ)と申す所に残し置

き、残る九人で乗り組み、竹嶋に渡りました。[その時の乗組員
の名は次の通りです。]

　　　　船頭　キムヨチヤキ

(07-00)

○ 동 6년 9월 4일에 [쓰시마번의] 오오메쓰케(대감찰) 우치노 큐우
로우자에몬이 조선인의 문정(취조)의 역을 명받았다.

(07-01)

[그 취조의 결과는 다음과 같다.]

　　　　　　조선인의 구상서

1. 우리 두 사람 중 한 사람은 부산포의 안요구라고 합나다. 또 한
사람은 울산 사람으로 바쿠토라비라고 합니다. 우리들[의 항해
는] 1척에 10인이 타고 있었습니다만, 그중의 1인이 [병을] 앓게
되어 영해라는 곳에 남겨두고, 나머지 9인이 타고 죽도로 건너
갔습니다. [그때의 승조원의 이름은　다음과 같습니다.]

　　　　선두　키무요치야키

ウ九サニ・一番

キンバタイ

キンデントイ

セッチ

イハニ

キムトクソイ

「チヤグチヤナコニ

　　　　　　　キンバタイ

　　　　　　　キンデントイ

ウルサン之者　セコチ

　　　　　　　イハニ

　　　　　　　キムトグソイ

　　　　　　　チャグチヤチユン

　　　　　　　キンバタイ

　　　　　　　キンデントイ

ウルサンの者　セコチ

　　　　　　　イハニ

　　　　　　　キムトグソイ

　　　　　　　チャグチヤチユン

　　　　　　　킨바타이

　　　　　　　킨덴토이

울산 사람　　세코치

　　　　　　　이하니

　　　　　　　키무토구소이

　　　　　　　치야구치야치윤

右之通、京組ノ儿サ二分仕二一三月廿六
来船仕同廿五日三ウ儿サ二出船仕同二ウ二
オン二之内ブイカイ七リ中二来之云同乃之云日
ブイカイ出帆仕受之中通了リ中工二八イ七ル云
死亡同之云辰之別工二八分出帆仕同日
頃別仕湾死亡工二八イ七仔湾之留
不十里程も可有之終之兼二胡鮮半島通
東二南りト儿湾之胡鮮牧之湾二有之太
元、トル山之振子陰組二又亨く之慶

右壱艘ニ乗組ウルサンより仕出候、三月十一日乗組仕、同十五日ニ
ウルサン出船仕、同日ウルサン之内ブイカイ与申所ニ罷着、同廿五
日ブイカイ出帆仕、慶尚道之内エンハイ与申所ニ罷着、同廿七日辰
之刻エンハイ出帆仕、同日酉刻竹嶋江罷着申候、エンハイ与竹嶋之
間五十里程も可有之歟与覚申候朝鮮江原道より東ニ当り申候嶋之程
朝鮮牧之嶋より少大ニ見へ申候、山之様子険阻ニして高く御座候

右一艘の船に乗り組むためウルサンで準備を始め、三月十一日には
乗組員は勢揃いし、同十五日にウルサンの港を出船致しました。同
日中に、ウルサンの内のブイカイ(興海)と申す所に罷り着き、同二十
五日にブイカイを出帆し、慶尚道の内のエンハイ(寧海)と申す所に罷
り着きました。同二十七日の辰の刻(午前八時頃)にエンハイを出帆
し、同日酉の刻(午後六時頃)に竹嶋へ罷り着きました。エンハイと竹
嶋との距離は、おおよそ五十里ほども有りましょうか。[その位置は]
朝鮮の江原道より東に当り、嶋の程度は、朝鮮の牧之嶋(絶影島)<註
2>より少し大きいようにも思えます。山の様子は険阻で、登るには
高過ぎるので御座います。

위 1소의 배에 타기 위해 울산에서 준비를 시작하여, 3월 11일에는
승조원을 갖추어, 동 15일에 울산항을 출선하였습니다. 동일 중에 울
산 내의 부이가이(흥해)라는 곳에 도착하고, 동 25일에 부이가이를 출
범하여 경상도 내의 엔하이(영해)라는 곳에 도착했습니다. 동 27일의
진시(오전 8시경)에 엔하이를 출범하여 동일 유시(오후 6시경)에 죽
도에 도착했습니다. 엔하이와 죽도의 거리는 대개 50리 정도가 될 것

입니다. [그 위치는] 조선의 강원도의 동에 해당하고, 섬의 정도는 조
선의 마키노시마(절영도)보다 조금 크다고 생각합니다. 산의 상황은
험하여 오르기에는 너무 높습니다.

一　彼嶋ニ鳥類獸類魚類ニ至迄別而ゐなもの無御座候祢こ大分居申候
一　彼嶋ニ古キ小屋をこほち候道具御座候如何様日本人之住跡之様
　　ニ被存候

一　彼の島に棲息する鳥類や獸類や魚類などに、特別変わったもの
　　はありません。猫は島にたくさん居りました。
一　彼の島には、古い小屋の壊れた跡があり、住まいのための道具
　　も残っておりました。どことなく日本人の住み跡の様に思われ
　　ました。

1. 그 섬에 서식하는 조류나 수류나 어류 등에 특별히 이상한 것은
　　없습니다. 고양이는 섬에 많이 있습니다.
1. 그 섬에는 오래된 소옥이 무너진 흔적이 있고, 살기 위한 도구도
　　남아 있습니다. 어쩐지 일본인이 산 흔적처럼 생각됩니다.

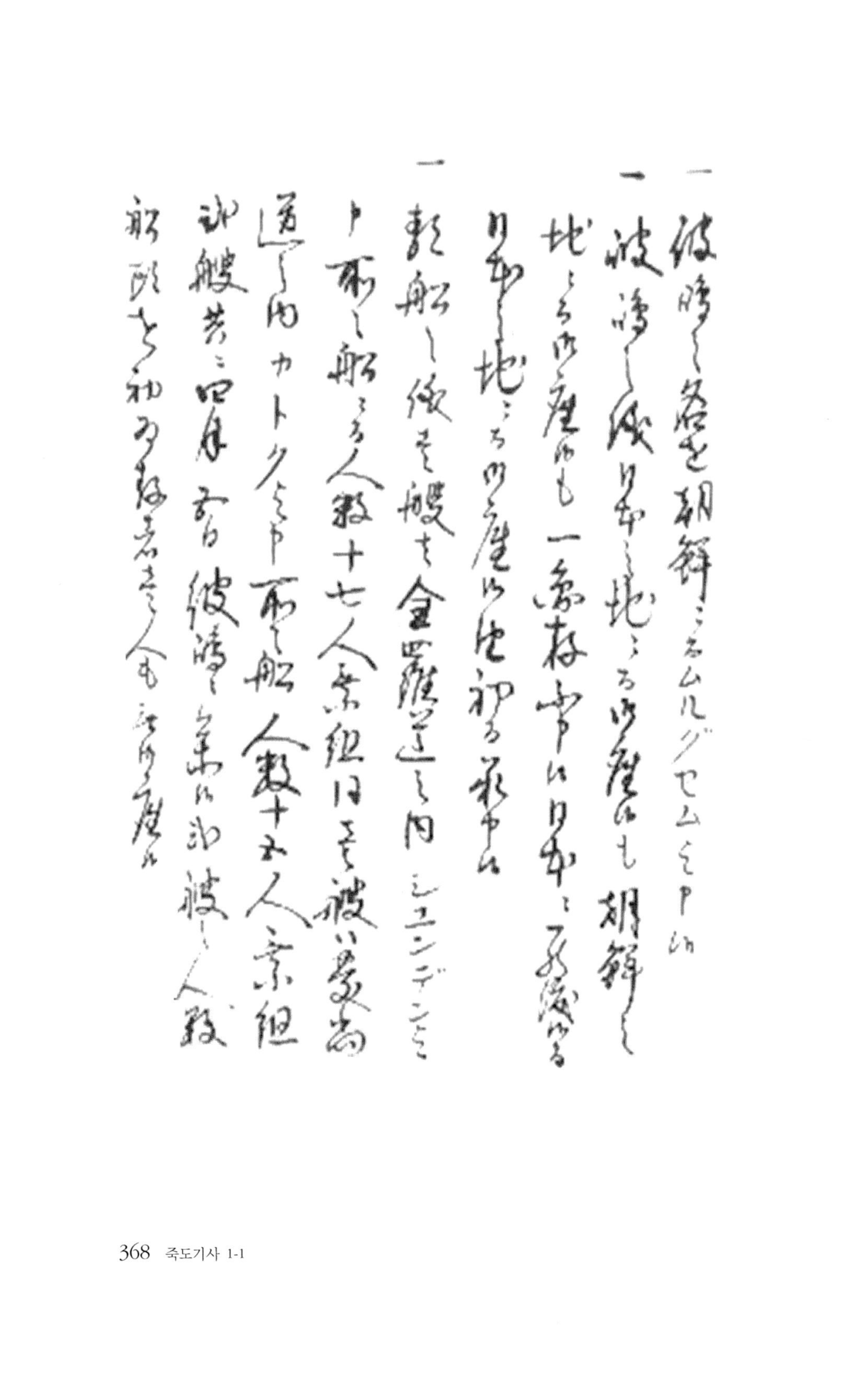

一 彼嶋之名を朝鮮ニ而ムルグセム与申候

一 彼嶋之儀日本の地ニ而御座候も朝鮮之地ニ而御座候も一円存不
　　申候日本ニ罷渡候而日本之地ニ而御座候由初而承申候

一 類船之儀壱艘者全羅道之内シュンデン与申所之船ニ而人数十七
　　人乗組同壱艘ハ慶尚道之内カトク与申所之船人数十五人乗組弐
　　艘共ニ四月五日彼嶋ニ参候弐艘之人数船頭を初為存者壱人も無
　　御座候

一 彼の島の名は、朝鮮ではムルグセムと申します。

一 彼の島のことについては、それが日本の領地であるのか、朝鮮の領
　　地であるのか、そのようなことは一切知りません。日本に渡って来
　　て、日本の領地であることを、そこで初めて承りました。

一 同様に島に渡った船のうち、一艘は全羅道の内シュンデン(順天)
　　と申す所の船で、人数十七人が乗り組んでおりました。また同
　　じく一艘は、慶尚道の内カトク(加徳島)と言う所の船で、人数
　　十五人が乗り組んでおりました。この二艘ともに四月五日、彼
　　の嶋に着岸致しました。二艘に乗る人たちについては、その船
　　頭を初めとして知っている者は一人もいませんでした。

1. 이 섬의 이름을 조선에서는 무루구세무라고 말합니다.

1. 이 섬에 대해서는, 그것이 일본의 영지인지 조선의 영지인지 그
　　러한 것은 일체 모릅니다. 일본에 건너와서 일본의 영지라는 것
　　을, 그곳에서 처음으로 들었습니다.

1. 같이 섬에 건넌 배 중에 1소는 전라도 내의 슌덴(순천)이라는 곳

의 배로 인수 17인이 타고 있습니다. 또 같은 1소는 경상도 내의 카토쿠(가덕도)라고 하는 곳의 배로 인수 15인이 타고 있습니다. 그 2척 모두 4월 5일에 그 섬에 착안하였습니다. 2척에 탄 사람에 대해서는, 그 선두를 비롯하여 알고 있는 자는 한 사람도 없었습니다.

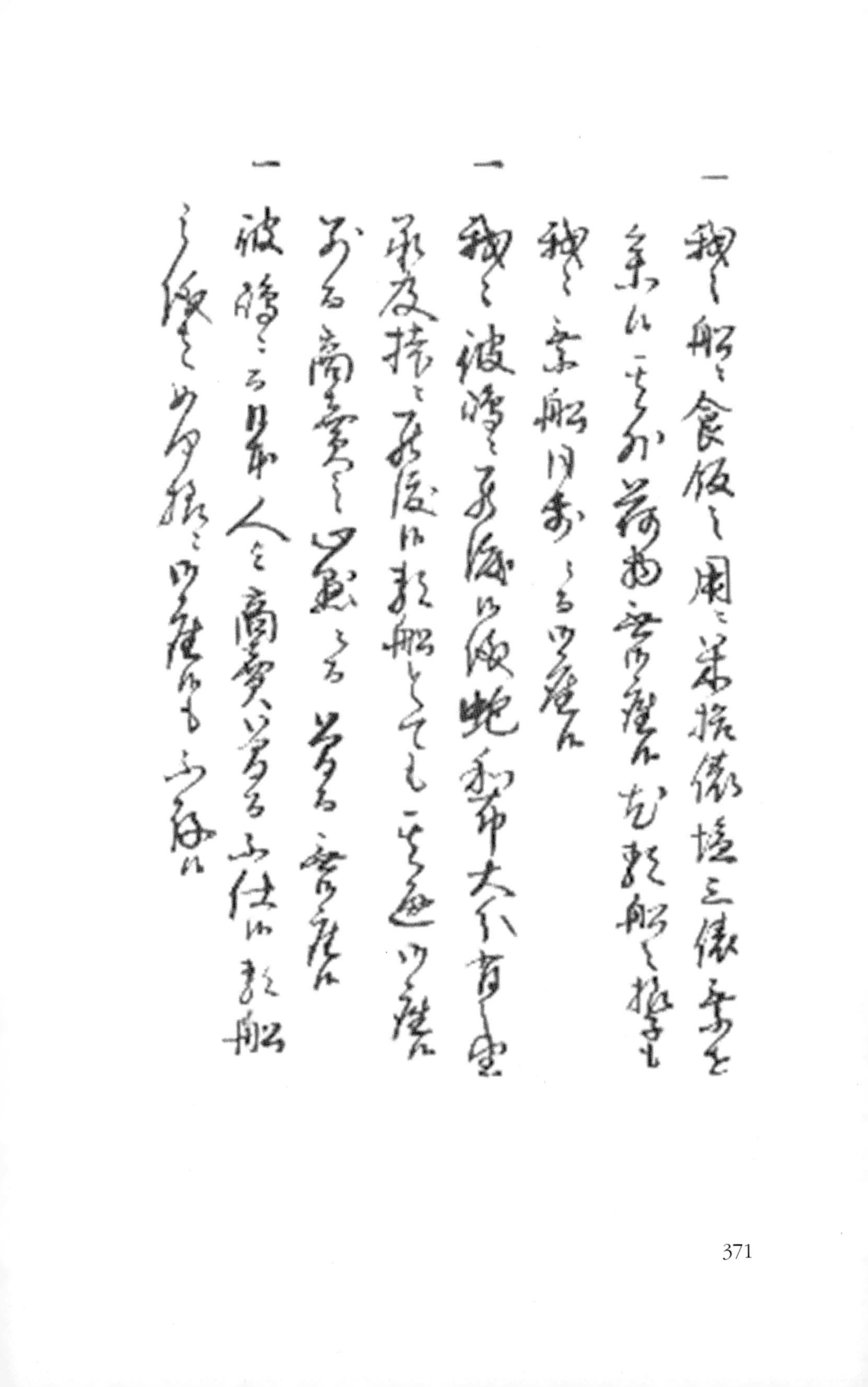

一　我船ニ食飯ヲ用ヰ兼候儀[illegible]
　　[illegible]ニ荷物[illegible]ヲ舩ニ積置

一　我宗舩[illegible]ヲ四ヶ處ニ
　　[illegible]

一　我ヲ波濤[illegible]蛇ヲ印大ニ[illegible]
　　承及扱ヲ不度ニ救舩トテモ[illegible]

一　[illegible]商賣ニ[illegible]ヲ
　　[illegible]

一　被害[illegible]人ニ商賣ヲ為ス[illegible]
　　[illegible]ヲ四ヶ處ニ救舩

一　我々船ニ食飯之用ニ米拾俵塩三俵乗せ参候其外荷物無御座候、
　　尤類船之様子も我々乗船同前ニ而御座候

一　我々彼嶋ニ罷渡候儀蚫若布大分有之由承及扵ニ罷越候、類船と
　　ても其通御座候、別而商売之心懸ニ而曾而無御座候

一　彼嶋ニ而日本人与商売曾而不仕候、類船之儀者如何様ニ御座候
　　も不存候

一　我々の船には食飯の用意として、米十俵と塩三俵とを乗せ、島
　　にやって来ました。その外に荷物はありません。もっとも他の
　　同類の二艘とも、その荷物の様子は、我々の乗った船と同様の
　　ものでございました。

一　我々が彼の島に渡ろうとしたのは、蚫や若布が島に豊富にある
　　と聞いたからでございます。[生活費]かせぎのため<註3>に
　　やってきたのでございます。同類の二艘の船も、その通りでご
　　ざいます。特別に商売(潜商すなわち密輸)を行うような心懸け
　　で[この度]渡ってきたわけでは毛頭ございません。

一　彼の島において、日本人との間で商売(潜商すなわち密輸)など、
　　決して行ってはおりません。同類の二艘の船については、どの
　　ような状態なのか[我々は]全く知りません。

1. 우리들의 배에는 식반의 준비로 해서 쌀 10표를 싣고 섬에 왔습
　　니다. 그 외의 하물은 없습니다. 물론 다른 동류의 2척도 그 하물
　　의 상황은, 우리들이 탄 배와 같은 것이었습니다.

1. 우리들이 그 섬에 건너가려고 한 것은 전복이나 미역이 섬에 풍

부하다고 들었기 때문입니다. [생활비를] 벌기 위해 건너간 것입니다. 동류의 2척의 배도 마찬가지입니다. 특별히 상매(잠상, 즉 밀수)를 하려는 심산으로 [이번에] 건너온 것은 전혀 아닙니다.

1. 그 섬에서 일본인과 상매(잠상, 즉 밀수) 등은 결코 하지 않았습니다. 동류의 2척의 배에 대해서는 어떠한 상태인지 [우리들은] 전혀 알지 못합니다.

一　我々儀今度初而彼嶋ニ罷渡候乗組之内キンバタイ与申者去年彼

　　嶋江一度持ニ罷渡様子為存者ニ御座候故我々茂罷渡候

一　カトク之船ニ両人彼嶋江前以壱度渡り候者有之由承及候

一　我々は、今度初めて彼の島に渡りました。乗組員の一人にキンバ

　　タイと言う者がおりますが、この者は去年、彼の島へ一度かせぎ

　　に渡ったようでございます。島の様子を、よく知っておりまし

　　た。それゆえ、我々も[その案内によって]渡って参りました。

一　カトク(加徳島)から来た船に二人ほど、彼の島へ前もって一度渡っ

　　たことのある人物がいました。そのように聞いております。

1. 우리들은 이번에 처음으로 그 섬에 건너갔습니다. 승조원의 1인

　 킨바타이라는 사람이 있습니다만, 이자는 거년에 그 섬에 한 번

　 돈벌로 건너간 것 같습니다. 섬의 상황을 알고 있었습니다. 그렇

　 기 때문에 우리들도 [그의 안내를 받아] 건너갔습니다.

1. 카토쿠(가덕도)에서 온 배의 2인 정도가, 전에 한 번 그 섬에 건

　 너간 일이 있는 인물이 있었습니다.

一 我々彼嶋ニ罷渡候儀別而忍ひ申儀曾而無御座候去年もウルサン
　之者廿人程罷渡候尤公儀より之差図与申儀も無之候自分之挊ニ
　罷渡候

一 彼嶋ニ朝鮮国より渡り候儀占より渡来候哉近年より渡候哉左様
　之様子者曾而存不申候

一 我々が彼の島に渡ることは、特にこっそりと秘密の中で行った
　わけではありません。去年もウルサンの者が二十人ばかり、こ
　の島に渡っております。もっとも[朝鮮の]公儀からの御差図と
　いうわけではなく、全て自分たちの生活のため、そのかせぎの
　ために渡ったのでございます。

一 彼の島に朝鮮国から渡って行くことは、古の頃から渡っていた
　のでしょうか、あるいは近年から渡ることになったのでしょう
　か、そこの所は全く分かりません。

1. 우리들이 그 섬에 건너는 일은 특별히 남모르게 비밀리 간 것은
　아닙니다. 거년에도 울산 사람 20인 정도가 이 섬에 건너갔습니
　다. 원래 [조선의] 관리의 지시를 받은 것이 아니라, 모두 자신들
　의 생활을 위해, 그 돈벌이를 위해 건너갔던 것입니다.

1. 이 섬에 조선국에서 건너가는 것은 옛날부터 건너간 것인지 혹
　은 근년부터 건너가게 되었는지 그것은 전혀 알지 못합니다.

一　我々彼嶋ニ罷在候内小屋を掛小屋之番ニハクトラヒ与申者残置
　　候処ニ四月十七日ニ日本船一艘参り天間ニ七八人乗候而右之小
　　屋ニ参ハクトラヒを捕天間ニ乗せ尤小屋ニ置候平包壱取乗せ罷
　　出候付アンヨグ其所ニ参断申ハクトラヒを陸江揚可申与存天間
　　ニ乗候へハ早速船を出し両人共ニ本船ニ乗せ早速出船仕隠岐国
　　ニ同廿二日ニ罷着申候其間者洋中ニ罷在候

一　我々が彼の島に滞在して居る間[住まいのため]小屋掛けを行い、
　　その小屋の番にバクトラヒと申す者を残し置いておりました。
　　そのようなところに四月十七日、日本船が一艘やってきて、天
　　間(てんま)船(せん)を出し、そこに七、八人を乗せて[上陸して来
　　ました。そして]右の小屋までやってきてバクトラヒを捕え、天
　　間船に乗せてしまいました。その折、小屋に置いておいた平包
　　を一つ取り上げ、船に乗せ、出て行こうとしておりました。そ
　　のようなところに、アンヨグが出て行って、お断りを申しあげ
　　ました。バクトラヒを陸へ揚げて下さいと申して、天間船に乗
　　り移ったのですが、もう早速、船を出してしまいました。こう
　　して両人が共に、本船に乗せられ、そこから早速、出船という
　　ことになってしまいました。そして隠岐国に同月二十二日に着
　　岸いたしました。その間は[他の島に寄ることなく]洋中の航海
　　<註4>でございました。

1. 우리들이 그 섬에 체재하고 있는 동안 [주거를 위해] 소옥을 짓
　　고, 그 소옥의 당번으로 하쿠토라히라는 자를 남겨 두었습니다.

그러한 곳에 4월 17일에, 일본선 1척이 와서, 전마선을 내어 그 곳에 7, 8인을 태우고 [상륙하였습니다. 그리고] 위의 소옥까지 와서 하쿠토라히를 붙잡아 전마선에 태워버렸습니다. 그때, 소옥에 놓아 두었던 보따리 하나를 가지고 배에 싣고 나가려고 하였습니다. 그러한 곳에 안요구가 가서 말리는 말을 하였습니다. 하쿠도라히를 육지로 상륙시켜달라고 말하며 전마선에 탔는데, 빨리 서둘러 배를 내었습니다. 이렇게 하여 두 사람이 같이 본선에 태워져, 그곳을 서둘러 출범하는 일이 되었습니다. 그리고 오키노쿠니에 동월 22일에 착안하였습니다. 그동안에는 [다른 섬에 들르는 일 없이] 바다 가운데를 항해했습니다.

一、日本八日に候處、渡海出船仕五月朔より、五島、

三日に當仕六月に

蠶豆仕日毎に長濟裏へ必仕に

一、致候蠶豆仕長濟裏に才言振、

十二十言に地元と仕に眼郡

一、汁七八策祖究に四ヶ建前人衆三宗裏に

長濟に以上

一　同廿八日ニ隠岐国出船仕五月朔日ニ取鳥ニ罷着三十四日逗留仕
　　六月四日取鳥発足仕同晦日長崎表ニ着仕候
一　取鳥発足仕長崎表ニ廿六日振ニ罷着申候其間所々ニ而御馳走被
　　仰付候膳部一汁七八菜程宛ニ而御座候両人共ニ乗物ニ而長崎迄
　　罷通候以上
　　　九月四日

一　同月二十八日に隠岐国を出船し、五月朔日に鳥取に着きました。
　　そして三十四日[間の]逗留となり[その後]六月四日に鳥取を出発
　　いたしました。同晦日に長崎表へ着いたのでございます。
一　鳥取を出発して以来[旅の続きで]長崎表へ二十六日も経って、よ
　　うやく到着いたしました。その間に方々で御馳走を頂きまし
　　た。その膳部[の内容はと言えば]一汁に七、八菜ほどもございま
　　した。我ら両人共に、乗物で長崎までやって参りました。以上
　　でございます。
　　　九月四日

1. 동월 28일에 오키노쿠니를 출선하여 5월 초하루에 톳토리에 도
   착했습니다. 그리고 34일[간] 두류하고 [그 후] 6월 4일에 톳토리
   를 출발하였습니다. 동 그믐에 나가사키에 도착한 것입니다.
1. 톳토리를 출발한 이래 [여행을 계속하여] 나가사키에 26일이나 걸
   려 겨우 도착하였습니다. 그동안 곳곳에서 대접을 받았습니다. 그
   음식[의 내용을 말하자면] 1즙 7, 8채 정도나 되었습니다. 우리들
   두 사람 모두 탈것을 타고 나가사키까지 왔습니다. 이상입니다.

(07-02)

- 此時　天竜院公御近所役加納幸之助を以被仰出候ハ竹嶋之儀磯竹嶋とも申、先年　大猷大君御代彼嶋江磯竹弥左衛門仁左衛門与申者居住いたし居候を召捕被差出候様ニ与光雲院公江被仰付則此方より被召捕被差出たる事在之候然者竹嶋之儀日本伯耆之内之嶋与　公儀ニ被思召候ハヽ

(07-02)

- こうして朝鮮人が[対州へ]送られ、その取り調べが進んでいる頃、天竜院公(藩主宗義倫の父、宗義真)は、その[自らの]お考え<註5>を御近習役の加納幸之助を介し[藩老たちに]お示し下さった。竹嶋という島は、磯竹嶋とも称する島である。先年、大猷大君(註6)(徳川家光)の御代に、この島へ磯竹弥左衛門と仁左衛門<註7>と申す者が居住していた。[とある事情があり]この者どもを召し捕らえ、差し出すよう[御公儀から]光雲院公(註8)(宗義真の父の宗義成)へ御命令が下った。それゆえ召し捕らえ、差し出すこととなった。[竹嶋に関しては、こうして我が方へ公儀から御命令が下った。]そうだとすると竹嶋という所は[あるいは鳥取藩の管轄下にあるというわけのものではないのかも知れない。]もしも御公儀が[この島を]日本の伯耆の内の島と思われるのであれば、

- 이리하여 조선인이 [타이슈우에] 보내져, 취조가 진행되고 있을 무렵, 텐류우인공(번주 요시쓰구의 부 소우 요시자네)는, 그 [스

스로의] 생각을 킨슈우(측근)역인 카노우 코우노스케를 매개로 하여 [번노들에게] 알려주셨다. 죽도라는 섬은 의죽도(이소타케 시마)라고도 부르는 섬이다. 선년에 타이유우 대군(토쿠가와 이에미쓰)의 시대에, 이 섬에 이소타케야자에몬과 닌자에몬이라는 자가 거주하고 있었다. [라는 정보가 있어] 이자들을 붙잡아 바치도록 하라는 [막부에서] 코우운인공(소우 요시자네의 부 소우 요시나리)에게 명령이 내렸었다. 그래서 붙잡아 바친 일이 있다. [죽도에 관해서는 이리하여 우리 측에 막부의 명령이 내렸다.] 그렇다고 한다면 죽도라는 곳은 [어쩌면 톳토리번의 관할 하에 있는 것이 아닐지도 모른다.] 만일 막부가 [이 섬을] 일본 호우키 내에 있는 섬이라고 생각하셨다면

伯耆之太守より弥左衛門仁左衛門召捕被差出候様ニ可被仰付之所御
国江被仰渡候ハ朝鮮之竹嶋与被思召上たる事与相見へ候間右之次第
一応公儀江御伺被成思召之程得与御聞被成候上朝鮮江可被仰懸哉与
之御事ニ候所此時之衆儀公命を以朝鮮江被仰達候ハ、違難ニ及申間
敷との事ニ而押而参判使を以被仰遣候由也

　伯耆の太守に弥左衛門と仁左衛門を召し捕らえさせ、公儀へ差し出
すよう、御命令が下される筈である。しかしそうではなかった。こ
の[朝鮮と交渉を行う]御国(対馬国)へ、わざわざ御命令が下された事
は、これはもしかしたら朝鮮[領として]の竹嶋と言うように[その
折、御公儀は]思っておられたからではないか。そのようなことが想
定されるから、右の事情を確認するため、一応、御公儀へ[今一度]御
伺いし、そのお考えを聞いて見てはどうだろうか。その上で、朝鮮
へ[こちらの申すべきことを]申し伝えてはどうだろうか。このように
[御隠居様の御意向を加納幸之助が]話したところ、この時の[老職た
ちの]衆議は、公命を以て朝鮮へ[公儀の御意向を]伝達することに
なったからには[ただ素直に従うだけでよい。敢えて問い合わせるこ
となど]おかど違いである。[そのような言挙げをして、わざわざ公儀
の御意向に逆らっては、かえって]こちらに難が及ぶことになる。そ
のような事があってはならない。[ここは]むしろ積極的に参判使を派
遣し[只ひたすら御命令の通りに、その御趣旨を朝鮮の朝廷に]伝達す
るべきである。そのような[老職たちの]結論であった。[そして参判
使が決定され、その派遣が準備された。]

호우키의 태수에게 야자에몬과 닌자에몬을 붙잡아, 막부에 바치라는 명령이 내려졌기 마련이다. 그러나 그렇지 않았다. 이 [조선과 교섭을 하는] 나라(쓰시마노쿠니)에 일부러 명령을 내린 것은, 어쩌면 조선 [령으로 하는] 죽도라고 말하는 것처럼 [그때, 막부는] 생각하고 있었기 때문이 아니었겠는가. 그러한 일이 상정되므로, 위의 사정을 확인하기 위해, 일단 막부에 [다시 한번] 그 생각을 물어보는 것은 어떻겠는가. 그런 후에, 조선에 [이쪽이 요구해야 할 것을] 전달하면 어떻겠는가. 이렇게 [은거하신 분의 뜻을, 카노우 코우노스케가] 이야기했더니, 이때의 [노직들의] 중의는 공적인 명으로 조선에 [막부의 의향을] 전달하는 일이므로 [그저 그대로 따르는 것이 좋다. 일부러 물어보는 일 등은] 잘못이다. [그러한 말을 올려, 일부러 막부의 뜻에 거스르는 것은, 오히려] 이쪽에 어려운 일이 된다. 그러한 일이 있어서는 안 된다. [이것은] 오히려 적극적으로 참판사를 파견하여 [그저 한결같이 명령대로, 그 취지를 조선 조정에] 전달해야 한다. 그러한 [노직들의] 결론이었다. [그리고 참판사를 결정하고 파견을 준비했다.]

≪解説≫

註1、乗船員

朝鮮人の一団は、アンヘンチウの証言を信じれば三艘に分かれ、蔚陵島へ渡っている。第一船が十人乗り、第二船が十七人乗り、第三船が十五人乗り、合わせて四十二人で島に渡っている。『朝鮮通交大紀』の元禄六年の条は「朝鮮人四十余名、我が因幡州の竹島に来たり、漁せしによりて、其の捕へたりし二名を彼の国に送致」と記す。また「元禄六年竹島より伯州に朝鮮人連帰候趣大谷九衛門船頭口上覚」にも三艘で四十二人と記す。そして『粛宗実録』にも「蔚山漁採人四十余口泊船於欝陵島 倭船適到 誘執朴於屯安竜福二人而去」とある(粛宗二十年二月条)。いずれも四十二人あるいは四十余人で、人数は全ての資料が一致する。粛宗実録は、このアンヘンチウを安竜福とし、トラヘを朴於屯として記載する。

승선원

조선인 일단은, 안헨치우의 증언을 믿는다면 3척에 나누어 타고 울릉도로 건너갔다. 제1선이 10인승, 제2선이 17인승, 제3선이 15인승으로 합하여 42인이 섬으로 건너갔다. 『조선통교대기』의 겐로쿠 6년조는 「조선인 40여 명이 우리 이나바슈우의 죽도에 왔다. 어렵을 했기 때문에, 붙잡은 그 2명을 그 나라로 송치」라고 기록한다. 또 「겐로쿠 6년에 죽도에서 하쿠슈우로 조선인을 끌고 돌아온 내용을 오오야 큐우에몬 선두의 구상각」에도 3척의 42인이라고 기록한다. 그리고 『숙종실록』에도 「울산의 어채인 40여 구가 울릉도에 배를 댔는데, 마침 왜선이 도착하여 박어둔과 안용복 2인을 꾀어 붙잡아 갔다」라고 있다(『숙존실록』 20년 2월조). 어느 것이나 42인 혹은 40여 인으로, 모든 자료의 인수가 일치한다.『숙종실록』은 이 안헨치우를 안용복으로 하고, 토라헤를 박어둔으로 기재한다.

註2、絶影島

釜山の湾口にある島、御料牧場があり牧の島と称した。影も見えぬ程速く走る駿馬を育てる島として絶影島とも言う。草梁和館の目の前に、この島は見えている。馴染みの島であるだけに、ここで例として挙げるにふさわしかった。

절영도

부산만의 입구에 있는 섬, 어료(왕실용)목장이 있어 마키노시마라고 칭했다. 그림자도 보이지 않을 정도로 빨리 달리는 준마를 기르는 섬이라 해서 절영도라고도 한다. 초량화관의 목전에 이 섬이 보인다. 친숙한 섬인 만큼, 이곳에서 예로 들기에 적합했다.

[図、초량화관과 절영도]

註3、渡海の目的

　当時、朝鮮国は海禁政策を取り、欝陵島へ渡ることは厳禁であった。だが漁民は生きるため、この海の幸の豊富な島に吸い寄せられていた。島に渡ってはならぬと、そのように禁止されても、かせぎのためには、つい渡ってしまう。密かに渡っていても、いつしか頻回となれば、広く知られていく。それはもう公然の秘密だった。

　도해의 목적

　당시 조선국은 해금정책을 취하여 울릉도에 건너가는 것은 엄금이었다. 그러나 어민은 생활을 위해 바다의 산물이 풍부한 섬에 가고 있었다. 섬으로 건너가면 안 된다라고, 그렇게 금지되었어도, 돈을 벌기 위해서는 어쩔 수 없이 건너가게 된다. 남몰래 건너가도 어느 사이엔가 빈번해지면 널리 알려진다. 그래서 이미 공공연한 비밀이었다.

　註4、拉致の航海

　朝鮮人二人は拉致され、恐怖の中で、隠岐へ渡って来た。それゆえ彼らの供述には、日付の混乱がある。彼らは長崎での供述で、竹嶋を四月十七日、午の刻に出帆し、五月朔日、未の刻に鳥取[藩の米子]に到着したと語った(02-05)。この対馬でも同様に、竹嶋を四月十七日に出帆し、隠岐に同月二十二日に到着、隠岐を同月二十八日に出発し、五月朔日に鳥取[藩の米子]に到着したと語った(07-01)。だが実際は四月十八日に竹嶋を出発し、隠岐の福浦についたのは同月二十日である。そして島前を経由し米子に着いたのは同月二十八日である。この時の船頭、黒兵衛と平兵衛が藩庁に提出した報告書にある日付である(大谷家古文書「乍恐口上覚」)。朝鮮人が連行された洋中の航海、それは竹嶋から隠岐への海の道、その途中には松嶋(今の竹島＝独島)がある。

납치의 항해

조선인 두 사람은 납치되어 공포 속에서 오키로 건너왔다. 그렇기 때문에 그들의 공술에는 일부의 혼란이 있다. 그들이 나가사키에서 한 공술에서, 죽도를 4월 17일 오시(12시경)에 출범하여, 5월 초하루의 미시(14시경)에 톳토리[번의 요나고]에 도착했다고 이야기했다 (02-05). 쓰시마에서도 마찬가지로, 죽도를 4월 17일에 출범하여 오키에 동월 22일에 도착하여, 오키를 동월 28일에 출발해서, 5월 초하루에 톳토리[번의 요나고]에 도착했다고 이야기했다(07-01). 그러나 실제로는 4월 18일에 죽도를 출발하여, 오키의 후쿠우라에 도착한 것은 동월 20일이다. 그리고 도우젠을 경유하여 요나고에 도착한 것은 동월 28일이다. 이때의 선두 쿠로베에와 히라베에가 한쵸우에 제출한 보고서에 있는 일부이다(오오야케 고문서 「오소레나가라코우죠우오보에」). 조선인이 연행된 바다의 항해, 그것은 죽도에서 오키로 가는 바다의 길, 그 도중에는 송도(지금의 죽도=독도)가 있다.

註5、前藩主の考え

宗義真は今一度、公儀へ事情を伺ってはと、意見を述べている。それに対し現藩主による衆議は公儀の命令をそのまま実行するようにとするものであった。ここには隠居の宗義真と新藩主の宗義倫との間で、方針の違いがある。それは両者を取り巻く家臣団の方針の相違でもある。

전번주의 생각

소우 요시자네는 다시 한 번 막부의 사정을 물으면 어떻겠는가라고 의견을 말했다. 그것에 대해 현 번주가 주도하는 중의는 막부의 명령을 그대로 실행하자는 것이었다. 여기에는 은거한 소우 요시자네와 신번주 소우 요시쓰구 사이에 방침의 차이가 있다. 그것은 양자를 둘러싼 가신단의 방침의 차이이기도 했다.

註6、大猷大君

大猷大君とは德川家光のことであるが、この磯竹弥左衛門と仁左衛門の親子の件、その処刑は元和六年(一六二〇)のことである。だから德川秀忠の時代のことである。ここは大猷大君ではなく台徳大君でなければならない。ことのついでに記しておくと、家康が東照大君、秀忠が台徳大君、家光が大猷大君、家綱が厳有大君、綱吉が常憲大君である。

타이유우 대군

타이유우오오키미는 토쿠가와 이에미쓰를 말하는데, 이소타케 야자에몬과 닌자에몬 부자의 건은 겐나 6(1620)년의 일이다. 그러므로 토쿠가와 히데타다의 시대이다. 이곳은 타이유우 타이쿤이 아니라 타이토쿠 타이쿤이어야 한다. 연관해서 기록하자면 이에야스가 토우쇼우 타이쿤, 히데타다가 타이토쿠 타이쿤, 이에미쓰가 타이유우 타이쿤, 이에쓰나가 겐유우 타이쿤, 쓰나요시가 죠우켄 타이쿤이다.

註7、弥左衛門

この父子については『通航一覧』巻一二九、朝鮮国部、貿易、潜商罪科の条に、次のように載る。

元和六年庚申、本国(対馬国)商賈弥左衛門仁右衛門者、窃渡海、居磯竹島之間。〈案するに磯竹島は即竹島をいふなり〉。捕之加送京都之由、有台命、依之義成君(対馬守の宗義成)被遣小田治郎右衛門、阿比留新左衛門、高橋弥左衛門、小島平左衛門、山下五左衛門。小田、阿比留、早速到彼島、捕二人帰了。於是、以人見三右衛門、吉田庄右衛門為使者、被送遣之伏見云々。

야자에몬

이 부자에 대해서는 『통항일람』 권129, 조선국부, 무역, 잠상좌과의 조에 다음처럼 실려 있다.

겐나 6년 경신에 본국(쓰시마노쿠니) 상인 야자에몬은 몰래 이소타케시마에 도해하고 있었다(생각하건대 이소타케시마는, 즉 타케시마를 말한다). 이를 붙잡아서 경도로 보내라는 내용의 타이토쿠의 명령이 있었다. 이에 따라 요시나리군(쓰시마노카미 소우 요시나리)은 오다 치로우에몬, 아비루 신자에몬, 타카하시 야자에몬, 오지마 히라자에몬, 야마시타 고자에몬을 보냈다. 오다, 아비루가 서둘러 그 섬에 도착하여 두 사람의 부자를 붙잡아 돌아왔다. 그리고 히토미 산에몬, 요시다 쇼우에몬을 사자로 하여 이를 후시미로 보냈다 운운,

註8、光雲院公

　光雲院公とは、対馬府中藩の第二代藩主宗義成のことである。父の宗義智(万松院公)が慶長二十年(つまり元和元年、一六一五)死去により上京し、大御所の徳川家康と第二代将軍の徳川秀忠に謁見した。そして家督相続を許された。この時、義成は十一歳である。そして義成十六歳の時、磯竹弥左衛門と仁左衛門の件があった。この義成の時代、対馬藩にとって忘れることのできぬ柳川一件があり、これは徳川家光によって裁定が下された。それゆえ宗義成の代に事件があれば、それは家光の代と、すなわち大猷大君の御代と錯覚されたのである。

코우운인 공

　코우운인 공이란 쓰시마 후츄우번의 제2대 번주 소우 요시나리를 말한다. 부 소우 요시토시(만쇼우인코우)가 케이쵸우 20년(즉 겐나 원년, 1615)에 사거하자 상경하여 오오고쇼의 토쿠가와 이에야스와 제2대 장군 토쿠가와 히데타다를 알현했다. 그리고 가독의 상속을 허가받았다. 이때 요시나리는 11세였다. 그리고 요시나리 16세 때에 이소타케야자에몬과 닌자에몬의 사건이 있었다. 이 요시나리의 시대에 쓰시마번에 있어 잊을 수가 없는 야나가와잇켄이 있었다. 이것은 토쿠가와 이에미쓰에 의해 판정이 내려졌다. 그렇기 때문에 소우 요시나리의 대에 사건이 있으면, 그것은 이에미쓰의 대라고, 즉 타이유우 대군의 시대라고 착각하는 것이다.

【大綱八段(元禄六年十月)】

(08-00)

○ 同六年十月竹嶋一件之儀被仰遣候大差使之正官多田与左衛門都
　　船主内山郷左衛門封進寺崎与四右衛門渡海被仰付礼曹参判江以
　　御書簡近年貴国之船日本之内竹嶋江罷越候付重而不参様ニ申付
　　追返し候所当春又々貴国之漁民四拾人程竹嶋江罷越漁仕候故為
　　後証其内弐人召捕始終之様子具ニ領主より　　公儀江案内有之候
　　へハ今度之儀者被差返候

(08-00)

○ 元禄六年十月、この竹嶋一件に付いて[朝鮮国へ使者の]派遣が
　　決定した。大差使(註１)の正官として多田与左衛門が、都船主
　　(註２)として内山郷左衛門が、そして封進(註３)として寺崎与四
　　右衛門が決定し、渡海を命じられた。そして朝鮮国の礼曹参判
　　(註４)へ書簡を以て[正式に]通告することになった。[その内容と
　　は次のようなものである。]近年、貴国の船が日本の内の竹嶋へ
　　罷り越すようになってきた。重ねて渡来せぬよう[彼らに]申し付
　　け、追い返していた。だが当春も、又々貴国の漁民四拾人ほど
　　が、この竹嶋へ罷り越し、漁を行うことがあった。それゆえ、
　　後の証拠の為、その内の二人を召し捕らえ置いた。そして事の
　　次第が詳しく、領主から公儀へと、報告として上がって来た。
　　今度の事では[捕らえ置いた二人を貴国へ]差し返すが、

○ 겐로쿠 6년 10월에 이 죽도일건에 대하여 [조선국에 사자의] 파
   견이 결정되었다. 대차사의 정관으로 타다 요자에몬이, 도선주
   에 우치야마 코우자에몬이, 그리고 봉진으로 테라사키 요시에
   몬이 결정되어 도해를 명받았다. 그리고 조선국의 예조참판에
   게 서간을 가지고 [정식으로] 통고하기로 했다. [그 내용이란
   다음과 같은 것이다.] 근년에 귀국의 배가 일본 내의 죽도에 건
   너오게 되었다. 거듭해서 도래하지 말 것을 [그들에게] 말하여
   쫓아보냈다. 그러나 이번 봄에도 다시 귀국의 어민 40인 정도
   가 이 죽도에 건너와 어렵을 행하는 일이 있었다. 그래서 후의
   증거로 삼기 위해, 그중 두 사람을 붙잡아 두었다. 그리고 사건
   의 과정을 자세하게, 영주가 장군에게 보고하여 올렸다. 이번
   의 일는 [붙잡아 두었던 두 사람을 귀국에] 돌려보내는데,

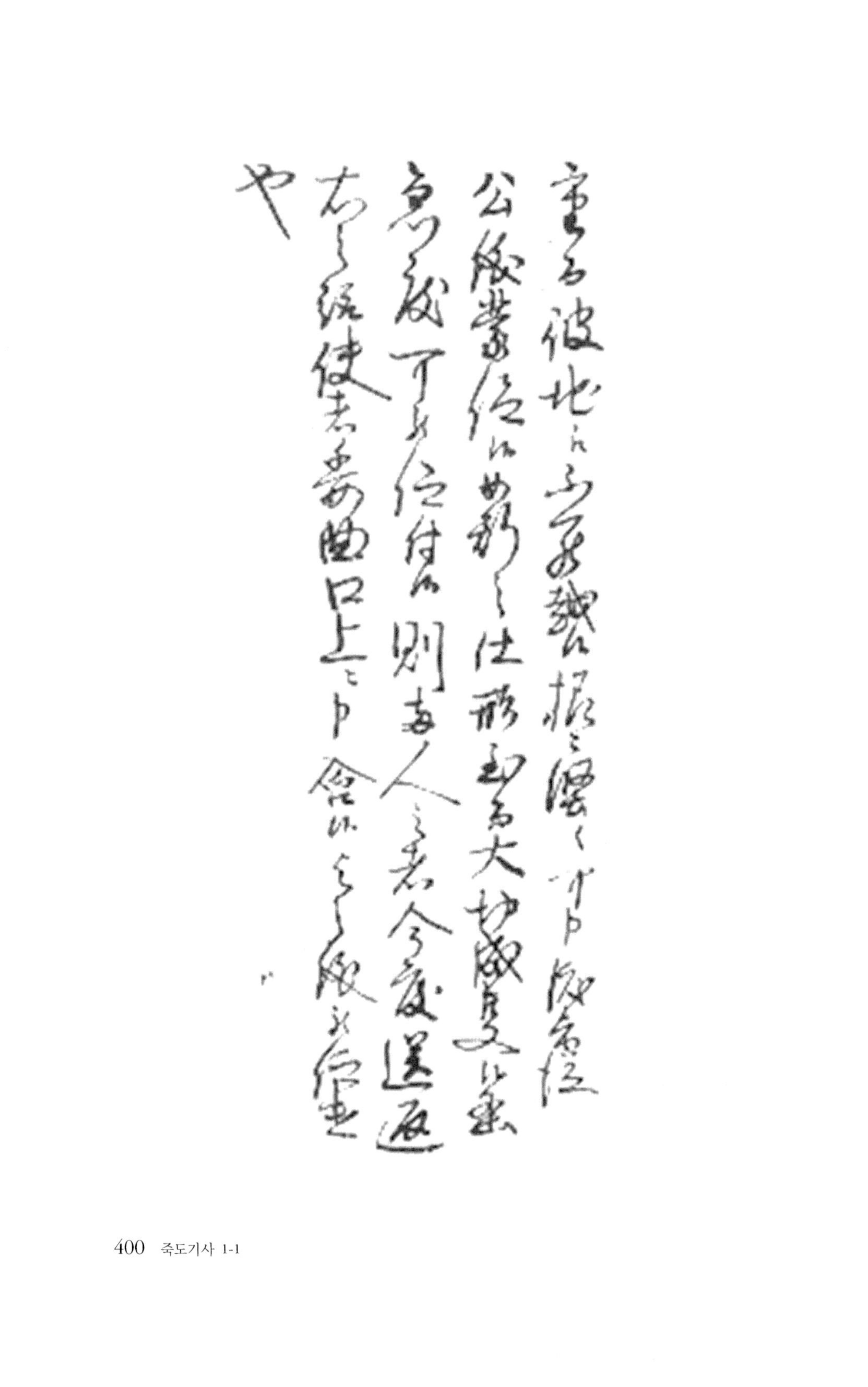

重而彼地江不罷越候様ニ堅く可申渡旨従公儀蒙仰候如斯之仕形至而
大切成事候条急度可被仰付候、則両人之者今度送返右之趣使者委曲
口上ニ申含候与之儀被仰遣也

もう再び彼の地[すなわち竹嶋]へ、罷り越させぬよう、堅く[渡海厳
禁を、海辺の民に]申し渡していただきたい。そのような趣旨を[朝鮮
国へ申し伝えるよう、江戸の]公儀から御命令を受けた。それゆえ、
このような使者派遣の形となった。[この申し入れは]極めて大切なこ
とである。この上は[再び漁民が、この島に渡海することの無いよう]
しっかりと通知をしていただきたい。二人の漁民を、この度は送り
返すので、右の趣旨をよく理解して[以後の対処をしていただきた
い。]詳しくは使者の口上に申し含めておいた。[このような内容を申
し伝えるため、今回]使者を派遣した。

두 번 다시 그 땅 [즉 죽도]에 건너지 못하도록, 강하게 [도해 엄금을
해변의 인민에게] 명하여 주시기를 바랍니다. 그러한 취지를 [조선국
에 말하여 전할 것을, 에도의] 장군한테 명받았다. 그렇기 때문에 이
러한 사자를 파견하는 형국이 되었다. [이 요구는] 아주 중요한 것이
다. 이후에는 [다시 어민이 이 섬에 도해하는 일이 없도록] 잘 통지하
여 주었으면 하고 바랍니다. 두 사람의 어민을 이번에는 돌려보내니,
위의 취지를 잘 이해하여 [이후에 대처하여 주었으면 합니다.] 자세한
것은 사자에게 말해두었다. [이러한 내용을 전하기 위해, 이번에] 사
자를 파견했다.

(08-01)

- 多田与左衛門持渡礼曹参判参議東莱釜山江之御書簡之写左ニ記之

(08-01)

- 多田与左衛門が朝鮮へ持ち渡った礼曹参判宛の書簡、また礼曹参議(註5)宛の書簡、そして東来府使(註6)および釜山僉使(註7)宛の書簡について、そのそれぞれの写しを、左に記しておく。

- 타다 요자에몬이 조선에 가지고 건너간 예조참판 앞의 서간, 또 예조참의 앞의 서간, 그리고 동래부사 및 부산첨사 앞의 서간, 그 각각의 사본을 아래에 기록해 둔다.

日本國對馬州太守拾遺平　義倫　奉書人

朝鮮國禮曹參判大人　閤下

金颺秋暮恭惟

貴國安寧

本邦一揆益苦

貴域瀕海漁氓比年駕舟於

本國竹島險遠爲漁採極是不可到之地也以故書官

詳論國禁固告不可再而乃使渠輩盡退還矣

然今春亦復不顧國禁漁氓四拾餘口往入竹

日本国対馬州太守拾遺平　義倫　奉二書ス

朝鮮国礼曹叅判大人　閣下ニ一

　金飆秋暮ル恭シク惟ミレハ

貴国安寧

本邦一揆茲ニ告

貴域瀕海ノ漁氓比年行ク二舟ヲ於

本国ノ竹島ニ一窃ニ為二漁採ヲ一極テ是レ不ルノレ可ラレ到ル之

　地之也以レ故ヲ土官詳ニ諭シ二国禁ヲ一固ク告クレ不ルコトヲ

　レ可レ再而シテ乃使シテ下レ渠カ輩ヲ尽退キ還ラ上矣然ルニ今

　春亦復不レ顧二国禁ヲ一漁氓四拾余口徔テ入リ二竹島

礼曹参判への書簡

〔真文〕

　日本国対馬州太守拾遺平義倫奉書朝鮮国礼曹叅判大人閣下　金飆秋

暮恭惟貴国安寧本邦一揆茲告貴域瀕海漁氓比年行舟於本国竹島窃為

漁採極是不可到之地也　以故土官詳諭国禁固告不可再而乃使渠輩尽退

還矣然今春亦復不顧国禁漁氓四拾余口徔入竹

〔読み下し文〕

　日本国の対馬州の太守にして拾遺たる平義倫は、朝鮮国の礼曹参

判の大人の閣下に書を奉る。金飆(きんひょう)の秋の暮、恭(うやう

や)しく惟(おもん)みれば、貴国は安寧にして本邦は一揆(一致団結)な

り。茲(ここ)に告ぐ、貴域瀕海(ひんかい)の漁氓(ぎょぼう)、比年、

舟を本国の竹島に行く。窃(ひそ)かに漁採を為す。是れ極めて到るに

不可なるの地也、故を以て土官詳(つまびらか)に国禁を諭(さと)し、固く再び不可なることを告ぐ。而して乃ち渠(かれ)が輩(やから)を使して、尽(ことごと)く退き還(かえ)らしむる。然るに今春亦(また)復(ま)た国禁を顧(かえ)りみず、漁民四拾余口、徃(ゆ)きて竹

〔現代語訳〕

　日本国の対馬藩主で、拾遺の称号を持つ平義倫(宗義倫)から、朝鮮国礼曹参議(外交典礼部の第三官)の大人閣下へ書簡を送る。寒威も近づき、遥かに惟みれば、貴国は晏清にして本邦も同軌である。さて茲に告げ知らせようと思うことがある。貴国の辺海の漁民が、頻年(毎年)舟を我が国の竹嶋に寄せ、密かに漁労探索することがあった。その者どもに、ここは渡ってはならぬ土地であり、それゆえ土官(地方官)を以て、詳しく国禁であることを教え諭した。再び来島せぬよう厳重に告げ、そのような輩を悉く退け帰還させた。しかしながら今春、また四十余人が竹嶋に渡ってきた。

　일본국 쓰시마번주로 습유라는 칭호를 가진 타이라 요시쓰구(소우 요시쓰구)가, 조선국 예조참판(외교전례부의 제3관)의 대인 합하에게 서간을 보낸다.

　추풍이 부는 늦가을에 정중하게 생각건대, 귀국은 안청하고 본방도 마찬가지입니다. 그런데 여기에 알리려고 생각하는 일이 있습니다.

　귀국의 변해 어민이 빈년(매년) 배를 본국의 죽도에 와서 남몰래 어로탐색하는 일이 있었습니다. 그자들이 이곳에 건너와서는 안 되는 토지이기 때문에 토관(지방관)을 통해 자세히 국금이라는 것을 알려

주어 깨닫게 했습니다. 두 번 다시 내도하지 말 것을 엄중히 알려주
고 그자들을 모두 귀환시켰습니다. 그런데 이번 봄에 또 사십 여인이
죽도에 건너왔습니다.

島雜然漁採、曲是土官拘留其漁舠貳人而爲質

於州司以爲一時之釁故我

國因幡州牧速以前後事狀馳

啓

東都茲令彼漁民渊與弊邑以置亦止自今而後決

啓漁舠於彼島彌可俟則柴不備今拳

東都之命以報知

貴國想夫我

殿下況愛黎庶無間遠近既往不咎唯綠

島ニ一雑然漁探ス由テレ是ニ土官拘ニ留シ其漁氓弐人ヲ一而為
　シテレ質トニ
　於州司ニ一以為ニ一時ノ之証ト一故ニ我カ
国因幡州ノ牧速カニ以テニ前後ノ事状ヲ一馳ニ
啓シ
東都ニ一蒙ル乙令シテムレ下彼カ漁氓ヲ一附ニ与シテ弊邑ニ一以
　還ラ中本土ニ上自シテレ今而後決シテ莫シメ
　レ容ルコトニ漁舡ヲ於彼ノ島ニ一弥々可ト云フヲ甲レ存スニ制
　禁ヲ一不佞今奉シテニ
東都ノ之命ヲ一以報ニ知ス
貴国ニ一想フニ夫我カ
殿下汎ク愛シニ黎庶ヲ一無レ間ツルコトニ遠近ヲ一既佳不レ咎唯
　縁テニ

島沓然漁探由是土官拘留其漁民弐人而為質於州司以為一時乃証故本
国因幡州牧速以前後事状馳啓東都蒙令彼漁民附与弊邑以還本土自今
以徃決莫容漁舡於彼島弥可存制禁不佞今奉東都之命以告報貴国仍想
我殿下包荒仁徳既佳不咎唯縁

島に来り、沓然として漁探す。是に由りて土官其の漁民弐人を拘留
し、而して州司に於て質と為し、以て一時の証と為す。故に本国因
幡州の牧、速かに前後の事状を以て東都に馳せ啓す。彼の漁民をし
て弊邑に附与し、以て本土に還らしめ、今より以往、決して彼の島

に漁舡を容る事莫れ。弥々制禁を存ず可きと云う事を蒙れり。
不佞、今、東都の命を奉り、以て貴国に告報す。仍りて想うに我が
殿下、包荒の仁徳、既徃にして咎めず。唯、縁テニ

そして雑踏して漁労探索を始めた。このようなことであるから土官
(地方官)が、その漁民のうち二人を拘留し、州司(藩役人)に引き渡し
た。取り敢えず証拠の人質としたのである。そこで我が国の因幡を
支配する牧(藩主)が、このことの前後の事情を速やかに東都(江戸の
公儀)に知らせてきた。そのような漁民を弊邑(対馬)に附与し、この
地から貴国本土へ帰還させることになった。今から以後、決して彼
の島へ貴国の漁民や漁船を立ち入らせることの無いように、禁止の
通達を出して頂かなければならない。そのように申し伝えること
を、私は東都の命令として、今回、受けた。それゆえ貴国に通知す
るのである。私が思うには、我らが殿下(大君すなわち徳川将軍)は、
荒れる民をも包容する度量広い仁徳ある方である。島に不法に往来
しても咎めず、

(죽도에 와서) 뒤섞여서 어로탐색을 하기 시작했다. 이러한 일이기 때
문에 토관(지방관)이 그 어민 중 두 사람을 구류하고, 주사(번의 관리)
에게 인도했다. 일단 증거의 인질로 한 것이다. 그래서 우리나라의 이
나바를 지배하는 목(번주)이 이 일의 전후사정을 신속하게 동도(에도
의 장군)에 알려왔다. 그러한 어민들을 폐읍(쓰시마)에 부여하여, 이
곳에서 귀국 본토에 귀환시키기로 했다. 지금부터 이후로는 결코 그
섬에 귀국의 어민이나 어선이 들어가는 일이 없도록, 금지의 통달을

해주지 않으면 안 된다. 그렇게 요구할 것을, 나는 동도의 명령으로
해서, 이번에 명받았다. 그래서 귀국에 통지하는 것이다. 내가 생각하
건대, 우리들의 전하(대군, 즉 토쿠가와 장군)는 거친 인민도 포용하
는 도량이 넓은 인덕이 있는 분이다. 섬에 불법으로 왕래해도 책망하
지 않는다. 다만,

潮止庭而賣人漁眠今還故出也此事雖出于小民之私

而其實所係非小

兩國交誼不生釁勞卻豈可不思患安之禍耶速加

政令於邊浦監制禁條於漁民則

隣歷悠久之一好事也仍差遣正官橋真重都松主

平交員今爰田邊漁眠貳人悉階使价口申華儀別

錄聊衣退佃

莞納章县統希

炳亮肅此不宣

鴻庇ニ一而弐人漁氓今還ル二故土ニ一也此事雖レ出ツト二于小
民ノ之私ニ一而其実所レ係ル非レ小キナルニ
両国ノ交誼不レ生二釁郤ヲ一豈可ケンヤレ不レ思二無妄ノ之禍ヲ
一耶速カニ加ヘ二
政令ヲ於邊浦ニ一堅ク制セハ二禁条ヲ於漁民ニ一則
隣睦悠久ノ之一好事ナラン也仍チ差二遣シ正官橘ノ真重都船主
平ノ友貞ヲ一今爰ニ回シ二還ス漁氓弐人ヲ一悉ク附スニ使价ノ
口申ニ一菲儀別
録聊表ス二遐悃ヲ一
莞納セハ幸甚統テ希クハ
炳亮セヨ粛此不宣

鴻庇而弐人漁氓今還故土也此事雖出于小民之私而其実所係非小両国
交誼不生釁郤豈可不思無妄之禍耶速加政令於邊浦堅制禁条於漁民則
隣睦悠久之一好事也仍差遣正官橘真重都船主平友貞今爰回還漁氓弐
人悉附使价口申　菲儀別録聊表遐悃莞納幸甚統希炳亮粛此不宣

鴻庇に縁(より)て、弐人の漁氓、今故土に還る也。此事これ小民の
私に出ずと雖ども、其の実、係る所は小きなるに非ず。両国の交
誼、釁郤を生ぜず。豈に無妄の禍を思わざる可けんや。速かに政令
を邊浦に加え、堅く漁民に禁条を制せば、則ち隣睦悠久の一好事な
る也。仍ち正官橘真重、都船主平友貞を差し遣し、今爰に漁氓弐人
を回し還す。悉く使价の口中に附す。菲儀別録は聊か遐悃を表す。

莞納せば幸甚なり。希わくば統て炳亮せよ。粛然として此れ宣べる
を得ず。

鴻がその大きな羽を広げ保護するように、二人の漁民を縁あるもの
として庇い、今、彼らの故郷に送還する。この漁民の渡海の出来事
は、単なる小民の私欲に出ただけのように見えるが、そうではな
い。その実、ここに関わる出来事は小さくなく、また単純でもな
い。両国の友誼交流に、これは間隙や瑕瑾を生ずるものである。そ
れゆえ無用の禍を招くことの無いようにしなければならない。だか
ら速かに政令を発し、浦辺に通達し、漁民にこの禁条を堅く守るよ
う統制していただきたい。そうなれば隣国同士は、なお互いに睦ま
じく、悠久の平和に到るという好ましい関係になるであろう。ここ
に正官として橘真重(多田与左衛門)を、都船主として平友貞(内山郷
左衛門)を、貴国へ差し遣し、今ここに漁民二人を回送し帰還させ
る。委細は使者の口上に附すこととする。薄儀ながら別録を以て、
聊か迂遠の誠心をお示しする。円滑に受容下されば幸甚である。願
わくは文意が統べて明瞭に伝わって欲しい。だが粛然として記した
ので統べてを宣べ得ないで終わった。了解せられたい。

큰 새가 커다란 날개를 펴서 보호해주듯이, 두 사람의 어민을 인연이
있는 것으로 보고 보호하여, 지금 그들의 고향으로 송환한다. 이 어민
이 도해한 사건은 단순히 소민의 사욕에서 생긴 것 정도로만 보이나
그렇지 않다. 그것은, 이것에 관계되는 문제는 적지 않고, 또 단순하
지도 않다. 양국의 우의 교류에 이것은 틈이나 상처가 생기는 일이다.

그렇기 때문에 무용의 화를 부르는 일이 없도록 하지 않으면 안 된다. 그러하니 신속하게 정령을 발하고 포변에 통달하여 어민에게 이 금조를 반드시 지키도록 통제하여 주었으면 한다. 그렇게 되면 인국 간에는 더욱 친밀하게, 유구한 평화에 이른다는 바람직한 관계가 될 것이다. 여기에 정관으로 타치바나 마사시게(타다 요자에몬)를, 그리고 도선주로 타이라 토모사타(우치야마 코우자에몬)를 귀국에 차견하여, 지금 여기에 어민 두 사람을 회송시켜 귀환시킨다. 자세한 이야기는 사자가 설명하는 것으로 한다. 박의하지만 별록과 같이 작은 우원의 성심을 나타낸다. 원활하게 수용해 주시면 큰 행복이다. 원하건대, 문의 전부가 명료하게 전해졌으면 한다. 그러나 숙연하게 기록하였기 때문에 모든 것을 말씀드리지 못하고 끝났다. 양해하여 주었으면 한다.

元祿六年癸酉九月　日

對馬州太守拾遺平　義倫

元禄六年癸酉九月日

対馬州太守拾遺平ノ義倫

元禄六年癸酉九月日、

対馬州の太守にして拾遺たる平義倫

元禄六年癸酉九月日、

対馬藩主にして拾遺の称号を持つ平義倫

겐로쿠 6년 계유 9월 일

쓰시마 번주로 슈우이라는 칭호를 가진 타이라 요시쓰구

日本國對馬州太守拾遺平　義倫　奉書

朝鮮國禮曹參議大人　閤下

寒威在迩惟

貴國晏清

本邦同軌兹告

貴國沿海漁民頃年仍角於

本國竹島蟻有漁採者輙是不可到之地也以故土宜

日本国対馬州太守拾遺平ノ　義倫　奉ニ書ス

朝鮮国礼曹祭議大人ノ　閣下ニ一

　寒威在リレ近ニ遐カニ惟ミレハ

貴国晏清

本邦同軌茲ニ告ク

貴国邊海ノ漁氓頻年行クニ舟ヲ於

本国ノ竹島ニ一窃カニ有リニ漁探スルモノ一者極メテ是レ不ルノ

　レ可ラレ到ルニ之地之也以テレ故ヲ土官

礼曹参議への書簡

〔真文〕

日本国対馬州太守拾遺平義倫奉書朝鮮国礼曹参議大人閣下　寒威在近
遐惟貴国晏清本邦同軌茲告貴国邊海漁氓頻年行舟於本国竹島窃有漁
探者極是不可到之地也　以故土官

〔読み下し文〕

日本国の対馬州の太守にして拾遺たる平義倫は、朝鮮国の礼曹参議
の大人の閣下に書を奉る。寒威近くに在り、遐かに惟みれば、貴国
晏清にして本邦も同軌なり。茲に告ぐ、貴国邊海の漁氓、頻年、舟
を本国の竹島に行く。窃かに漁探する者有り。是れ極て到るに不可
なるの地也。故を以て土官詳

〔現代語訳〕

日本国の対馬藩主で、拾遺の称号を持つ平義倫(宗義倫)から、朝鮮

国礼曹参議(外交典礼部の第三官)の大人閣下へ書簡を送る。寒威も近づき、遥かに惟みれば、貴国は晏清にして本邦も同軌である。さて茲に告げ知らせようと思うことがある。貴国の辺海の漁民が、頻年(毎年)舟を我が国の竹嶋に寄せ、密かに漁労探索することがあった。その者どもに、ここは渡ってはならぬ土地であり、それゆえ土官(地方官)を以て、

일본국 쓰시마 번주로 슈우이의 칭호를 가진 타이라 요시쓰구(소우 요시쓰구)가 조선국 예조참판(외교전례부의 제3관)의 대인 합하에게 서간을 보낸다. 찬바람도 가까워집니다. 멀리서 생각해보면, 귀국은 안청하고 본방도 같습니다. 그런데 이곳에 알려드리려고 생각하는 일이 있다. 귀국 변해의 어민이 빈년(매년) 배를 우리나라의 죽도에 대고, 몰래 어로탐색하는 일이 있었다. 그들에게, 이곳은 건너와서는 안되는 토지이다. 그래서 토관(지방관)을 시켜

謀○間柔固告不寧乃使築單逐還矣然舍春亦被

四拾餘口來于竹島皆然漁樵由是上官拘詔其漁

民貳人而為質於州司以為丁時之證故

本國因幡州牧速以前後事狀馳

答

東都蒙令後漁民所興弊老以還本土自今以往決莫

容漁舩於彼島彌可存制禁不使令春

東都之命以告報

貴國仍想我

詳カニ論シ二国禁ヲ一固ニ告ケレ不ルコトヲレ再ヒ乃使シテム下
　　レ渠カ輩ヲ逐還サ上矣然シテ今春亦復
四拾余口来リ二于竹島ニ一沓然トシテ漁探ス由テレ是ニ土官拘二
　　留シ其ノ漁
民弐人ヲ一而為シテ二質ヲ於州司ニ一以テ為二一時ノ乃証ト一故ニ
本国因幡州ノ牧速カニ以二前後ノ事状ヲ一馳二
　　啓シ
東都ニ一蒙ル乙令シテシメレ彼ノ漁民ヲ附ニ与シ弊邑ニ一以テ還
　　ラ中本土ニ上自シテレ今以徃決シテ莫シメ
　　　　レ容ルコト二漁舡ヲ於彼ノ島ニ一弥々可ト云フコトヲ甲
　　　　レ存ス二制禁ヲ一不侫今奉シテ二
東都ノ之命ヲ一以テ告二報ス
貴国ニ一仍テ想フ我カ

詳論国禁固告不再乃使渠輩逐還矣然今春亦復四拾余口来于竹島沓然
漁探由是土官拘留其漁民弐人而為質於州司以為一時乃証故本国因幡
州牧速以前後事状馳啓東都蒙令彼漁民附与弊邑以還本土自今以徃決
莫容漁舡於彼島弥可存制禁不侫今奉東都之命以告報貴国仍想我

詳かに国禁を論し、固く再び不可なる事を告ぐ。乃ち渠が輩を使し
て逐い還さしむ。然して今春亦復た四拾余口、ここ竹島に来り、沓
然として漁探す。足に由りて土官其の漁民弐人を拘留し、而して州
司に於て質と為し、以て一時の証と為す。故に本国因幡州の牧、速
かに前後の事状を以て東都に馳せ啓す。彼の漁民をして弊邑に附与

し、以て本土に還らしめ、今より以往、決して彼の島に漁舡を容る
事莫れ。弥々制禁を存ず可きと云う事を蒙れり。不佞、今、東都の
命を奉り、以て貴国に告報す。仍りて想うに我が

詳しく国禁であることを教え諭した。再び来島せぬよう厳重に告
げ、そのような輩を悉く退け帰還させた。しかしながら、今春ま
た、このような国禁があることを顧みず、漁民四十余人が渡って来
た。そして雑踏して漁労採集を始めた。このようなことであるから
地方官が、その漁民のうち二人を拘留し、州司(藩役人)に引き渡し
た。取り敢えず証拠の人質としたのである。そこで我が国の因幡を
支配する牧(藩主)が、このことの前後の事情を速やかに東都(江戸の
公儀)に知らせてきた。そのような漁民を弊邑(対馬)に附与し、この
地から貴国本土へ帰還させることになった。今から以後、決して彼
の島へ貴国の漁民や漁船を立ち入らせることの無いよう、もう禁止
の通達を出して頂かなければならない。そのように伝えることを、
私は東都からの命令として今回受けた。それゆえ貴国に通知するの
である。我

자세하게 국금이라는 것을 알려 깨우쳐주었다. 다시 내도하지 않도록
엄중하게 일러, 그러한 자들을 모두 쫓아서 돌려보냈다. 그런데도 올
봄에 또, 이러한 국금이 있다는 것을 되돌아보지 않고, 어민 40여 인
이 건너왔다. 그리고 뒤섞여서 어로채집을 하기 시작했다. 이러한 일
이어서 지방관이, 그 어민 중 두 사람을 구류하여, 주사(번의 역인)에
게 인도했다. 일단 증거의 인질로 한 것이다. 그래서 우리나라의 이나

바를 지배하는 목(번주)이, 이 일의 전후 사정을 신속하게 동도(에도의 장군)에게 알려왔다. 그러한 어민을 폐읍(쓰시마)에 부여하여, 이 곳에서 귀국 본토로 귀환시키는 일이 되었다. 지금부터 이후에는 결코 그 섬에 귀국의 어민이나 어선을 등여보낸 일이 없도록, 다시 금지의 통달을 해주지 않으면 안 된다. 그렇게 전달할 것을, 나는 동도의 명령으로 해서 이번에 받았다. 그렇기 때문에 귀국에 통지하는 것이다. 우리

殿下包荒仁德既往不咎唯緣

恩庇而戴人漁氓今逃故土也此事雖出行小民之

私而其實所係非小最不容易真殷勤之義加

嚴禁使海角漁民慎守法則則

德鄰之誼惟永好茲蓋遵正官檔真重都船之

平友真今方回還漁民戴人曲折消息使吉薄儀

俯藏廂中遲忙

荒留為等更希

永照甯此不宣

殿下包荒ノ仁徳既往不レ咎メ唯縁ヲ二
　　恩庇ニ一而弐人ノ漁氓今還ス二故土ニ一也此ノ事雖ヘトモレ出
　　スト二于小民ノ之
　　私ニ一而其ノ実ハ所レ係ル非レ小キニ最モ不レ容易ナラ莫シメ
　　二敢テ忽ニスルコト一レ之ヲ荐リニ加ヘ二
　　厳禁ヲ一使シテ下レ海角ノ漁民ヲ一慎テ守ラ中法制ヲ上則
　　徳隣ノ之誼益々惟永好ナラン茲ニ差二遣シ正官橘ノ真重都船主
　　平ノ友貞ヲ一今方ニ回シ二還ス漁民弐人ヲ一曲折附シテ在リ二
　　使舌ニ一薄儀
　　侑クレ械ヲ庸テ申ヲ二遐忱一ヲ
　　莞留セハ為レ幸更ニ希クハ
　　氷照セヨ粛此不宣

殿下包荒仁徳既往不咎唯縁恩庇而弐人漁氓今還故土也此事雖出于小
民之私而其実所係非小最不容易莫敢忽之荐加厳禁　使海角漁民慎守法
制則徳隣之誼益惟永好茲差遣正官橘真重都船主平友貞今方回還漁民
弐人曲折附在使舌薄儀侑械庸中遐忱莞留為幸更希氷照粛此不宣

殿下、包荒の仁徳、既往にして咎めず。唯、恩庇に縁て、弐人の漁
氓、今故土に還す也。此の事これ小民の私に出ずと雖ども、其の
実、係る所小きに非ず。最も容易ならず、敢て之を忽せにする事莫
らしめ、荐に厳禁を加え、海角の漁民をして、慎みて法制を守らし
め、則ち徳隣の誼、益々永好を惟う。茲に正官橘真重、都船主平友

貞を差し遣し、今、方（まさ）に漁民弐人を回し還す。曲折は附して使舌に在り。薄儀の緘（かん）を侑（たす）け、遐忱（かしん）を庸申（ようしん）す。莞留せば幸を為し、希くば更に氷照せよ。粛然として此れ宣べるを得ず。

殿下(大君すなわち徳川将軍)は、荒れる民をも包容する度量広い仁徳ある方である。島に不法に往来しても咎めず、ただ恩愛によって庇護を掛けて下さる。そのため今回、二人の漁民を、彼らの故郷に送還するのである。この漁民の渡海の出来事は、単に小民の私欲に出ただけのように見えるが、そうではない。その実、ここに関わる出来事は小さくなく、また単純なものでもない。これはゆるがせにできないものなのである。海辺の漁民に対し、再三に亘り厳禁を伝え、慎んで法制を守らせるよう、統制していただきたい。すると徳隣の誼みは、益々永く、そして良好に続くことであろう。ここに正官として橘真重(多田与左衛門)を、そして都船主として平友貞(内山郷左衛門)を、貴国へ差し遣し、今ここに漁民二人を回送し帰還させる。曲折の話は使者の口上に附すこととする。薄儀の書簡内容を補う遥かな真心を用意し、申し上げる。円満に御受容下されば幸甚である。更に願うところ、文意が氷解し、明瞭に照らし出して欲しい。しかし粛然として記したので思う所を宣べ得ずに終わってしまった。了解せられたい。

전하(대군 즉, 토쿠가와 장군)는 거치른 인민도 포용하는 도량이 넓은 인덕이 있는 분이다. 섬에 불법으로 왕래해도 책망하지 않고, 그저 은애로 비호하여 주신다. 그렇기 때문에 이번에 두 사람의 어민을 그들의 고향으로 송환하는 것이다. 이 어민이 도해한 사건은 단순한 소민의 욕심에서 생긴 것처럼 보이나 그렇지 않다. 그 사실. 이것에 관계하여 생기는 일은 적지 않고, 또 단순한 것이 아니다. 이것은 소홀히 할 수 없는 일이다. 해변의 어민에게, 재삼 엄금을 전하여, 삼가 법제를 지키도록 통제하여 주어야 한다. 그러면 덕린의 친밀함은 더욱 길고 양호하게 계속될 것이다. 이에 정관으로 타치바나 사타시게(타다요자에몬)을, 그리고 도선주로 타이라 토모사타(우치야마 코우자에몬)을 귀국에 차견하며, 이에 어민 두 사람을 회송하여 귀환시킨다. 곡절의 이야기는 사자의 구상에 붙이기로 한다. 박의의 서간내용을 보충하는 작은 진심을 준비하여 말씀드린다. 원만히 수용해 주시면 큰 행복이다. 다시 원하건대, 문의가 풀려 명료하게 알아주었으면 한다. 그러나 숙연히 기록했기 때문에 생각하는 것을 말씀드리지 못하고 끝나고 말았다. 양해하여 주었으면 한다.

元祿六年 癸酉 九月　日

對馬州 太守拾遺平

義倫

元禄六年癸酉九月日

　　対馬州太守拾遺平義倫

元禄六年癸酉九月日、

　　対馬州の太守にして拾遺たる平義倫

겐로쿠 6년 계유 9월 일

　쓰시마노쿠니 태수 슈우이 타이라 요시쓰구

日本國對馬州 太守拾遺平 義倫 啓達、

朝鮮國東萊釜山兩令公 閤下

秋塊遐想

動静珍勝 方切翹企連年

貴國瀕海漁紅雜然來往、

本國竹島窩為漁採、以遂私意、況又今春漁採彼比者

四拾餘口我、

日本国対馬州太守拾遺　平ノ義倫　啓二達ス

朝鮮国東莱釜山両令公ノ　閣下一ニ

　秋晩遐セニ想フ

　動静珍勝方ニ切シニ翹企ニ一連年

貴国瀕海ノ漁舡雑然トシテ来二徃シ

本国ノ竹島ニ一窃カニ為シテ二漁探一ヲ以恣ニス二私意ヲ一況ヤ

　又今春漁二採スルモノ彼地ニ一者

　四拾余口我カ

東来府使および釜山僉使への書簡

〔真文〕

　日本国対馬州太守拾遺平義倫啓達朝鮮国東莱釜山両令公閣下　秋晩

遐想動静珍勝　方切翹企連年貴国瀕海漁舡雑然来徃本国竹島窃為漁探

以恣私意況又今春漁採彼地者四拾余口我

〔読み下し文〕

　日本国の対馬州の太守にして拾遺たる平義倫、朝鮮国の東莱釜山

両令公の閣下に啓達す。秋晩遐かに動静珍勝を想う。方に翹企に切

す。連年、貴国瀕海の漁舡、雑然として本国の竹島に来徃、窃かに

漁探を為し、以て私意を恣にす。況や又今春、彼の地に漁採する者

四拾余口、我が

〔現代語訳〕

　日本国の対馬藩主で、拾遺の称号を持つ平義倫(宗義倫)から、朝鮮国の東莱府使および釜山僉使の両令公の閣下へ、書簡を送る。この秋の晩、遥かな対州にあって聊か想うところがある。両国の動静は珍勝にして、まさに翹企(上昇の機運)に接している時期である。さて連年、貴国の辺海の漁民および漁船が、雑然と群れをなし、我が国の竹嶋に往来することがあった。密かに、その私欲をほしいままに、漁労採集を行っている。言うまでもなく又今年の春も、その竹嶋の地に渡り、漁労採集する者、四十余人に至っている。我が

　일본국의 쓰시마 도주로, 슈우이의 칭호를 가진 타이라 요시쓰구(소우 요시쓰구)가 조선국의 동래부사 및 부산첨사 두 분 합하에게 서간을 보낸다.

　이 가을 밤에, 멀리 떨어진 타이슈우에 있으며 약간 생각하는 일이 있다. 양국의 동정은 진승하여, 그야말로 교기(상승의 기운)에 접하고 있는 시기이다. 그런데 연년 귀국의 변해어민 및 어선이 무질서하게 Ep를 지어 우리나라의 죽도에 왕래하는 잃이 있었다. 몰래, 그 사욕에 사로잡혀 마음껏, 어로채집을 행하고 있다. 말할 것도 없이, 또 금년 봄에도, 그 죽도라는 곳에 건너와 어로채집하는 자가 40여 인에 이르고 있다. 우리

國目幡州牧拘留其漁叛貳人輒馳
啓事狀於
東都由是不能告報制禁於
貴國令還漁氓詳焉
申宮均頒
轉達益不觀縷悉所正宜橋眞重都船主平友貞
甲申舘儀別錄肅表遠誠
英嶺爲等覃此不宣

国囚幡州ノ牧拘二留シテ其ノ漁氓弐人ヲ輙チ馳二

　啓ス事状ヲ於

東都二一由レ是二不佞告二報シ制勤ヲ於

貴国二一今還シ二漁氓ヲ一詳ニシ二書ヲ

南宮二一匃フレ煩スコトヲニ

　転達ヲ一茲二不レ覼縷セ悉ク附ス二正官橘ノ真重都船主平ノ友貞カ

　口中二一輶儀ノ別録庸テ表ス二遠誠ヲ一

　笑留スルヲ為レ幸ト草此不宣

国囚幡州牧拘留其漁氓弐人輙馳啓事状於東都由是不佞告報制勤於貴
国今還漁氓詳書南宮匃煩転達茲不覼縷悉附正官橘真重都船主平友貞
口中輶儀別録庸表遠誠笑留為幸草此不宣

国囚幡州の牧、其の漁氓弐人を拘留し、輙ち事状を東都に馳啓す。是に由りて、不佞、制勤を貴国に於て告報す。今漁氓を還し、書を南宮に詳にし、転達を煩す事を匃(乞)う。茲に覼縷せざり、悉く正官橘真重、都船主平友貞が口中に附す。輶儀の別録を庸て、遠誠を表す。笑留するを幸と為し、草々にして此れ宣べ得ず。

国のうち、因幡国を支配する牧(太守すなわち藩主)が、そのような漁民二人を拘留し、ことの事情を東都(江戸の公儀)に、そのありのままを報告した。それゆえ、この事を貴国に告げ知らせるよう、私に命令が下った。今、この二人の漁民を送還し、書簡を南宮(礼曹)宛に送るので、ことの顛末を詳しく転達して貰いたい。お手を煩わせるこ

とになったが許して貰いたい。こまごまとしたことは悉く正官の橘
真重(多田与左衛門)に、そして都船主の平友貞(内山郷左衛門)に委
ね、その口上に附すこととする。さらに軽儀の別録を用意し、遠誠
を表すことにする。御笑納下されば幸甚である。草々の事どもを述
べたが、なお充分に意を宣べるまでには至っていない。だが足非、
了解せられたい。

나라의 이나바노쿠니를 지배하는 목사(태수, 즉 번주)가 그러한 어민
두 사람을 구류하고, 일의 사정을 동도(에도의 장군)에게 있는 그대로
를 보고했다. 그런 연유로, 이 일을 귀국에 알려주도록, 나에게 명령을
내렸다. 지금 이 두 사람의 어민을 송환하며 서간을 남궁(예조) 앞으로
보내니, 일의 전말을 자세하게 전달하여 주었으면 한다. 번거롭게 하
는 일이 되었으나 이해하여 주었으면 한다. 잡다한 일들은 모두 정관
타치바나 마시사게(타다 요자에몬)에게, 그리고 도선주 타이라 토모사
타(우치야마 코우자에몬)에게 일임하여, 그가 구상으로 설명할 것이
다. 또 가벼운 의례로 별록을 준비하여 작은 성의를 표한다. 웃으며 받
아주면 큰 행복이다. 이것저것을 이야기했으나, 아직 충분히 뜻을 말
하는 데는 이르지 않았다. 그러나 꼭 양해하여 주었으면 한다.

右書營三通天龍寺南芳院東谷

洞長老之書稱我其□之流布□幡□

墨□□く

對馬州太守拾遺平　義倫

元禄六年癸酉九月　日

元禄六年癸酉九月　　日
　　対馬州太守拾遺　平　義倫

右之書簡三通天竜寺南芳院東谷洵長老之書稿ニ書載有之候故別幅
者略之

元禄六年癸酉九月日、
　　対馬州の太守にして拾遺たる平義倫

右之書簡三通天竜寺南芳院東谷洵長老之書稿ニ書載有之候故別幅
者略之

元禄六年癸酉九月日、
　　対馬藩主にして拾遺の称号を持つ平義倫

右の書簡三通は、天竜寺南芳院の東谷洵(しゅん)長老(註９)の書稿
に書き載せてあったものである。別幅の記載については省略する。

겐로쿠 6년 계유 9월 일
　　쓰시마번주 습유의 칭호를 가진 타이라 요시쓰구

위의 서간 3통은 텐류우지 난방원의 토우코쿠쥰 장로의 서고에 기
재되어 있는 것이다. 별폭의 기재에 대해서는 생략한다.

(08-02)

- 是より前先向使永瀬伝兵衛被差渡竹嶋之一件ニ付御使者渡海之趣裁判高瀬八右衛門より東莱江申達候所則都表江及啓聞十月十日都表より返事到来之由ニ而東莱より両訳を以裁判方江被申聞候趣并裁判返答左ニ記之

　　　　東莱より之口上
一　都より昨十日先向之返事申来候意趣者竹嶋与申所江朝鮮人参候内
　　　両人人質ニ

(08-02)

- 正使派遣より前に、先向使として永瀬伝兵衛が朝鮮へ差し遣わされた(註１０)。そして竹嶋の一件に付き、使者が渡海するという趣旨を、裁判(註１１)の高瀬八右衛門を通じて東莱府へ申し伝えた。その申し伝えは、直ぐ都表へと報告され、国王(粛宗)(註１２)の耳に達した。そして十月十日には、都表から返事の到来があった。東莱府から両訳(註１３)(訓導と別差)を通じて、こちらの裁判方へ、その返事は伝えられて来た。その趣旨と、それに対する裁判の返答を左に記す。

　　　　東莱からの口上
一　都から昨十日(十月十日)先向使の申し出に対する返事が戻ってきた。その意とする趣旨は以下の通りである。すなわち、竹嶋と言う所に朝鮮人が行き、二人が人質として

(08-02)

• 정사 파견보다 앞서, 선향사로 나가세 덴베에가 조선에 차견되었다. 그리고 죽도일건에 대해, 사자가 도해한다는 취지를 재판 타카세 하치에몬을 통해 동래부사에 전달했다. 그 전달은 바로 도성에 보고되어 국왕(숙종)의 귀에 들어갔다. 그리고 10월 10일에는 도성에서 반답이 도래했다. 동래부에서 양역(훈도와 별차)를 통해 이쪽의 재판 쪽에 그 답이 전해져 왔다. 그 취지와 그것에 대한 재판의 반답을 아래에 기록한다.

동래에서 온 구상

1. 한양에서 어제 10일(10월 10일)에 선향사의 신청에 대한 답이 돌아왔다. 그것이 의미하는 취지는 이하와 같다. 즉 죽도라는 곳에 조선인이 가서, 두 사람이 인질로

御捕被成東武江被遂御案内長崎江被送渡対馬守様より朝鮮江参判を
以御使者被送渡候由ニ付而先向被差渡候段承届候竹嶋之儀別而有之
嶋ニ候得ハ別条無御座候若当地ニ而蔚陵嶋与申所ニ候得ハ古より朝
鮮之内ニ而毎度往来仕来候然処朝鮮人を御捕被成参判之御使者を以
被送渡候段不及覚悟事候其上当年者毎度参判之御使者を

捕えられ、東武(江戸の公儀)へ報告が上げられ、長崎へ送り渡される
こととなった。そのため対馬守様から朝鮮へ、参判へ向けた御使者
を送り出すということになり、先向使が差し遣わされた。この事を
当方は承り、都表へ届け出た。竹嶋のことは特別の事情の有る島で
あるから、とりたてて問題とすることではない。だがもし[竹嶋が]当
方で言う蔚陵嶋という島であれば、これは古来より朝鮮の内の島
で、毎度、此方が往来して来た島である。そのような事情のある島
の中で、朝鮮人を召し捕り[これを人質として捕らえ置くことに]成っ
た。しかも参判の御使者を以てまで、わざわざ送り返す事になるな
どとは、思いもよらぬ[迷惑な]話である。そうでなくても当年は、毎
度に亘り参判の御使者が

붙잡혀 동무(에도의 장군)에게 보고가 올라가, 나가사키로 보내어 건
네주는 것으로 되었다. 그 때문에 쓰시마노카미 님이 조선의 참판 앞
으로 사자를 보내는 일이 되어, 선향사를 차견한 것이다. 이 일을 우
리 쪽이 듣고 도성에 보고했다. 죽도의 일은 특별한 사정이 있는 섬
이라 특별히 문제삼는 것이 아니다. 그러나 혹시 [죽도가] 우리 측이
말하는 울릉도라는 섬이라면, 이것은 고래로 조선 내의 섬으로, 매번,

이쪽이 왕래해 온 섬이다. 그러한 사정이 있는 섬 안에서, 조선인을 붙잡아 [이것을 인질로 해서 잡아 두는 일이] 되었다. 그것도 참판의 사자까지 딸려서 일부러 돌려보내는 일이 되는 것은, 생각할 수도 없는 [곤란한] 이야기이다. 그렇지 않아도 금년에는 여러번에 걸쳐 참판의 사자가

被差渡朝鮮国ニも迷惑存候依之此度之御使者之儀御理申度之由申来候

差し遣わされ(註１４)、朝鮮国にとって[ことさら費用負担がかさみ、実に]迷惑なことであった。このような事であるから、この度の使者派遣の件は、お断りをしたい。このようなことを申し伝えて来た。

차견되어, 조선국으로서는 [많은 비용부담이 거듭되어, 참으로] 번거로운 일이었다. 이러한 일이므로, 이번에 사자를 파견하는 건은 거절하고 싶다. 이러한 일을 전하여 왔다.

一 都より先向之返事参候由ニ而段々被仰聞承届候日本之内竹嶋之
　儀占来より日本之内ニ其紛無御座候日本従　　公儀許を請毎歳
　罷越拃仕候付家居抔も建置候ケ様ニ日本より支配仕来候所を朝
　鮮之内ニ而可有之由被仰聞段　曾而難落着事候軽被思召日本之
　嶋を朝鮮之内与被仰

　　　[これに対する裁判の返答]

一 都から、先向使の[申し出に対する]返事が参ったとのことである。
　それを色々と聞かされ、御趣旨は承った。日本の[海域]内にある竹
　嶋のことであるが、これは占来より日本の内にあるもので、それ
　は紛れも無い事実である。日本[の民が]公儀から許しを請い、毎年
　島に渡り、かせぎを行ってきた。[島には]家居なども建て置いてあ
　る。この様に日本の支配が及んでいた場所を、朝鮮の内であると
　聞かされては、全く[聞き捨てにはできない。そのようなことで
　は、今後、話し合いでの]落着は困難となる。そのように[重大な事
　を]軽く考え、日本の島を朝鮮の内と言ってしまっては

　　　(이것에 대한 재판의 반답)

1. 도성에서 선향사의 [제안에 대한] 답이 왔다는 것이다. 그것을
　여러가지로 들어 취지는 알았다. 일본 [해역] 내에 있는 죽도의
　일이나, 이것은 고래로 일본 내에 있는 것으로, 그것은 틀림없는
　사실이다. 일본[의 인민이] 장군한테 허가를 받아 매년 섬에 건
　너가 돈벌이를 하고 있었다. [섬에는] 거처 등도 세워 두었다. 이
　처럼 일본의 지배가 미치고 있는 장소를 조선 안이라고 듣고서

는, 도저히 [못들은 체할 수 없다. 그렇게 해서는, 금후의 상의에
서] 낙착하는 것은 어려운 일이다. 그처럼 [중대한 일을] 가볍게
생각하고, 일본의 섬을 조선 내라고 말해서는

는, 도저히 [못들은 체할 수 없다. 그렇게 해서는, 금후의 상의에
서] 낙착하는 것은 어려운 일이다. 그처럼 [중대한 일을] 가볍게
생각하고, 일본의 섬을 조선 내라고 말해서는

候而者日本　公儀江相聞如何様ニ可有御座候哉至而大切存候此段敏与
御了簡被成今一応都江も御注進候而障無之御返答被成候様ニ可被仰
越候哉今度之使者之儀理被仰度与之儀是以難心得事候対馬守家来を
差越候と乍申

[もう話が噛み合わなくなる。]日本の公儀がこの事に聞き及んだ場
合、果たして如何なる事態に発展するのであろうか。[まことに窺い
知れないものがある。]これは至って大切なことであるから、特に御
思慮に成られ、今一度都へ御報告なさった方が良い。[今回は]差し障
りの無い御返答をなさるよう、申し上げてはいかがであろうか。ま
た今度の使者の件であるが[その派遣を]お断りしたいとの御申し出が
ある。だがそのようなことは、これまた心得違いというものであ
る。対馬守が家来を差し遣わすと申し出たが、

[이미 이야기가 맞지 않는다.] 일본의 장군이 이 일을 들었을 경우, 과
연 어떤 사태로 발전할 것인지. [참으로 예측하기 어려운 점이 있다.]
이것은 참으로 중요한 일이므로, 특별히 사려하시어, 지금 다시 한번
도성에 보고하는 것이 좋다. [이번에는] 장애가 없는 반답을 하실 수
있도록 말씀드리면 어떠할까요. 또 이번 사자의 건입니다만 [그 파견
을] 거절하고 싶다는 의견이 있다. 그러나 그러한 일은, 이것 또 잘못
생각이라는 것이다. 쓰시마노카미가 부하를 차견한다고 말했으나,

東武ゟ上毫を請ひ候得は使者可指越

公儀之使者口上之書并使者之儀

子細御座候得は相認候て可致使者

漆海之書等可致候得は致使者

東武より上意を請差渡ス使者ニ候得者　公儀之使者同前之事候弥使者
之儀早速差渡候様ニ申遣候間委細者使者渡海之節書簡ニ可被仰達候

これは実のところ東武からの上意を承け、その上意によって差し遣
わすという使者である。つまり公儀からの使者も同然である。その
ような使者であるから[お断りはできない。]もう早速にも差し遣わさ
れることになる。委細は、この使者が渡海の折、書簡を以て申し伝
える。

이것은 사실을 말하자면 동무의 뜻을 받들어, 그 뜻에 따라 파견한다
는 사자이다. 즉 장군이 보내는 사자와 같다. 그러한 사자이므로 [거
절할 수 없다.] 곧 서둘러서 차견하게 된다. 자세한 것은 이 사자가 도
해할 때, 서간으로 전한다.

両訳再答

一　竹嶋之儀朝鮮より蔚陵嶋与申所ニ候得ハ何共笑止存候、乍然日

本より竹嶋与被仰候ハ蔚陵島より別之嶋ニ而御座候哉哀左様

ニ御座候ハ、御使者御渡海被成候而も無別条相済可申候、兎角

両国出入無之様ニ仕度候東莱江罷越宜敷致相談今一応被致注進

候様可申入候、其上ニ茂東莱

両訳(訓導と別差)からの再答

一　竹嶋のことについて[再度、申し述べれば]これは朝鮮では蔚陵嶋
と言う島のことである。[互いに呼称が異なるので]何共おかしな
話になっている。しかし日本で言う竹嶋という島が、朝鮮で言
う蔚陵嶋という島と、あるいは別々の島であるのかもしれな
い。もしそうであるなら、御使者が御渡海に成り[話し合いが持
たれても]とりたてて問題となるようなことは無い。無事に話し
合いは済むと思われる。兎も角、両国の間で紛争など、起こる
ことの無い様にしたいものである。[私共は今回の件を]東莱府へ
行き、何とか善処できるよう、今一度、相談をし、その上、都
へも報告したいと思っている。しかしその上で、東莱府

양역(훈도와 별차)의 재답

1. 죽도의 일에 대해 [다시 말씀드리자면] 이것은 조선에서 울릉도
라고 말하는 섬이다. [서로 호칭이 다르기 때문에] 아무래도 이
상한 이야기가 되었다. 그러나 일본에서 말하는 죽도라는 섬이
조선에서 말하는 울릉도라는 섬과, 어쩌면 다른 섬일지도 모른

다. 만일 그러하다면, 사자가 도해하여 [회담이 이루어져도] 특
별히 문제가 될 것 같은 일은 없다. 무사히 회담이 끝날 것으로
생각된다. 어쨌든 양국 간에 분쟁 등이 일어나는 일이 없도록 하
고 싶다. [우리들은 이번 사건을] 동래부에 가서, 어떻게든 선처
할 수 있도록, 다시 한번 상담하고, 그 위에 도성에도 보고하려
고 생각하고 있다. 그러나 그 위에, 동래부

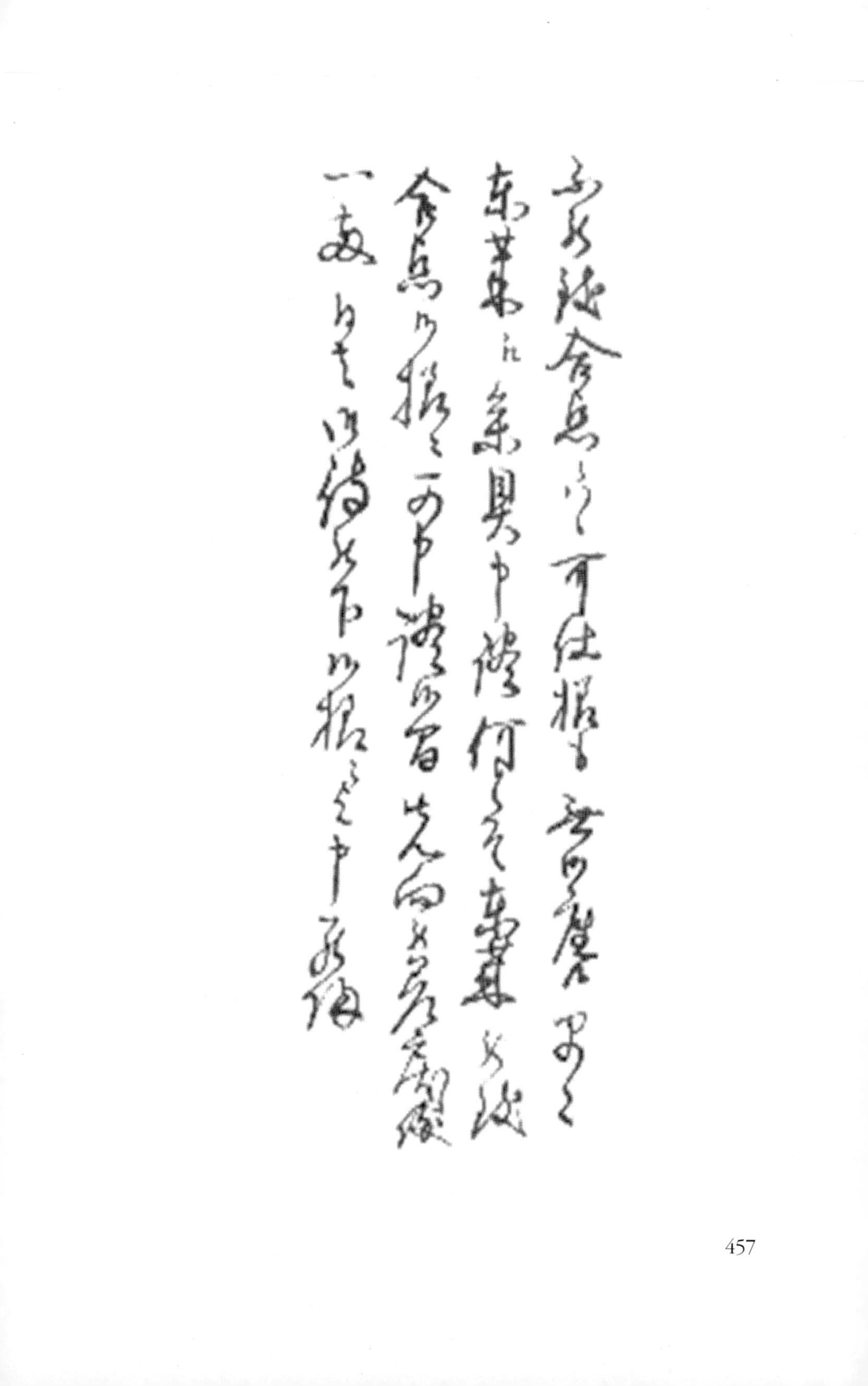

不被致合点候ハ、可仕様も無御座候早々東莱江参具申談何とそ東莱
被致合点候様ニ可申談候間先向被差戻候儀一両日者御待被下候様ニ
与申罷帰

[の官人]が、この趣旨について了解しなければ[私共では]どうしよう
もない。早速、東莱府へ行き[この件について]十分に相談し、何とか
東莱府[の官人たち]が合点するよう、申し上げるつもりである。[円
滑な交渉となるよう配慮し、先向使への返書を寄せるので]先向使を
対馬に差し戻されるようなことはせず、まずは一両日ほど、御待ち
をいただきたい。そのように話して[両訳は]帰っていった。

[의 관인]이 이 취지에 대해 양해하지 않으면 [우리들로서는] 어떻게
할 수가 없다. 서둘러 동래부에 가서 [이 건에 대하여] 충분히 상담하
여, 어떻게든 동래부[의 관인들]이 납득하도록 말씀드릴 예정이다.
[원활한 교섭이 되도록 배려하여 선향사에게 반서를 보낼 것이니] 선
향사를 쓰시마로 돌려보내는 것과 같은 일은 하지 말고, 일단은 하루
이틀 정도 기다려 주었으면 한다. 그렇게 이야기하고 [양역은] 돌아갔다.

一回十三日去蕺利口中軍以此廢

奈利使魯別之做以流口使去渝海上

口書之之識郡乃及碑字之等否之

口延亮可下入以當以使去以臨廢損？

之之渝之

一　同十三日東莱より裁判江中来候ハ此度之参判使各別之儀ニ候故
　　御使者渡海之上御書簡之趣都江及啓聞其節否之御返答可申入候
　　間御使者被差渡候様ニ与之儀也

[さらに両訳からの続答]

一　同月(十月)十三日[両訳によって]東莱府使から裁判[の高勢八右衛
　　門]へ[返書が]もたらされた。それによれば、この度の参判使は
　　各別のことであるので、その御使者の御渡海[を受け容れる。]そ
　　の上で[御持参なさる]御書簡の趣旨を、都へ報告し、上聞に達す
　　るよう[こちらは取り計らうつもりである。但し]その節の事であ
　　るが[予め先向使が申し伝えて来たような、島への渡海禁止の申
　　し出に付いては、これが朝鮮の欝陵嶋のことであれば、当然な
　　がら]否の御返答を申し入れることになる。[そのことを御承知の
　　上で]御使者を差し遣わすようにと、そのようなことを申し伝え
　　て来た。

[다시 양역의 속답]

1. 동월(10월) 13일에 [양역에 의해] 동래부사한테서 제판[의 타카
　　세 하치에몬]에게 보내는 [반서가] 왔다. 그것에 의하면, 이번의
　　참판사는 각별한 일이기 때문에, 그 사자의 도해를 [수용한다.]
　　그리고 [지참하시는] 서간의 취지를 도성에 보고하여, 상문하도
　　록 [이쪽에서 처리할 계획이다. 단] 그때의 일입니다만 [미리 선
　　향사가 전해온 것과 같은, 섬에 대한 도해금지의 요구에 대해서
　　는, 이것이 조선의 울릉도의 일이기 때문에, 당연히] 부의 반답

을 신청할 것이다. [그 일을 아신 위에] 사자를 차견하도록 하라
고, 그러한 것을 전해 왔다.

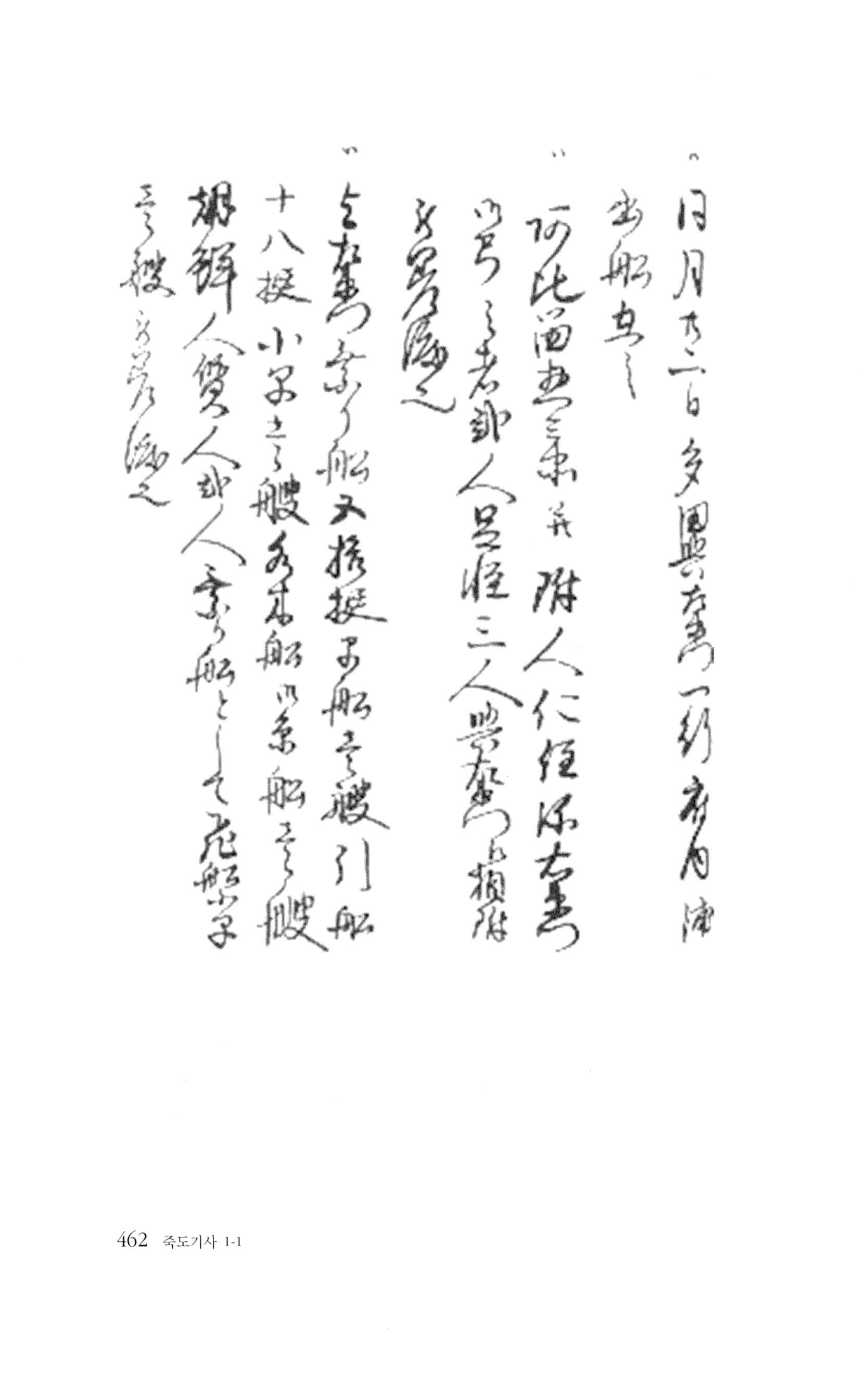

(08-03)

- 同月廿二日　多田与左衛門一行府内浦出船在之

(08-04)

- 阿比留惣兵衛并附人仁位弥右衛門御弓之者弐人足軽三人与左衛門江相附被差渡也

(08-05)

- 与左衛門乗り船五拾挺早船壱艘引船十八挺小早壱艘水木船御原船壱艘朝鮮人質人弐人乗り船として飛船小早壱艘被差渡也

(08-03)

- 同月(十月)二十二日、多田与左衛門の一行は、対馬府中の内浦を出船し、朝鮮へ向かった。

(08-04)

- 阿比留^{あびる}惣兵衛ならびに附け人の仁位^{にい}弥右衛門、そして御弓の者弐人と足軽三人を、この与左衛門へ附けて、朝鮮へ派遣した。

(08-05)

- 与左衛門の乗り船は五拾挺櫓の大船である。これに早船(関船すなわち軍船)を一艘、引船として十八挺櫓の船を一艘、小早(小形の関船)を一艘、水木船(水と薪を積むという名目の荷船)を一艘、御原船(船腹の広い荷船)を一艘、そして朝鮮人の質人二人を

乗せる船として飛船の小早を一艘[準備した。以上をもって船隊
を組み、朝鮮へ]派遣した。

(08-03)

• 동월(10월) 22일에 타다 요자에몬 일행은 쓰시마 후츄우의 우치
우라를 출범하여 조선으로 향했다.

(08-04)

• 아비루 소우베에 및 부속인 니이 야에몬, 그리고 오유미 담당 2
인과 보졸 3인을 요자에몬에 딸려서 조선에 파견했다.

(08-05)

• 요자에몬이 탄 배는 50정노의 대선이다. 이것에 하야부네(세키
부네, 즉 군선)을 1소, 히키후네로 18정노의 배를 1소, 코하야(소
형의 예인선)을 1소, 수목선(물과 땔감을 싣는다는 명목의 하선)
을 1소, 어원선(선복이 넓은 하선)을 1소, 그리고 조선인의 인질
두 사람을 태운 배로 해서 비선의 코하야(소형의 군선)를 1소
[준비했다. 이상으로 선대를 짜서 조선에] 파견했다.

≪解説≫

註1、参判使

参判とは六曹の次官を指す。外交を司る礼曹の次官と対馬藩主とは同格とみなされ、対馬藩主からの書簡はこの礼曹参判に宛てて届けられた。その使者となるのが参判使である。差使とも称した。朝鮮からの呼称は差倭(倭は蔑称)である。重要な書簡の時には大差使が礼曹参判宛の書簡を携えて渡る。そうでない時は小差使が礼曹参議宛の書簡を携えて渡る。差使は大小によって、使節の人員・船数・接待の儀礼などの区別があった。この度は大差使の派遣である。大差使の正官に任命されたのは多田与左衛門(唐名は橘真重)である。

참판사

참판이란 6조의 차관을 말한다. 외교를 맡은 예조의 차관으로 쓰시마 도주와는 동격으로 간주되어 쓰시마 도주의 서간은 이 예조참판 앞으로 제출했다. 이 사자를 참판사라 한다. 차사라고도 칭했다. 조선의 호칭은 차왜(왜는 천칭)이다. 중요한 서간일 때는 대차사가 예조참판 앞의 서간을 휴대하고 건너간다. 그렇지 않을 때는 소차사가 예조참의 앞의 서간을 휴대하고 건넌다. 차사는 대소에 따라 사절의 인원·선수·접대의례 등의 구별이 있다. 이번에는 대차사의 파견이다. 대차사의 정관으로 임명된 것은 타다 요자에몬(당명은 타치바나 사다시게)였다.

註2、都船主

渡海の船団の船団長と言う意味である。正官に次ぐ責任者で、使節の副官的地位にある。すなわち使者一行の実務担当責任者を指す。この度の都船主は内山郷左衛門(唐名は平友貞)である。

도선주

도해선단의 선단장을 의미한다. 정관에 이은 책임자로, 사절의 부관적 지위에 있다. 즉 사자 일행의 실무를 담당하는 책임자를 칭한다. 이번의 도선주는 야마우치 코우자에몬(당명은 타이라 토모사타)이다.

註3、封進

封進とは進物担当の役官のことである。使者一行の会計責任者を指す。この度の封進は寺崎与四右衛門である。

봉진

봉진이란 헌상물 담당의 역관을 말한다. 사자 일행의 회계책임자를 가리킨다. 이번의 봉진은 테라사키 요시에몬이다.

註4、礼曹参判

六曹(吏曹・戸曹・礼曹・兵曹・刑曹・工曹)のうち礼曹の次官のこと。礼曹とは、礼聘、祭儀などを司る。その長官は礼曹判書という。

예조참판

육조(이조・호조・예조・병조・형조・공조) 중 예조의 차관을 말한다. 예조란 예빙, 제의 등을 담당한다. 그 장관은 예조 판서라 한다.

註 5、礼曹参議

　六曹のうち礼曹の三等官をいう。すなわち官吏の地位を示すもので、長官が判書、次官が参判、そして三等官が参議である。続いて正郎、そして佐郎という序列である。

예조참의

　육조 중 예조의 삼등관을 말한다. 즉 관리의 지위를 나타내는 것으로, 장관이 판서, 차관이 참판, 그리고 삼등관이 참의이다. 이어서 정랑, 좌랑이라는 서열이다.

註 6、東莱府使

　対馬藩の通交貿易の窓口となっていたのが釜山浦の倭館(草梁倭館)である。この倭館を管轄する朝鮮側の役所が東莱府である。東莱府使とは、その役所の長官で、文官が赴任していた。東莱府は、日本との交渉の最前線の役所であり、この特殊性ゆえ、東莱府使に対しては、緊急の場合、直接、中央政府に書信を出しうる権限を、朝鮮政府は与えていた。

동래부사

　쓰시마의 통교무역의 창구가 된 것이 부산포의 왜관(초량왜관)이다. 이 왜관을 관할하는 조선측의 역소가 동래부이다. 동래부사란 그 역소의 장관으로 문관이 부임하고 있었다. 동래부는 일본과의 교섭하는 최전선의 역소로, 그 특성 때문에, 동래부사에 대해서는, 긴급한 경우에는 직접 중앙정부에 서신을 제출할 수 있는 권한을, 조선정부가 부여하고 있었다.

　註7、釜山僉使

　東莱府使が外交関係を担当する文官であるのに対し、この釜山僉使は、釜山浦の保安、倭館の警備などを担当していた。その役所は釜山鎮城(鎮台)で、釜山僉使は武官が務めていた。、

　부산첨사

　동래부사가 와교관계를 담당하는 문관인 것에 대해, 이 부산첨사는 부산포의 보안, 왜관의 경비 등을 담당하고 있었다. 그 역소는 부산진성(진대)이고, 부산첨사는 무관이 담당했다.

　註8、平義倫

　対馬府中藩主の宗義倫のことである。拾遺とは、武家の官位(宮廷内の序列)で侍従のこと、その唐名である。

　타이라노 요시쓰구

　쓰시마후츄우 번주의 소우 요시쓰구이다. 슈우이란 무가의 관위(궁정 내의 서열)의 시종으로, 그 당명이다.

　註9、　以酊庵

　江戸時代、朝鮮通交の外交文書を監察していたのが対馬府中にある以酊庵である。その以酊庵の住持は、京都五山(南禅寺・天竜寺・建仁寺・相国寺・東福寺)の内、南禅寺を除く四山から交替の輪番制

で、この時の住持は天竜寺南芳院の東谷守洵(通称は洵長老)であった。以酊庵は景轍玄蘇を開山とし、第二世が規伯玄方である。この竹島一件の頃は、次のような住持である。

第二九世、天竜寺南芳院　東谷守洵　元禄五年四月～同七年五月
第三十世、東福寺南昌院　松隠玄棟　元禄七年五月～同九年四月
第三一世、天竜寺真乗院　文礼周郁　元禄九年四月～同十一年四月
第三二世、天竜寺妙智院　中山玄中　元禄十一年四月～同十三年五月

이테이안

에도시대에 조선통교의 외교문서를 감찰하고 있었던 것이 쓰시미 후츄우에 있는 이테이안이다. 그 이테이안의 주직은 쿄우토 5산(나젠지·텐류우지·켄닌지·소우코쿠지·토우후쿠지) 중, 난젠지를 제외한 4산에서 교대하는 윤번제로, 이때의 주직은 텐류우지 난보우인의 토우코쿠노카미쥰(통칭은 쥰쵸우로우)였다. 이테이안은 케이테쓰 겐소를 개산으로 하고, 제2세가 키하쿠 겐보우이다. 이 죽도일건의 시기에는 다음과 같은 주지였다.

제29세 텐류우지 난보우인 토우코쿠노카미쥰 겐로쿠 5년 4월~동 7년 5월
제30세 토우후쿠지 난쇼우인 쇼우인겐도우 겐로쿠 7년 5월~동 9년 4월
제31세 텐류우지 신죠우인 분레이 슈우이쿠 겐로쿠 9년 4월~동 11년 4월

제32세 텐류우지 묘우지인 나카야마겐츄우 겐로쿠 11년 4월~동
13년 5월

註 10、先向使
参判使派遣に先立ち、その派遣の目的を伝える使者。この度は永
瀬伝兵衛が命じられた。

센코우시
참판사 파견에 앞서, 그 파견의 목적을 전하는 사자. 이번은 나가
세 덴베에가 명받았다.

註 11、裁判
対馬藩から朝鮮和館に派遣された日本側の外交官のことを指す。
朝鮮では、裁判差倭と称していた。これに対する朝鮮側の外交官が
朝鮮訳官である。その責任者が首訳(首席訳官)で、首訳の下に訓導と
別差とがいた。この訓導と別差とを両訳官と称していた。

재판
쓰시마번에서 조선 화관에 파견한 일본 측의 외교관을 말한다. 조
선에서는 재판차왜라고 칭하고 있었다. 이것에 대한 조선 측의 외교
관이 조선역관이다. 그 책임자가 수역(수석역관)이고, 수역 아래에 훈
도와 별차가 있었다. 이 훈도와 별차를 양역관이라고 칭했다.

註 12、国王

第十九代の朝鮮国王である肅宗(一六七四〜一七二〇)

국왕

제19대의 조선국왕인 숙종(1674〜1720)

註 13、両訳

東莱府に所属する通訳官(通辞あるいは通詞)のことである。訓別とも称した。すなわち訓導と別差のことである。上通詞(上級通訳官)と称されたのは堂上訳官のことで、送使接待の訳官などを命ぜられた場合、これを差備(差備訳官)と称した。訳官の頭は首訳(首席訳官)という。この外交交渉時の首訳は朴同知で、同知とは同知中枢府事の略称である。名目的な官職で、結局は通訳官のことである。次席通訳官の判事というのは、判中枢府事の略称である。訓導とは翻訳して導く人の事で、別差とは別差訓導の事である。

양역

동래부에 소속하는 통역관(通辞 혹은 通詞)를 말한다. 훈별이라고도 칭했다. 즉 훈도와 별차를 의미한다. 상통사(상급통역관)라고 칭한 것은 당상역관을 말하는 것으로, 송사접대의 역관 등을 명받았을 경우, 이것을 차비(차비역관)라 칭했다. 역관의 우두머리는 수역(수석역관)이라 한다. 외교 교섭시의 수역은 박동지로, 동지란 동지중추부사의 약칭이다. 명목적인 관직으로 결국은 통역관을 말한다. 차석통 역관의 판사라는 것은 판중추부사의 약칭이다. 훈도란 번역하여 인도하는 사람을 말하고 별차란 별차훈도를 말한다.

註 14、使者派遣

　対馬ではことあるごとに送使を派遣し、朝鮮からの下賜品を大い
に期待した。天和二年(一六八二)来日の朝鮮通信使は対馬と交渉を行
い、漂民の送還は年例送使に順付する事とし、別に送使を出すこと
を禁じた。また歳遣船以外の送使の停止を求めた。そして倭館に制
札を明示することを決めた。これが「壬戌約条(または癸亥約条)」であ
る。だが対馬からは、なお臨時の送使をしばしば派遣したから、朝
鮮からは、以後に至っても、なお苦情が絶えなかった。

사자파견

　쓰시마에서는 일이 있을 때마다 송사를 파견하여, 조선의 하사품
을 크게 기대했다. 텐나 2(1682)년에 내일한 조선통신사는 쓰시마와
교섭하여, 표민의 송환은 연례송사에 딸려보내는 것으로 하고, 따로
송사를 보내는 것을 금지했다. 또 세견선 이외의 송사 정지를 요구했
다. 그리고 왜관에 제찰을 명시할 것을 정했다. 이것이 임술약조(또는
癸亥約条)이다. 그러나 쓰시마에서는 계속 임시송사를 자주 파견하고
있었으므로, 조선에서는 이후에도 계속해서 불만이 그치지 않았다.

권말부록

「독도문제 장기적 안목에서 치밀하게 전략적으로 대응해야」

日本名古屋市 愛知韓國學園 名譽理事長　　鄭煥麒

대나무 한 그루 찾아볼 수 없는 동해 상에 떠 있는 암초가 어째서 타케시마(죽도: 독도의 일본명)란 말인가? 독도는 동해 상에 떠 있는, 그 크기가 토우쿄우의 히비야(日比谷) 공원만한 섬들로서, 두 개의 작은 섬(동도와 서도)과 수 십개의 암초(暗礁)로 구성되어 있다. 또 섬 주변의 해역은 예로부터 어민들에게 오징어와 대게 등이 풍부한 황금어장으로 알려져 왔다.

【포츠담선언】 8항에서 일본 요구거부

1952년 한국의 이승만 대통령이 평화선(일번에서는 李Line, 이승만 라인이라고 함)선언, 독도는 평화선의 안쪽에 위치하므로 한국령이다.

1954년 한국 정부는 독도수비대를 파견하였으며 지금도 경비대가 상주하고 있다.

【독도에 대한 한일 쌍방의 주장】

일본은 울릉도로 건너갈 때의 정박장이나 어채지(漁採地)로 독도를 이용하여 늦어도 17세기 중엽에는 독도에 대한 영유권을 확립하였다고 주장하고 있다.

「1905년 카쓰라(桂)」 내각의 각의 결정을 근거로 시마네현 지사는 독도의 시마네현 편입을 고시하였고, 이듬해 4월 한국의 울릉도 군수 심흥택(沈興沢)에게 그 취지를 통고하였다. 1951년 일본이 미국을 비롯한 48개국과 샌프란시스코 평화조약을 체결할 당시, 한국은 미국과의 협의에서 일본이 포기해야 할 영토에 독도를 포함시킬 것을 요청하였으나 미국은 이를 거부하였다.」 이것이 일본이 주장하는 근거이다.

그러나 연합국(미영중소)은 1945년 7월에 발표된 포츠담 선언 13개 항 가운데 제8항(일본국의 주권은 혼슈우, 혹카이도우, 큐우슈우, 시코쿠 및 연합국이 결정하는 작은 섬들에 국한될 것이다)에서 독도의 일본영토 명기 요구를 거부했다.

【독도는 일본의 강탈에 의한 식민지 지배의 상징】

한편 한국은 일본이 말하는 1905년 이전부터 영유권을 소유하고 있었으며 그에 관한 인지는 문헌상으로 일본보다 200년 이상이나 앞선 것이라고 주장하고 있다.

특히 1905년 독도의 시마네현 편입에 관한 각의 결정은 일본이 고종(高宗) 황제와 그 정부를 무력으로 무력으로 위협하고 억지로 한국의 외교권을 박탈한 제2차 한일협약을 내세운 만행이며, 이와 같은 행위는 국제사회로부터 엄히 비판받아 마땅하다.

이듬해부터는 통감정치(초대 통감 이토우 히로부미)가 시작되어 1910년 일제의 탄압에 의해 일본국으로 병합되면서 민족국가 대한제국은 세계의 지도에서 사라졌다.

이와 같은 경위에 비추어 한국은 「일본이 한반도를 침탈하는 과정에서 가장 먼저 병탄된 것이 독도이므로 독도는 일본의 강탈에 의한 식민지 지배의 상징이다. 그러므로 영토문제 따위는 애초부터 존재하지 않는다」는 입장이다.

일본은 일찍이 독도문제를 양국이 해결할 수 없다고 생각하고 국제사법재판소에 제소할 생각으로 한국에 동의를 구하였으나, 한국은 「독도의 영유문제는 애당초 없는 일」이라며 이를 거부하였다. 1905년 한일 국교정상화 당시에도 독도문제는 사실상 보류되었다.

2006년 당시의 노무현 대통령은 한일관계에 대한 특별담화문 발표에서 일본의 독도 영유권 주장에 대해 「과거 식민지의 영유권을 주장하는 것」이라며 격렬히 비판했다.

【외교권을 빼앗은 후의 각의 결정】

앞서 언급한 바와 같이 일본이 독도 영유를 각의 결정한 1905년은 러일전쟁이 한창이던 시기이며, 전선의 병참기지를 확보하기 위해 일제가 대한제국을 협박하여 외교권을 빼앗은 해이기도 하다.

일제가 독도를 시마네현에 편입한 것은 식민지 지배의 한 과정에 불과하다. 즉 외교권을 박탈하고 상대의 손과 발을 묶어 놓고서 일방적으로 「타케시마는 일본영토」라고 선언한 것이다.

이는 무사도를 중히 여기는 일본국민의 입장에서도 보더라도 도저히 공정한 처사라고는 말할 수 없을 것이다. 따라서 일본 정치가들의 「타케시마는 일본의 영토」라는 발언에는 애당초 무리가 있다.

【일장기 소각 등 감정적 행동은 자제해 주었으면】

<교육문제와 반일데모>

게다가 영토문제는 양국 정부간에 해결해야 할 문제임에도 불구하고 일본 정부는 정치나 외교로는 좀처럼 해결할 수 없기 때문이라며 이를 교육의 장으로 끌어들이고 있는데 이는 도저히 납득할 수 없는 처사이다.

일본의 고위관리들이 한국이 실효지배하고 있는 독도에 대해 「타케시마는 일본의 교유영토」라고 발언할 때마다 한국사회는 독도문제에 관한 여야나 보수와 혁신, 매스컴, 반미반일의 친북파 모두가 한목소리로 「한국에 대한 도발」이라며 강력히 성토하는 일본 때리기의 대합창이 시작된다.

그런 일본에 대한 강경한 항의 행동은 이해할 수 있다. 그렇지만 과잉반응을 하는 것은 바람직하지 못하다. TV의 화면에 일장기를 불태우는 뉴스를 접할 때면 나는 솔직히 말해 기분이 좋지 않다. 왜냐하면 그것은 일본의 반한 혐한론자에게 태극기를 불태워도 좋다는 구실을 주기 때문이다. 앞으로 그와 같이 품위 없이 감정을 그대로 드러내는 격렬한 데모는 반드시 자제해 주었으면 하는 바람이다. 감정적인 대처로는 사태가 결코 호전될 수 없으며 상대방에게도 감정적 대응을 불러일으킬 수 있는 것이다.

【흥분만 할 것이 아니라 위정자들의 무능을 통감해야】

<양육강식과 역사 연구자>

1910년 대한제국은 일제의 강압에 의해 식민지로 전락했다. 이에 대해 한국인은 일본에 대해 무조건 흥분하며 원망하기에 앞서 자국

을 방위하지 못한 사실을 부끄러워하며 당시 위정자들의 무능을 원망해야 할 것이다.

그 당시 세계의 조류는 양육강식이 당연시 되던 시대로서 군사강국은 약소국을 멸망시키거나 식민지화하여 번영을 누렸다.

독도문제는 한일 양국 정부의 견해차이로 오랫동안 논쟁이 끊이지 않고 있다. 아시히 신문 칼럼에는 일본정부의 견해를 부정하는 다수 연구자와 학자들의 글이 소개되고 있다. 시마네대학의 나이토우(內藤正中) 명예교수는 그의 저서와 논문에서 독도에 대해 「메이지 정부는 독도가 한국령이지만 군사적인 의도 등으로 1905년에 시마네현으로 편입했다」고 밝히고 있다.

이명박 대통령은 「일본의 독도영유권 주장에 대해 일본정부에 단호하게 대처해야 하지만, 독도문제는 일과성 대응이 아니라 장기적인 안목에서 치밀하게 전략적으로 대응해야 한다」고 말했다. 독도는 한국땅이다. 역사와 자료가 이를 뒷받침하고 있다. 그러나 그럴수록 냉정히 대처해야 한다.

자료

『竹島紀事(五册本)』国立公文書館、内閣文庫、和書三〇八八九号、一七八函、二一
　　　架(函号一七八、六五九)
『竹島紀事(一册本)』国立公文書館、内閣文庫、和書四七九〇二号、一七八函、二一
　　　架(函号一七八、六五五)

参考文獻

『竹島一件の歴史学的研究―竹島(鬱陵島)をめぐる近世の日本と朝鮮―』研究代表者・
　　　池内敏、平成十四年～十五年度科学研究成果報告書(課題番号一四五一〇三五
　　　四)平成十六年三月
『竹嶋紀事』島根県総務部竹島問題研究所、研究成果・報告「Web版」、責任編集・内田
　　　文恵(解読、内田文恵、飯田奈美子、野津薫、松本美和子)この翻刻文報告年
　　　月日は不明、但し竹島問題に関する調査研究最終報告書は平成十九年三月
『古文書が語る竹島問題』内田文恵、「竹島問題を学ぶ講座、第四回(於島根県職員会
　　　館)」講義記録、平成二十年九月二十八日

색인

권오엽(權五曄) ────────────────────────

忠南大学校 人文大学 명예교수
1945년 全北 井邑 생

群山高等学校, 서울教育大学校, 国際大学校, 北海道大学校,
東京大学校 学術博士(広開土王碑文과 東아시아의 天下思想)

일본의 가요, 한일건국신화, 광개토왕비문에 관한 논문 다수

『日本漫想』, 『広開土王碑文의 世界』, 『隠州視聴合紀』, 『元禄覚書』, 『독도와 안용복』,
『控帳』, 『古事記』(上・中・下), 『好太王碑論争의 解明』, 『広開土王碑文의 研究』, 『独島』,
『独島와 竹島』, 『古事記와 日本書紀』, 『日本의 独島論理』, 『일본은 독도를 이렇게 말한다』,
『岡嶋正義古文書』, 『竹島渡海由来記抜書控』(상・하), 『죽도 및 울릉도』

주소 大田直轄市 儒城区 盤石洞 622 盤石아파트 5단지 505동 2202호
메일 dongsana@hanmail.net

오오니시 토시테루(大西俊輝) ────────────────────────

1946년 島根県隠岐郡西郷町(現 隠岐의 島町)生
島根県立隠岐高等学校, 大阪大学医学部, 脳神経外科専門医, 医学博士
大阪国学院 通信教育部 卒業, 神職資格(権正階),
大阪市立大学大学院大学 都市情報部卒業
現在 (医)厚生医学会理事長
　　　(社福)厚生博愛会理事長
　　　隠岐国 原田向山 大山神社 宮司

『레이져 医学의 臨床』, 『Illustrated Laser Surgery』, 『山陰沖의 古代史』, 『山陰沖의 幕末維新
動乱』, 『人肉食의 精神史』, 『柿本入麻呂와 아들 躬都郎』, 『隠岐는 絵島, 歌島』, 『日本海와
竹島』, 『心의 誕生』, 『水若酢神社』, 『続日本海와 竹島』, 『隠州視聴合紀』, 『元禄覚書』, 『竹
島渡海由来記抜書控』

竹島紀事

죽도기사 1-1

초판인쇄 | 2011년 9월 5일
초판발행 | 2011년 9월 5일

편 역 주 | 권오엽 · 오오니시 토시테루
펴 낸 이 | 채종준
펴 낸 곳 | 한국학술정보㈜
주　　소 | 경기도 파주시 문발동 파주출판문화정보산업단지 513-5
전　　화 | 031) 908-3181(대표)
팩　　스 | 031) 908-3189
홈페이지 | http://ebook.kstudy.com
E-mail | 출판사업부　publish@kstudy.com
등　　록 | 제일산-115호(2000. 6. 19)

ISBN　　978-89-268-2555-6 94380 (Paper Book)
　　　　　978-89-268-2556-3 98380 (e-Book)
　　　　　978-89-268-2138-1 94380 (Paper Book Set)
　　　　　978-89-268-2139-8 98380 (e-Book Set)